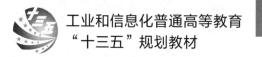

工业和信息化普通高等教育
"十三五"规划教材

21世纪高等教育计算机规划教材

U0287803

Access数据库
实用教程

（微课版 第3版）

卢山◎主编

杨艳红 田瑾 郑小玲◎编著

21st Century University Planned
Textbooks of Computer Science

人民邮电出版社
北京

图书在版编目（CIP）数据

Access数据库实用教程：微课版／卢山主编；杨艳红，田瑾，郑小玲编著. -- 3版. -- 北京：人民邮电出版社，2021.2
21世纪高等教育计算机规划教材
ISBN 978-7-115-55183-2

Ⅰ. ①A… Ⅱ. ①卢… ②杨… ③田… ④郑… Ⅲ. ①关系数据库系统－高等学校－教材 Ⅳ. ①TP311.132.3

中国版本图书馆CIP数据核字(2020)第211331号

内 容 提 要

本书以应用为目的，以案例为引导，系统地介绍了 Access 2016 的主要功能和使用方法。全书共有 9 章，包括 Access 基础、数据库的创建和操作、表的建立和管理、查询的创建和使用、窗体的设计和应用、报表的创建和使用、宏的创建和使用、Access 的编程工具 VBA 以及数据库应用系统的创建方法等内容。为了使读者能够更好地掌握本书知识点，及时检查自己的学习效果，每章后均配有习题和实验，并在配套的实验教材中对其进行分析和讲解。

本书内容充实、实例丰富，突出操作性和实践性，可以使学生尽快掌握 Access 的基本功能和操作方法，掌握 Access 的编程功能和技巧，能够完成小型数据库应用系统的开发。

本书既可作为普通高等学校非计算机专业本、专科学生的计算机课程教材，也可作为相关培训的培训教材，还可作为读者自学的参考资料。

◆ 主　　编　卢　山
　　编　　著　杨艳红　田　瑾　郑小玲
　　责任编辑　武恩玉
　　责任印制　王　郁　马振武

◆ 人民邮电出版社出版发行　　北京市丰台区成寿寺路 11 号
　邮编　100164　电子邮件　315@ptpress.com.cn
　网址　https://www.ptpress.com.cn
　固安县铭成印刷有限公司印刷

◆ 开本：787×1092　1/16
　印张：19.25　　　　　　　　　　2021 年 2 月第 3 版
　字数：507 千字　　　　　　　　2025 年 1 月河北第 11 次印刷

定价：59.80 元

读者服务热线：(010)81055256　印装质量热线：(010)81055316
反盗版热线：(010)81055315
广告经营许可证：京东市监广登字 20170147 号

党的二十大报告指出：实施科教兴国战略，强化现代化建设人才支撑。在我国目前的大学教育中，如何提高学生的信息处理水平，充分掌握数据库管理系统软件工具的应用，已成为计算机教育及课程改革的关键问题。现在绝大多数学校选择"Access 数据库"作为计算机基础课程中的重要内容。

作者于 2007 年编写出版了《Access 数据库实用教程》，并在 2013 年对其进行了修订改版。从第 1 版到第 2 版，《Access 数据库实用教程》受到了众多院校的好评，前后印刷近 20 次。考虑到目前 Access 主流版本的变化，以及 Access 数据库应用领域的发展和扩大，也考虑到更多学生对数据库知识和 Access 数据库操作知识学习的需要，在征求授课教师意见、分析读者反馈和保留原教材特色的基础上，再次对本书进行修订改版，此次修订的主要内容如下。

（1）将 Access 版本从 2010 升级到 2016，这样本书将以目前主流的 Access 数据库版本为基本环境介绍数据库的相关知识和操作方法，可以满足实际应用的需要。

（2）将贯穿全书的"教学管理"数据库案例中的部分实例进行了重新组织和调整，使其结构更加合理，内容更具针对性。

（3）增加了 Access 2016 提供的新功能，为全面掌握 Access 2016 的操作功能提供参考。

（4）对本书第 2 版中部分章节所存在的一些问题进行了校正和修改。

（5）紧跟全国计算机等级二级考试需求，修改和补充了具有针对性的实验和习题。

党的二十大报告指出：教育是国之大计、党之大计。培养什么人、怎样培养人、为谁培养人是教育的根本问题。在本书修订过程中，作者始终以理论联系实际为出发点，采用案例引导方式组织本书内容，通过贯穿全书的一个经典案例，将 Access 的主要功能、使用方法与数据库编程融为一体，突出对解决问题能力的培养。修订后的教材，比以前更具针对性和实用性，内容的叙述更加准确、通俗易懂和简明扼要，这样更有利于教师的教学和读者的自学。为了让读者能够在较短的时间内掌握 Access 数据库的相关内容，及时检查自己的学习效果，巩固和加深对所学知识的理解，本书每章末均附有丰富的习题和实验，并在配套的实验教材中对其进行分析和讲解。

全书参考总学时数为 68 学时，建议采用理论与实践相结合的一体化教学模式进行教学。各章教学学时和实验学时分配参考如下。

章	名　　　称	教学学时数	实验学时数
第 1 章	Access 基础	2	2
第 2 章	数据库的创建和操作	2	2
第 3 章	表的建立和管理	2	2

章	名　　称	教学学时数	实验学时数
第 4 章	查询的创建和使用	6	6
第 5 章	窗体的设计和应用	4	4
第 6 章	报表的创建和使用	2	2
第 7 章	宏的创建和使用	4	4
第 8 章	Access 的编程工具 VBA	10	10
第 9 章	数据库应用系统的创建方法	2	2

　　教学学时和实验学时分配的基本原则是：强化学生逻辑思维及对自学能力的培养，提高学生 Access 的编程水平，加强程序设计内容的学时，减少讲解 Access 基本功能和操作的学时。Access 基本功能和操作通过上机实验和自学来掌握。

　　本书由郑小玲、卢山策划并统稿。卢山、杨艳红、田瑾、郑小玲、张宏、旷野参与了本书编写；卢山、杨艳红、田瑾制作了全书微课教学视频。

　　在编写过程中，全体作者对书中案例进行了精心规划，对内容力求精益求精，但由于编写时间仓促，加之作者水平有限，书中难免存在疏漏和不足，敬请广大读者批评指正。

编　者

目录

第 **1** 章 Access 基础

Access 是一种在 Windows 环境下对数据库进行维护和管理的数据库管理系统，用户可以通过 Access 提供的各类视图、向导访问数据库，或者编写程序，形成数据库应用系统。

计算机应用人员只有掌握数据库系统的基础知识，熟悉数据库管理系统的特点，才能开发出适合的数据库应用系统。本章介绍数据库的基本概念和关系数据库设计的基础知识。

1.1 数据库基础知识

数据库技术产生于 20 世纪 60 年代末，是数据管理的最新技术，也是计算机科学的重要分支。数据库技术广泛应用于社会生活的各个方面，在以大批量数据的存储、组织和使用为基本特征的仓库管理、销售管理、财务管理、人力资源管理，以及生产经营管理等事务处理活动中，都要使用数据库管理系统来构建专门的数据库应用系统，并在数据库管理系统的控制下组织和使用数据，执行管理任务。不仅如此，在情报检索、专家系统、人工智能、计算机辅助设计等各种非数值计算领域，以及基于计算机网络的信息检索、远程信息服务、分布式数据处理、复杂市场的多维度跟踪监测等方面，数据库技术也都得到了广泛应用。

1.1.1 数据管理技术发展过程

数据管理技术的发展，与计算机硬件（主要是外部存储器）、系统软件及计算机应用的范围有着密切的联系。数据管理技术的发展经历了人工管理、文件系统、数据库系统和高级数据库系统等几个阶段。

1. 人工管理阶段

20 世纪 50 年代中期前，计算机主要用于科学计算。当时，由于计算机技术还很落后，没有磁盘等直接存取的存储设备，而且缺少必要的操作系统和数据库管理系统等相应软件的支持，数据管理是由应用程序设计者即程序员来考虑和安排，由应用程序来完成。这种应用程序自带数据的设计方法，必然导致一组数据对应一个应用程序，两个应用程序之间不能共享数据，即数据是面向应用程序的，如图 1-1 所示。

这一阶段的数据管理技术具有如下特点。

图 1-1　数据的人工管理

（1）数据管理由应用程序完成

数据的组织、存储结构、存取方法、输入输出及修改等操作均由应用程序控制。在程序设计阶段，程序员除编制程序代码外，还要考虑数据的逻辑结构定义和物理组织等内容。

（2）数据不能共享

由于数据是依赖于具体的应用程序而存在的，即使两个应用程序使用的是完全相同的一组数据，这组数据也必须在各自的应用程序中分别定义、分别输入，无法共享，导致应用程序之间同一组数据的重复存放，造成数据冗余。

（3）数据缺乏独立性

由于数据和应用程序组织在一起，当数据的逻辑结构或物理结构发生改变时，对应的应用程序必须做相应的改变；同理，当应用程序改变时，数据的逻辑结构或物理结构也要发生相应的改变。

（4）数据不能保存

由于计算机硬件只有磁带、卡片及纸带等存储设备，加上这一阶段的计算机主要用于科学计算，一般无需将数据长期保存，即在程序运行过程中输入所需的数据，程序运行结束后，释放程序和数据所占有的存储空间，将来若需要再进行同一运算操作时，必须再次输入原数据。

2. 文件系统阶段

20世纪50年代后期到60年代中期，计算机开始应用于信息管理。在计算机硬件方面，出现了磁鼓、磁盘等直接存取数据的外部存储设备。在软件方面，已经有了高级语言和操作系统。操作系统中的文件系统可以帮助用户将所需数据以文件的形式存储并对其进行各种处理。

在文件系统阶段，一个应用程序可以处理多个数据文件，文件系统在程序与数据之间起到接口作用。程序与数据有一定的独立性，程序和数据分开存储，有了程序文件和数据文件的区别。数据文件可以长期保存在外部存储设备上被多次存取。但是，文件系统也有很大的局限性，如一个数据文件基本对应于一个具体应用程序，不同的应用程序不能共享相同的数据，同一数据项可能出现在多个数据文件中，因而数据的重复存储等问题仍然存在，如图1-2所示。

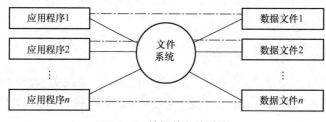

图1-2 数据的文件系统

这一阶段的数据管理技术具有如下特点。

（1）数据管理由文件管理系统完成

应用程序和数据文件可以从物理上分开，两者之间及数据文件的逻辑结构和存储结构之间均可以通过文件系统所提供的功能进行相互转换。

（2）数据共享性差、冗余度大

数据冗余度是指同一数据重复存储的程度。文件管理系统中，数据文件基本上是为特定的应用程序设计的，数据的格式没有统一的规定，只有当一组应用程序所使用的数据在内容或格式上完全相同时，数据才可以被共享。也就是说，数据文件仍然是面向具体应用的，因此数据的冗余度仍然很大。另外，由于数据文件是由应用程序各自管理的，因此当需要对存储的具有部分重叠的数据进行维护时，操作处理流程不仅复杂，也容易出现数据的不一致性。

（3）数据独立性差

文件管理系统的产生使数据具有"设备独立性"，即数据的存储设备发生改变时不影响应用程序。但是，文件管理系统中的数据文件是为某一特定的应用程序服务的，当数据的存储结构或逻辑结构发生变化时，应用程序也要做相应的改变，即数据不具备"物理结构独立性"和"逻辑结构独立性"。

（4）数据可长期保存

数据以独立数据文件的形式长期保存在磁鼓或磁盘等外部存储介质上，数据文件可以被应用程序重复使用。

3．数据库系统阶段

从 20 世纪 60 年代后期开始，计算机性能得到很大提高，特别是出现了大容量磁盘，而且价格便宜。同时，计算机应用于管理的规模更加庞大，需要计算机管理的数据量急剧增长，并且对数据共享的需求日益增强。文件系统的数据管理方法已无法适应开发应用系统的需要。为了解决数据的独立性问题，实现数据的统一管理，达到数据共享的目的，发展了数据库技术。

数据库技术的主要目的是有效管理和存取大量的数据资源，包括提高数据的共享性，使多个用户能够同时访问数据库中的数据；减少数据的冗余度，提高数据的一致性和完整性；提供数据与应用程序的独立性，从而减少应用程序的开发和维护代价。

为了让多种应用程序并发地使用数据库中的数据，必须使数据与程序具有较高的独立性。这就需要一个软件系统对数据实行专门管理，提供安全性和完备性等统一控制机制，方便用户以交互式和程序方式对数据库进行操作。这个软件系统就是数据库管理系统。

图 1-3 所示为数据的数据库系统。

这一阶段的数据管理技术具有如下特点。

（1）数据结构化

采用数据模型表示复杂的数据结构，数据模型不仅可描述数据本身的特征，还可以描述数据之间的相互关系。这样的数据不再面向特定的某个或多个应用，而是面向整个应用系统。

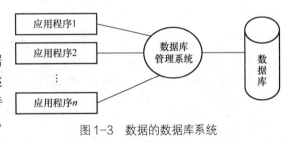

图 1-3　数据的数据库系统

（2）数据共享程度高

数据库系统是从整体角度看待和描述数据，数据不再面向某个具体的应用，而是面向整个系统，即允许多个应用程序同时访问数据库中的数据，甚至可以同时访问数据库中的同一数据，达到数据的共享。

（3）数据独立性强

数据独立性包括物理独立性和逻辑独立性两个方面。物理独立性是指用户的应用程序与存储在磁盘上的数据库中的数据是相互独立的。逻辑独立性是指用户的应用程序与数据库的逻辑结构是相互独立的，也就是说，数据的逻辑结构的改变不影响用户的应用程序。

（4）数据冗余度小

由于数据库系统的数据面向整个应用系统，所以数据冗余明显减少。

（5）加强对数据的保护

数据库系统采用数据的安全控制、数据的完整性控制、并发控制和数据恢复来保护数据。

4．高级数据库系统阶段

从 20 世纪 70 年代开始，数据库技术又有了很大的发展，表现如下。

（1）美国数据系统语言协会下属的数据库任务组对数据库方法进行了系统的讨论、研究，最终形成数据库任务组（DataBase Task Group，DBTG）报告。DBTG 方法和思想应用于各种计算机系统，出现了许多商品化数据库系统，它们大都是基于网状模型和层次模型的。

（2）商用数据库系统的运行，使数据库技术日益广泛地应用于企业管理、事务处理、交通运输、信息检索、军事指挥、政府管理和辅助决策等各个方面，深入到生产、生活的各个领域。数据库技术成为实现和优化信息系统的基本技术。

（3）关系方法的理论研究和软件系统的研制取得了很大的成果。

这一阶段的主要标志是 20 世纪 80 年代出现的分布式数据库系统（Distributed DataBase System，DDBS），90 年代出现的面向对象数据库系统（Object-Oriented DataBase System，OODBS）。

1.1.2 数据库系统

数据库系统（DataBase System，DBS）由计算机系统（硬件和基本软件）、数据库、数据库管理系统、数据库应用系统和有关人员（数据库管理员、应用设计人员、最终用户）组成，它可以实现有组织地、动态地存储大量相关数据，提供数据处理和信息资源共享服务。

1．数据

数据（Data）是数据库中存储的基本对象。数据在大多数人头脑中的第一反应就是数字，如 68、22.5、-1.5、\$150 等。其实数字只是最简单的一种数据，是对数据的一种传统和狭义的理解。广义上来说，数据的种类很多，文字、图形、图像、动画、影像、声音等都是数据。

可以对数据做如下定义：描述事物的物理符号序列称为数据。描述事物的物理符号可以是用来表示长度、体积、质量之类的数字数值，也可以是人名或地名、图形、图像、动画、影像、声音等非数字数值。

2．数据库

数据库（DataBase，DB），顾名思义，是存放数据的仓库。只不过这个"仓库"是在计算机存储设备上，而且数据是按一定的格式存放的。

人们收集并抽取出一个应用所需要的大量数据之后，应将其保存起来以供进一步查询，进一步加工处理，以获得有用的信息。过去人们把数据存放在文件柜里，当数据越来越多时，从大量的文件中查找数据就变得十分困难。现在借助计算机和数据库技术科学地保存和管理大量复杂的数据，可方便而充分地利用这些宝贵的信息资源。

严格地讲，数据库是长期存放在计算机内，有组织的、大量的、可共享的数据集合。数据库中的数据按一定的数据模型组织、描述和存储，具有较小的冗余度、较高的数据独立性和易扩展性，并可为多个用户、多个应用程序共享。

3．数据库管理系统

既然数据库能存放数据，那么数据库是如何科学地组织和存储数据，如何高效地获取和维护数据呢？完成这些任务的是一个系统软件——数据库管理系统（DataBase Management System，DBMS）。

数据库管理系统是位于用户与操作系统（OS）之间的数据管理软件。数据库管理系统与操作系统一样是计算机的基础软件，也是一个大型的复杂的软件系统。其主要功能包括以下几个方面。

（1）数据定义功能

DBMS 提供了数据定义语言（Data Definition Language，DDL），通过它可以方便地对数据库中的相关内容进行定义。例如，对数据库、表、索引进行定义。

（2）数据操纵功能

DBMS 提供了数据操纵语言（Data Manipulation Language，DML），通过它可以实现对数据库的基本操作。例如，对表中数据进行查询、插入、删除和修改等操作。

（3）数据库的运行管理

数据库在建立、运行和维护时由数据库管理系统统一管理、统一控制，这是 DBMS 的核心部分。它包括并发控制（即处理多个用户同时使用某些数据时可能产生的问题）、安全性检查、完整性约束条件的检查和执行、数据库内部维护（如索引的自动维护）等。所有的数据库操作都要在这些控制程序的统一管理下进行，以保证数据的安全性、完整性，以及多个用户对数据库的并发使用。

（4）数据库的建立和维护功能

数据库的建立和维护功能包括数据库初始数据的输入、转换功能，数据库的转储、恢复功能，数据库的重新组织功能和性能监视、分析功能等。这些功能通常由一些实用程序来完成。

4．数据库应用系统

数据库应用系统是为特定应用开发的数据库应用软件。数据库管理系统为数据的定义、存储、查询和修改提供支持，而数据库应用系统是对数据库中的数据进行处理和加工的软件，它面向特定应用。例如，以数据库为基础的财务管理系统、人力资源管理系统、教学管理系统和生产管理系统等都属于数据库应用系统。

1.1.3　数据模型

模型，特别是具体的实物模型，人们并不陌生。例如，一组建筑设计沙盘、一架精致的航模飞机，都是具体的实物模型。模型是现实世界特征的模拟和抽象。要将现实世界转变为计算机能够识别的形式，必须经过两次抽象，即使用某种概念模型为客观事物建立概念级的模型，将现实世界抽象为信息世界，然后再把概念模型转变为计算机上某一 DBMS 支持的数据模型，将信息世界转变为机器世界。

1．实体的概念

概念模型是现实世界到信息世界的第一层抽象，是现实世界到计算机的一个中间层次。概念模型是数据库设计的有力工具，是数据库设计人员与用户之间进行交流的语言。它必须具有较强的语义表达能力，能够方便、直接地表达应用中的各种语义知识，且简单、清晰、易于用户理解。

（1）实体（Entity）

客观存在并可相互区别的事物称为实体。实体可以是实际事物，也可以是抽象事件。例如，一个学生、一个院系等属于实际事物；一次订货、选修若干门课程、一场比赛等活动是抽象事件。

同一类型的实体的集合称为实体集（Entity Set），即具有同一类属性的事物的集合。例如，全体教师的集合、所有选课的情况等。

（2）属性（Attribute）

实体所具有的某一特性称为属性。实体可具有若干个属性，如教师实体用若干属性（教师编号、姓名、性别、出生日期、职称）来描述。属性的具体取值称为属性值，用以刻画一个具体的实体。例如，属性值的组合（95010，张乐，女，11/10/69，助教）在教师名册中就表征了一位具体的教师。

（3）关键字（Keyword）

如果某个属性或属性组合能够唯一地标识出实体集中的各个实体，可以选作关键字，也称为码。例如，学生的编号可以作为学生实体的关键字，学生的姓名则不能作为学生实体的关键字，因为姓名可能重复；而选课成绩实体则应将学生编号和课程编号的组合作为关键字。

（4）联系（Relationship）

实体集之间的对应关系称为联系，它反映现实世界事物之间的相互关联。联系分为两种，一种是实体内部各属性之间的联系，另一种是实体之间的联系。

2．E-R 模型

概念模型是对信息世界建模的，因此应该能完整、准确地表示实体及实体之间的联系。概念模型的表示方法有很多，其中以 P.P.S.Chen 于 1976 年提出的实体—联系方法（E-R 方法）最为著名。该方法用 E-R 图来描述现实世界的概念模型，也称为 E-R 模型（Entity Relationship Model）。E-R 模型有 3 个要素：实体、属性和实体间的联系。

（1）实体：用矩形表示，框内标注实体名称。

（2）属性：用椭圆表示，并用连线与实体或联系连接起来。

（3）实体间的联系：用菱形框表示，框内标注联系名称，并用连线将菱形框分别与有关实体相连。

实体间的联系按联系方式的不同可分为以下 3 种类型。

① 一对一联系（1:1）

如果实体集 A 中的每一个实体至多与实体集 B 中的一个实体有联系，反过来，B 中的每个实体至多与 A 中的一个实体有联系，则称实体集 A 与实体集 B 具有一对一联系，记为 1:1。例如，电影院中的观众与座位之间、乘车旅客与车票之间、学校与校长之间都是一对一联系，如图 1-4 所示。

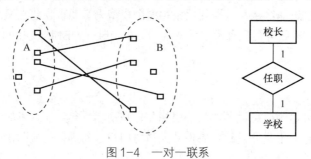

图 1-4　一对一联系

② 一对多联系（1∶n）

如果实体集 A 中的每个实体可以和实体集 B 中的 n 个实体（n≥0）有联系，而实体集 B 中的每个实体至多和实体集 A 中的一个实体有联系，则称实体集 A 与实体集 B 具有一对多的联系，记为 1∶n。例如，省对县、城市对街道、院系对学生等都是一对多联系，如图 1-5 所示。

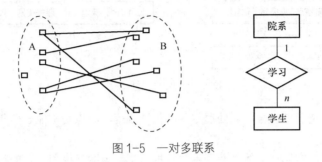

图 1-5　一对多联系

③ 多对多联系（m∶n）

如果实体集 A 中的每个实体可以和实体集 B 中的 n 个实体（n≥0）有联系，反过来，实体集 B 中的每个实体也可以和实体集 A 中的 m 个实体（m≥0）有联系，则称实体集 A 与实体集 B 具有多对多的联系，记为 m∶n。例如，商品与顾客、学生与课程等都是多对多联系，如图 1-6 所示。

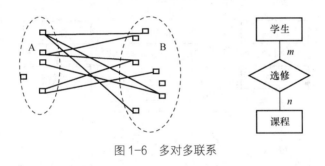

图 1-6　多对多联系

3．数据模型

数据模型是对客观事物及其联系的数据描述，是对数据库中数据逻辑结构的描述，把信息世界数据抽象为机器世界数据。每个数据库管理系统都是基于某种数据模型的。在目前的数据库领域中，常用的数据模型有 3 种：层次模型、网状模型和关系模型。

（1）层次模型

层次模型是以树状结构来表示实体及实体之间联系的模型，由父节点、子节点和连线组成。树状结构中的每一个节点代表一个实体集，节点间的连线表示实体之间的联系。所有的连线均由父节点指向子节点，具有同一父节点的节点称为兄弟节点。父节点与子节点之间为一对多的联系。

层次模型具有如下两个特点：

① 有且仅有一个节点，无父节点，这个节点即称为根节点；

② 其他节点有且仅有一个父节点。

图 1-7 所示为一个层次模型示例。

层次模型实际上是由若干代表实体之间一对多联系的基本层次组成的一棵树，树的每一个节点代表一个实体集。该模型的实际存储数据由链接指针来体现这种联系。

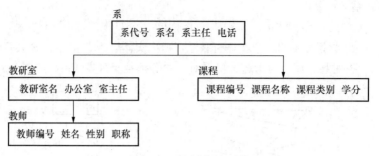

图 1-7　层次模型示例

层次模型的优点是简单、直观、处理方便、算法规范，缺点是不能表达复杂的数据结构。

（2）网状模型

用网状结构来表示实体及实体之间联系的数据模型称为网状模型。它的特点是：

① 一个节点可以有多个父节点；

② 多个节点可以无父节点。

图 1-8 所示为一个网状模型示例。

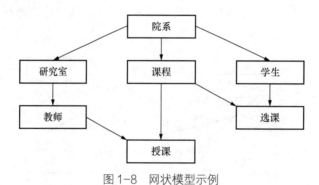

图 1-8　网状模型示例

网状模型的父节点与子节点之间为一对多的联系，系统用单向或双向环行链接指针体现这种联系。

网状模型的优点是可以表示复杂的数据结构，存取数据的效率比较高；缺点是结构复杂，每个问题都有其相对的特殊性，实现的算法难以规范化。

（3）关系模型

用二维表结构表示实体及实体之间联系的数据模型称为关系模型。在关系模型中，数据的逻辑结构是满足一定条件的二维表，一个二维表就是一个关系。描述问题的所有二维表的集合构成了一个关系模型。

在关系模型中，无论实体本身还是实体间的联系均可用称为"关系"的二维表表示，使得描述实体的数据本身能够自然地反映它们之间的联系。而传统的层次模型和网状模型是使用链接指针来存储和体现联系的。

1.2　关系数据库概念

关系数据库采用关系模型作为数据的组织方式，这就涉及关系模型中的一些基本概念。而且对关系数据库进行查询时，若要找到需要的数据，就要对关系进行一定的关系运算。

1.2.1 关系模型

关系模型由关系数据结构、关系操作集合和完整性规则 3 部分组成。

1-1 数据结构

1. 数据结构

在关系模型中，数据的逻辑结构是一张二维表，由行和列组成。表 1-1、表 1-2 分别是一个教师表和一个授课表。

表 1-1 教师表

教 师 编 号	姓 名	性 别	工 作 时 间	政 治 面 目	职 称
95010	张乐	女	1998-11-10	团员	助教
95011	赵希明	女	1997-1-25	群众	副教授
95012	李小平	男	1997-5-19	党员	讲师
95013	李历宁	男	1989-10-29	党员	讲师

表 1-2 授课表

授课 ID	课 程 编 号	教 师 编 号
1	101	95010
2	103	95010
3	106	95011

关系模型的主要术语如下。

（1）关系

在关系模型中，一个关系就是一张二维表，每个关系有一个关系名。在数据库中，一个关系存储为一个数据表。

（2）属性

表（关系）中的列称为属性，每一列有一个属性名，对应数据表中的一个字段。

（3）域

一个属性的取值范围是该属性的域。

（4）元组

表（关系）中的行称为元组，每一行是一个元组，对应数据表中的一条具体记录，元组的各分量分别对应于关系的各个属性。

（5）候选码

如果表中的某个属性或属性组能唯一地标识一个元组，称该属性或属性组为候选码（候选关键字）。

（6）主码

若一个表中有多个候选码，可以指定其中一个为主码（主关键字或关键字）。

（7）外码

如果表中的一个属性（字段）不是本表的主码或候选码，而是另外一个表的主码或候选码，这个属性（字段）称为外码（外部关键字）。

（8）关系模式

一个关系的关系名及其全部属性名的集合简称为关系模式，也就是对关系的描述，一般表示为

关系名（属性名 1，属性名 2，…，属性名 n）

表 1-1 所示的教师表中的每一行是一条教师记录，是关系中的一个元组。教师编号、姓名、性别、工作时间、政治面目、职称等均是属性名。其中教师编号是唯一识别一条记录的属性，是此表的主码（主关键字）。对于教师编号属性，域是 "00000" ～ "99999"；对于姓名属性，域是 2～4 个汉字组成的字符串；对于性别属性，域是 "男" "女"。

教师表的关系模式可记为：教师表（教师编号，姓名，性别，工作时间，政治面目，职称）。

表 1-2 所示的授课表中的教师编号为授课表的外部关键字。

2. 关系操作集合

在关系模型中，以功能强大的关系操作集合对存储在该关系中的数据进行操作。关系模型中常用的关系操作集合包括查询操作和更新操作两大部分。查询操作包括：选择（Select）、投影（Project）、连接（Join）、除（Divide）、并（Union）、交（Intersection）、差（Difference）等；更新操作包括：插入（Insert）、删除（Delete）、修改（Update）等。

3. 完整性规则

关系模型的完整性规则是对关系的某种约束条件。关系模型有 3 类完整性约束：实体完整性、参照完整性和用户定义完整性。其中，实体完整性和参照完整性是关系模型必须满足的完整性约束条件，被称为关系的两个不变性。

1-2 完整性规则

（1）实体完整性

每个关系都有一个主关键字，每个元组主关键字的值应是唯一的。主关键字的值不能为空，否则，无法识别元组，这就是实体完整性约束。

例如，为了保证教师表的实体完整性，设置 "教师编号" 字段为主关键字，"教师编号" 字段不能取重复值和空值，它唯一标识教师表中的教师实体。

（2）参照完整性

在关系模型中，实体之间的联系是用关系来描述的，因而存在关系与关系之间的引用。这种引用可通过外部关键字来实现。参照完整性规则是对关系外部关键字的规定，要求外部关键字取值必须是客观存在的，即不允许在一个关系中引用另一个关系里不存在的元组。

例如，在教师表和授课表中，"教师编号" 是教师表的主关键字，"教师编号" 是授课表的外部关键字。根据参照完整性规则，要求授课表 "教师编号" 的取值可以是以下两种情况。

① 取空值，表明该课程还未分配给任何教师。

② 若非空值，则它必须是教师表中 "教师编号" 存在的值，即授课表 "教师编号" 的值必须和教师表 "教师编号" 的值保持一致，因为一门课程不能分配给一个不存在的教师。

（3）用户定义完整性

由用户根据实际情况，对数据库中数据所做的规定称为用户定义完整性规则，也称为域完整性规则。通过这些规则限制数据库只接受符合完整性约束条件的数据值，从而保证数据库的数据合理可靠。

例如，教师表中的 "性别" 数据只能是 "男" 和 "女"。对 "工作时间" "政治面目" "职称" 数据也该有一定的限制，不能是任意值。

1.2.2 关系运算

对关系数据库进行查询时，若要找到需要的数据，就要对关系进行一定的关系运算。在关系数据库中，关系运算有 3 种：选择、投影和连接。

1-3 关系运算

1. 选择

选择运算是在关系中选择满足某些条件的元组。也就是说，选择运算是在二维表中选择满足指定条件的行。

选择是从行的角度进行的运算，即从水平方向抽取元组。经过选择运算得到的结果可以形成新的关系，其关系模式不变，但其中的元组是原关系的一个子集。

例 1-1 从表 1-1 所示的教师表中找出所有女教师的元组。

按照条件：性别="女"，对教师表进行选择运算，得到表 1-3 所示的结果。

表 1-3　　　　　　　　　　　　　　　　　选择运算结果

教 师 编 号	姓　　名	性　　别	工 作 时 间	政 治 面 目	职　　称
95010	张乐	女	1998-11-10	团员	助教
95011	赵希明	女	1997-1-25	群众	副教授

2. 投影

投影运算是从关系中指定若干个属性组成新的关系，即在关系中选择某些属性列。

投影是从列的角度进行的运算，相当于对关系进行垂直分解。经过投影可以得到一个新的关系，其关系模式所包含的属性个数往往比原关系少，或者属性的排列顺序不同。

例 1-2 从表 1-1 所示的教师表中找出姓名、性别和职称属性的值。

对教师表按照指定的姓名、性别、职称 3 个属性进行投影运算，得到表 1-4 所示的结果。

表 1-4　　　　　　　　　　　　　　　　　投影运算结果

姓　　名	性　　别	职　　称
张乐	女	助教
赵希明	女	副教授
李小平	男	讲师
李历宁	男	讲师

3. 连接

连接运算是将两个关系通过公共的属性名拼接成一个更宽的关系，生成的新关系中包含满足连接条件的元组。

选择和投影运算的操作对象只是一个表，相当于对一个二维表进行切割。连接运算需要两个表作为操作对象。如果需要连接两个以上的表，应当两两进行连接。

例 1-3 设有教师表和授课表两个关系，如表 1-1 和表 1-2 所示。查找授课教师的姓名、性别、职称、课程编号。

由于姓名、性别、职称属性在教师表中，而课程编号属性在授课表中，因此需要将这两个关系进行连接。可以通过两个关系的公共属性名"教师编号"将它们连接起来。连接条件必须指明两个关系的"教师编号"对应相等，然后对连接生成的新关系按照所需要的 4 个属性进行投影。此例的连接运算结果如表 1-5 所示。

表 1-5　　　　　　　　　　　　　　连接运算结果

姓　　名	性　　别	职　　称	课程编号
张乐	女	助教	101
张乐	女	助教	103
赵希明	女	副教授	106

1.3　数据库设计基础

　　数据库设计是针对某个具体的应用问题进行抽象，构造概念模型，设计最佳的数据结构，建立数据库及其应用系统的过程。使用较好的数据库设计过程，能迅速、高效地创建一个设计完善的数据库，为访问所需信息提供方便。在设计时打好坚实的基础，设计出结构合理的数据库，将会节省日后整理数据库所需的时间，并能更快地得到精确的结果。

1.3.1　数据库设计的规范化

　　关系的规范化理论是由 E.F.Codd 于 1971 年系统提出的。规范化理论为数据结构定义了规范化的关系模式，简称范式（Normal Forms，NF）。它提供了判别关系模式设计的优劣标准，为数据库设计提供了严格的理论基础。

　　使用范式表示关系模式满足规范化的等级，满足最低要求的为第一范式，在第一范式的基础上满足进一步要求的可升级为第二范式，其余依此类推。

1. 第一范式（1NF）

　　设 R 是一个关系模式，如果 R 中的每个属性都是不可再分的最小数据项，则称 R 满足第一范式或 R 是第一范式，第一范式简记为 1NF。

　　属于第一范式的关系应该满足的基本条件是每个元组的每个属性中只能包含一个数据项，不能将两个或两个以上的数据项"挤入"到一个属性中。

　　例 1-4　教师关系如表 1-6 所示。判断教师关系是否是第一范式，并规范化教师关系。

表 1-6　　　　　　　　　　　　　　教师关系

教师编号	姓　　名	系　　别	电 话 号 码	
			电话号码	手机号
95010	张乐	经济	010-65976444	12311123456
95011	赵希明	经济	010-65976451	13611112345
95012	李小平	经济	010-65976452	13921111111
…	…	…	…	…

　　由表 1-6 可知，教师关系不满足第一范式。因为在这个关系中，"电话号码"不是基本数据项，它由另外两个基本数据项组成。规范化教师关系，只需将所有数据项都表示为不可分的最小数据

项。规范化后的教师关系如表 1-7 所示。

表 1-7　　　　　　　　　　　　　　规范化后的教师关系

教 师 编 号	姓　　名	系　　别	电话号码	手机号
95010	张乐	经济	010-65976444	12311123456
95011	赵希明	经济	010-65976451	13611112345
95012	李小平	经济	010-65976452	13921111111
…	…	…	…	…

2. 第二范式（2NF）

如果关系模式 R 是第一范式，且所有非主属性都完全依赖于其主关键字，则称 R 满足第二范式或 R 是第二范式，第二范式简记为 2NF。

例 1-5　学生选课成绩关系如表 1-8 所示。判断学生选课成绩关系是否满足第二范式，并对该关系进行规范化。

表 1-8　　　　　　　　　　　　　　　学生选课成绩关系

学 生 编 号	姓　　名	课 程 编 号	课程名称	周 学 时	学　　分	成　　绩
2018100101	任伟	102	英语	6	6	80
2018100102	江贺	105	电算会计	2	2	57
…	…	…	…	…	…	…

在这个关系中，学生编号和课程编号共同组成主关键字，其中成绩完全依赖主主关键字，但姓名不完全依赖于这个组合的关键字，却完全依赖于学生编号。课程名称、周学时、学分完全依赖于课程编号。因此这个关系不满足第二范式。

使用上述关系模式会存在以下几个问题。

（1）数据冗余：假设有 100 名学生选修同一门课，就要重复 100 次相同学分。

（2）更新复杂：若调整某门课程的学分，相应元组（记录）的学分值都要更新，不能保证修改后的不同元组同一门课程的学分完全相同。

（3）插入异常：如果开一门新课，可能没有学生选修，没有学生编号主关键字，只能等到有学生选修才能将课程编号和学分加入表中。

（4）删除异常：如果学生已经毕业，由于学生编号不存在，其选修记录也必须删除。

为了消除这种部分依赖，可以进行关系模式的分解，即将上述关系分解为如下 3 个关系，带下划线的属性是关系的主主关键字。

学生（学生编号，姓名，性别，年龄，入校日期，团员否，简历，照片）

选课成绩（学生编号，课程编号，成绩）

课程（课程编号，课程名称，周学时，学分）

3. 第三范式（3NF）

在介绍第三范式之前，需要先介绍传递依赖的概念。

假设关系中有 A、B、C 3 个属性，传递依赖是指关系中 B 属性依赖于主关键字 A，而 C 属性依赖于 B 属性，称 C 属性传递依赖于 A。

如果关系模式 R 是第二范式，且所有非主属性对任何主关键字都不存在传递依赖，则称 R 满足第三范式或 R 是第三范式，第三范式简记为 3NF。

例 1-6 分析例 1-5 规范化后的 3 个关系，判断是否都符合第三范式，并对不符合第三范式的关系进行规范化。

在例 1-5 规范化后的 3 个关系中，学生和选课成绩关系中的所有属性与主关键字之间仅存在完全依赖关系，并不存在传递依赖关系，因此符合第三范式。但是在课程关系中，如果学分是根据学时的多少来决定的，那么学分就是通过周学时传递依赖于课程编号。

解决方法是消除其中的传递依赖，将课程关系进一步分解为如下两个关系。

课程（课程编号，课程名称，周学时）

学分（周学时，学分）

另一种解决方法是将不必要的属性删除。如果课程关系中，周学时属性与学分属性取值相同，只保留学分属性即可。因此也可将例 1-5 中的课程关系规范为

课程（课程编号，课程名称，学分）

1.3.2 数据库设计的步骤

事实上，设计数据库的主要目的是为了设计出满足实际应用需求的实际关系模型。一般情况下，设计一个数据库要经过需求分析、确定所需表、确定所需字段、确定主关键字和确定表间联系等步骤。

例 1-7 根据下面介绍的教学管理基本情况，设计"教学管理"数据库。

某学校教学管理的主要工作包括教师档案及教师授课情况管理、学生档案及学生选课情况管理等几项。教学管理涉及的主要数据如表 1-6 和表 1-8 所示。由于该校对教学管理中的信息不够重视，信息管理比较混乱，使得很多信息无法得到充分、有效的应用。解决问题的方法之一是利用数据库组织、管理和使用教学信息。

1. 需求分析

明确建立数据库的目的，以确定数据库中要保存哪些信息。需求分析是指从调查用户单位着手，深入了解用户单位数据流程，数据的使用情况，数据的数量、流量、流向、数据性质，并且做出分析，最终给出数据的需求说明书。

用户的需求主要包括以下 3 个方面。

（1）信息需求：即用户要从数据库获得的信息内容。信息需求定义了数据库应用系统应该提供的所有信息，注意清楚描述系统中数据的数据类型。

（2）处理需求：即需要对数据完成什么处理功能及处理的方式。处理需求定义了系统的数据处理的操作，应注意操作执行的场合、频率、操作对数据的影响等。

（3）安全性和完整性约束要求：在定义信息需求和处理需求的同时必须相应确定安全性、完整性约束。

在分析中，数据库设计者要与数据库的使用人员进行交流，了解现行工作的处理过程，共同讨论使用数据库应该解决的问题和使用数据库应该完成的任务，并以此为基础，进一步讨论应保存哪些数据以及怎样保存这些数据。另外，还应尽量收集与当前处理有关的各种表格。

根据需求分析的内容，对例 1-7 所描述的教学管理情况进行分析，可以确定，建立"教学管理"数据库的目的是为了解决教学信息的组织、管理和使用问题，主要任务应包括教师信息管理、

教师授课信息管理、学生信息管理和选课情况管理等。

2．确定所需表

确定数据库中的表是数据库设计过程中技巧性最强的一步。因为根据用户想从数据库中得到的结果（包括要打印的报表、要使用的窗体、要数据库回答的问题）不一定能得到设计表结构的线索，还需要分析对数据库系统的要求，推敲那些需要数据库回答的问题。分析的过程是对所收集到的数据进行抽象的过程。抽象是对实际事物或事件的人为处理，抽取共同的本质特性。

在教学管理业务的描述中提到了教师表和学生选课成绩表。但如果以这两个表作为"教学管理"数据库的基本表，是不合理的。如 1.3.1 节中所分析的，两个表都不符合数据库设计的规范化原则。因此根据已确定的"教学管理"数据库应完成的任务以及规范化理论，应将"教学管理"的数据分为 5 类，并分别存放在教师、学生、课程、选课成绩和授课 5 个表中。

3．确定所需字段

确定每个表中要保存哪些字段。通过对这些字段的显示或计算应能够得到所有需求信息。确定的字段应使关系（表）满足第三范式。

根据前面的分析，按照规范化理论，可以确定"教学管理"数据库中 5 个表的字段，如表 1-9 所示。

表 1-9 　　　　　　　　　　　　"教学管理"数据库表结构

教　　师		学　　生		选 课 成 绩	课　　程	授　　课
教师编号	学历	学生编号	团员否	学生编号	课程编号	课程编号
姓名	职称	姓名	入校日期	课程编号	课程名称	教师编号
性别	系别	性别	简历	平时成绩	课程类别	
工作时间	联系电话	年龄	照片	考试成绩	学分	
政治面目						

确定这 5 个表及每个表所包含的字段的思路及过程可参见 1.3.1 节。

4．确定关键字

关系型数据库管理系统能够迅速查找存储在多个独立表中的数据并组合这些信息。为使其有效地工作，数据库的每个表都必须有一个或一组字段可用以唯一确定存储在表中的每条记录，即主关键字。

例如，"教学管理"数据库的 5 个表中，教师表、学生表、课程表和选课成绩表都设计了主关键字。教师表中的主关键字是"教师编号"，学生表中的主关键字为"学生编号"，选课成绩表中的主关键字为"学生编号"和"课程编号"的组合，课程表中的主关键字为"课程编号"。为了使表结构清晰，也可以为授课表设计主关键字"授课 ID"。确定主关键字后的"教学管理"数据库表结构如表 1-10 所示。

表 1-10 　　　　　　　　确定主关键字后的"教学管理"数据库表结构

教　　师		学　　生		选 课 成 绩	课　　程	授　　课
教师编号	学历	学生编号	团员否	学生编号	课程编号	授课 ID
姓名	职称	姓名	入校日期	课程编号	课程名称	课程编号

续表

教　师		学　生		选课成绩	课　程	授　课
性别	系别	性别	简历	平时成绩	课程类别	教师编号
工作时间	联系电话	年龄	照片	考试成绩	学分	
政治面目						

5. 确定表间关系

确定表间关系的目的是使表的结构合理，不仅能存储所需要的实体信息，并且能反映出实体之间客观存在的关系。表与表之间的关系需要通过一个共同字段来建立，因此确保两个表之间能够建立起关系，应将其中一个表的主关键字添加到另一个表中。

例如，授课表中有"课程编号"和"教师编号"，而"课程编号"是课程表中的主关键字，"教师编号"是教师表中的主关键字。这样，课程表与授课表、教师表与授课表就可以建立起关系。

图 1-9 所示为"教学管理"数据库中 5 个表之间的关系。如何定义表之间的关系，将在后续章节中详细介绍。

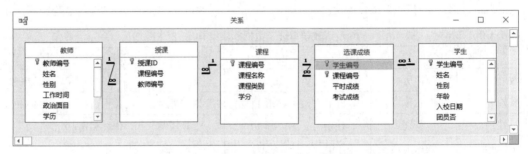

图 1-9　"教学管理"数据库中 5 个表之间的关系

通过前面各个步骤确定了所需要的表、字段和联系，经过反复修改之后，就可以开发数据库应用系统的原型了。

1.4　Access 数据库管理系统概述

Access 是一个功能强大、方便灵活的关系型数据库管理系统。使用 Access，用户可以管理从简单的文本、数字到复杂的图片、动画和音频等各种类型的数据。在 Access 中，可以构造应用程序来存储和归档数据，可以使用多种方式进行数据的筛选、分类和查询，还可以通过显示在屏幕上的窗体来查看数据，或者生成报表将数据按一定的格式打印出来，并支持通过 VBA 编程来处理数据库中的数据。

1.4.1　Access 的基本特点

与其他关系型数据库管理系统相比，Access 具有以下几个特点。

1. 存储文件单一

一个 Access 数据库文件中包含了该数据库中的全部数据表、查询，以及其他与之相关的内容。

存储文件单一，便于计算机外存储器的文件管理，也使操作数据库及编写应用程序更为方便。

2．面向对象

Access 是一个面向对象的、采用事件驱动的新型关系型数据库管理系统，利用面向对象的方式将数据库系统中的各种功能对象化，将数据库管理的各种功能封装在各类对象中。它将一个应用系统当作是由一系列对象组成的，对每个对象都定义一组方法和属性，以定义该对象的行为和属性，还可以按需要给对象扩展方法和属性。通过对象的方法、属性，完成数据库的操作和管理，极大地简化了开发工作。同时，这种基于面向对象的开发方式，使得开发应用程序更为简便，可以完善地管理各种数据库对象，具有强大的数据组织、用户管理、安全检查等功能。

3．支持广泛

Access 可以通过 ODBC（Open DataBase Connectivity，开放数据库互联）与 Oracle、Sybase 等其他数据库相连，实现数据的交换和共享。并且，作为 Office 办公软件包中的一员，Access 还可以与 Word、Excel 等其他软件进行数据的交换和共享，利用 Access 强大的 DDE（Dynamic Data Exchange，动态数据交换）和 OLE（Object Link Embed，对象的链接和嵌入）特性，可以在一个数据表中嵌入位图、声音、Excel 表格、Word 文档等。

4．具有 Web 数据库发布功能

借助 Microsoft SharePoint Server 中新增的 Access Services 功能，通过新的 Web 数据库可在 Web 上发布数据库。数据库联机发布后，可以通过 Web 访问、查看和编辑它们。没有 Access 客户端的用户可以通过浏览器打开 Web 窗体和报表，对其所做的更改将自动同步。无论是大型企业、小企业、非营利组织，还是只想找到更高效的方式管理个人信息的用户，Access 都可以更轻松地完成任务，且速度更快、方式更灵活、效果更好。

5．操作方便

Access 是一个可视化工具，其风格与 Windows 完全一样，用户想要生成对象并应用，只要使用鼠标进行拖曳即可，非常直观方便。系统还提供了表设计器、查询设计器、窗体设计器、报表设计器、宏设计器等许多可视化的操作工具，以及数据库向导、表向导、查询向导、窗体向导、报表向导等多种向导，可以很方便地构建一个功能完善的数据库系统。

Access 中嵌入的 VBA（Visual Basic for Application）编程语言是一种可视化的软件开发工具，编写程序时只需将一些常用的控件摆放到窗体上，即可形成良好的用户界面，必要时再编写一些 VBA 代码即可形成完整的程序。实际上，在编写数据库操作程序时，如摆放必要的控件、编写基本的代码这样的工作，也都可以自动进行。

1.4.2　Access 的基本对象

Access 将数据库定义成一个扩展名为 ".accdb" 的文件，并分成表、查询、窗体、报表、宏和模块 6 个对象。

1．表

表是 Access 数据库最基本的对象，是具有结构的某个相同主题的数据集合。表由行和列组成，

如图 1-10 所示。表中的列称为字段，用来描述数据的某类特征。表中的行称为记录，用来反映某一实体的全部信息。记录由若干字段组成。能够唯一标识表中每一条记录的字段或字段组合称为主关键字，在 Access 中也称为主键。

在表内可以定义索引，以加快查找速度。一个数据库中的多个表并不是孤立存在的，可以通过有相同内容的字段在多个表之间建立关系。例如，"教学管理"数据库中的教师表和授课表之间通过共有字段"教师编号"建立了关系。

2．查询

查询是通过设置某些条件从表中获取所需要的数据。按照指定规则，查询可以从一个表、一组相关表和其他查询中抽取全部或部分数据，并将其集中起来，形成一个集合供用户查看。将查询保存为一个数据库对象后，可以在任何时候查询数据库的内容。

例如，可以创建一个将学生表中的"学生编号""姓名"字段与选课成绩表中的"考试成绩"字段，以及课程表中的"课程名称"字段拼接起来，形成查询，学生选课成绩查询结果如图 1-11 所示。

图 1-10　表　　　　　　　　　　图 1-11　学生选课成绩查询结果

在数据表视图中显示一个查询时，看起来很像一个表。但查询与表有本质的区别。首先，查询中的数据最终都是来自于表中的数据；其次，查询结果的每一行可能由多个表中的字段构成；最后，查询可以包含计算字段，也可以显示基于其他字段内容的一些结果。总之，可以将查询看作是以表为基础数据源的"虚表"。

3．窗体

窗体是 Access 数据库对象中最具灵活性的一个对象，是数据库和用户的一个联系界面，用于显示包含在表或查询中的数据和操作数据库中的数据。用户可以在窗体上摆放各种控件，如文本框、列表框、复选框、按钮等，分别用于显示和编辑某个字段的内容，也可以通过单击、双击等操作，调用与之联系的宏或模块（VBA 程序），完成较为复杂的操作。

在窗体中，不仅可以包含普通的数据，还可以包含图片、图形、声音、视频等多种数据形式，如图 1-12 所示。

当表中的某一个字段与另一表中的多个记录相关联时，还可以通过主窗体和子窗体进行处理，如图 1-13 所示。

4．报表

报表是数据库对象，可以按照指定的样式将多个表或查询中的数据显示（打印）出来。报表中包含了指定数据的详细列表。报表也可以进行统计计算，如求和、求最大值、求平均值等。报表与窗体类似，也是通过各种控件来显示数据的，报表的设计方法也与窗体大致相同。

图 1-12 窗体

图 1-13 主窗体和子窗体

5. 宏

宏是若干个操作的集合，用来简化一些经常性的操作。用户可以设计一个宏来控制系统的操作。当执行这个宏时，就会按这个宏的定义依次执行相应的操作。宏可以进行打开并执行查询、打开表、打开窗体、打印、显示报表、统计信息、修改记录、修改表中的数据、插入记录、删除记录、关闭表等操作。

当数据库中有大量重复性的工作需要处理时，使用宏是最佳的选择。宏可以单独使用，也可以与窗体配合使用。可以在窗体上设置一个命令按钮，单击这个按钮时，就会执行一个指定的宏。

宏有多种类型，它们之间的差别在于触发宏的方式。宏可以是包含一系列操作的一个宏，也可以是由若干个宏组成的宏组。另外，还可以在宏操作中添加条件来控制其是否执行。

6. 模块

模块是用 VBA 语言编写的程序段，它以 Visual Basic 为内置数据库程序语言。对于数据库一些较为复杂或高级的应用功能，需要使用 VBA 代码编程实现。通过在数据库中添加 VBA 代码，可以创建出自定义菜单、工具栏和具有其他功能的数据库应用系统。

模块由声明、语句和过程组成。Access 有两种类型的模块：标准模块和类模块。标准模块包含与任何其他对象都无关的常规过程，以及可以从数据库任何位置运行的经常使用的过程。标准模块和某个特定对象相关的类型模块的主要区别在于其范围和生命周期。类模块属于一种与某一特定窗体或报表相关联的过程集合，这些过程均被命名为事件过程，作为窗体或报表处理某些事件的方法。

1.4.3 Access 的工作界面

Access 2016 与之前的 Access 2010 非常相似。启动 Access 2016 以后，屏幕上会出现 Access 2016 初始界面，如图 1-14 所示。创建或打开数据库后进入 Access 工作界面，如图 1-15 所示。

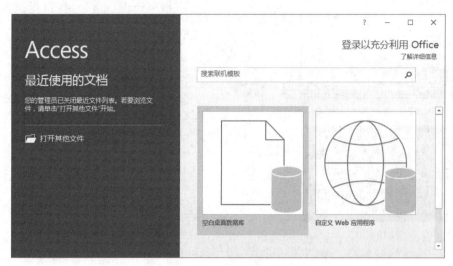

图 1-14　Access 2016 初始界面

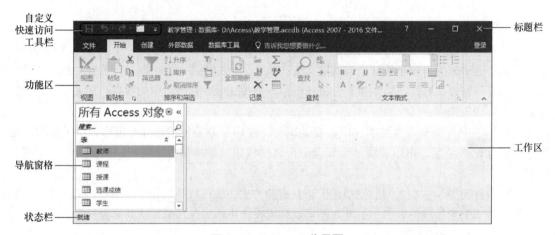

图 1-15　Access 工作界面

1．标题栏

标题栏位于 Access 2016 工作界面的最上端，用于显示打开的数据库文件名。标题栏的右侧有 3 个小图标，从左到右依次用于最小化、最大化（还原）和关闭应用程序窗口。标题栏左侧是自定义快速访问工具栏，用于进行保存、撤销、恢复等操作。单击自定义快速访问工具栏右侧的下拉箭头按钮，可以弹出"自定义快速访问工具栏"菜单，如图 1-16 所示，此时可以在菜单中设置需要在该工具栏上显示的图标。

图 1-16　"自定义快速访问工具栏"菜单

2．功能区

功能区位于程序窗口的顶部、标题栏下方，是一个带状区域，它以选项卡的形式将各种相关功能组合在一起，提供了 Access 2016 中主要的命令界面，图 1-15 所示为功能区的"开始"选项卡。用户通过 Access 2016 功能区可以快速找到所需命令，可以使各种命令的位置与工作界面更为接近，从而实现更快捷地操作。

3．命令选项卡

在 Access 2016 中，功能区中的主要命令选项卡包括"文件""开始""创建""外部数据"和"数据库工具"。每个选项卡都包含多组相关命令，这些命令组展现了相关操作。

（1）"文件"选项卡

"文件"选项卡是一个特殊的选项卡，它与其他选项卡的结构、布局和功能完全不同。在 Access 工作界面中，单击"文件"选项卡可打开"文件"窗口，如图 1-17 所示。

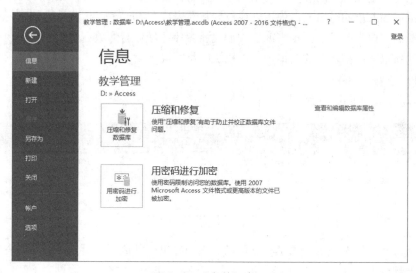

图 1-17　"文件"窗口

这个窗口分为左右两个窗格，左侧窗格主要由"信息""新建""打开""保存""另存为""关闭""账户""选项"命令组组成。选择左侧窗格中不同的命令按钮，右侧窗格中将显示不同的信息。在"文件"窗口中，可对数据库文件进行各种操作和设置。

（2）"开始"选项卡

"开始"选项卡由"视图""剪贴板""排序和筛选""记录""查找""窗口"和"文本格式"命令组组成，如图 1-18 所示。

图 1-18　"开始"选项卡

利用"开始"选项卡中的工具，可完成的功能主要包括：选择不同的视图；从剪贴板复制和粘贴；设置当前的字体格式；设置当前的字体对齐方式；对记录进行刷新、新建、保存、删除、汇总、拼写检查等操作；对记录进行排序和筛选；查找记录。

（3）"创建"选项卡

"创建"选项卡由"模板""表格""查询""窗体""报表"和"宏与代码"命令组组成，如

图 1-19 所示。

图 1-19　"创建"选项卡

利用"创建"选项卡中的工具，可以创建数据表、窗体和查询等各种数据库对象。可完成的功能主要包括：插入新的空白表；使用表模板创建新表；在 SharePoint 网站上创建列表；在设计视图中创建新的空白表；基于活动表或查询创建新窗体；创建新的数据透视表或图表；基于活动表或查询创建新报表；创建新的查询、宏、模块或类模块。

（4）"外部数据"选项卡

"外部数据"选项卡由"导入并链接""导出"命令组组成，如图 1-20 所示。

图 1-20　"外部数据"选项卡

利用"外部数据"选项卡中的工具，可以导入和导出各种数据。可完成的功能主要包括：导入或链接到外部数据；导出数据为 Excel、文本、XML、PDF 等格式；通过电子邮件收集和更新数据；将部分或全部数据库移至新的或现有的 SharePoint 网站。

（5）"数据库工具"选项卡

"数据库工具"选项卡由"工具""宏""关系""分析""移动数据"和"加载项"命令组组成，如图 1-21 所示。

图 1-21　"数据库工具"选项卡

利用"数据库工具"选项卡中的工具，可以进行数据库 VBA、表关系的设置等操作。可完成的功能主要包括：启动 Visual Basic 编辑器或运行宏；创建和查看表关系；显示/隐藏对象相关性；运行数据库文档管理器或分析性能；将数据移至 SharePoint 或 Access（仅限于表）数据库；管理 Access 加载项；创建或编辑 VBA 模块。

4．上下文选项卡

上下文选项卡是根据正在使用的对象或正在执行的任务而显示的命令选项卡。例如，如果在表的设计视图中设计表，则会出现"表格工具"上下文选项卡，其中包含"设计"子选项卡，如

图 1-22 所示。如果在报表的设计视图中创建报表，则会出现"报表设计工具"上下文选项卡，包括"设计""排列""格式"和"页面设置"4 个子选项卡，如图 1-23 所示。

图 1-22　"表格工具"下的"设计"子选项卡

图 1-23　"报表设计工具"下的 4 个子选项卡

上下文选项卡，可以根据所选对象的状态不同自动显示或关闭，为操作带来了极大的方便。

5．导航窗格

导航窗格位于窗口左侧，用以显示当前数据库中的各种对象，如表、查询、窗体、报表等。导航窗格有折叠和展开两种状态，单击导航窗格上方的"百叶窗开/关"按钮 》，可以展开导航窗格，显示结果如图 1-24 所示；单击导航窗格上方右侧的"百叶窗开/关"按钮 《，可以折叠导航窗格，显示结果如图 1-25 所示。

图 1-24　展开导航窗格的显示结果

图 1-25　折叠导航窗格的显示结果

单击导航窗格右方下拉箭头按钮 ，可以打开组织方式列表，在该列表中选择查看对象的方式。在导航窗格中右键单击任何对象，均能弹出快捷菜单，可以从中选择需要执行的命令。

6．工作区

默认情况下，Access 的工作区是选项卡式的文档区。每当打开数据库文件中的一个对象，都会在选项卡式文档区中出现该对象窗口的文档选项卡，单击不同的文档选项卡就可以在不同的对象窗口之间进行切换，选项卡式文档如图 1-26 所示。通过设置"Access 选项"可以选择在工作区使用选项卡式文档或重叠窗口。

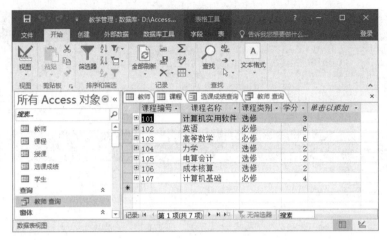

图 1-26 选项卡式文档

7．状态栏

状态栏位于窗口底部，其左侧显示的是状态信息，右侧显示的是数据表的视图切换按钮，单击这些按钮以不同的视图显示对象窗口。如果要查看支持可变缩放的对象，则可以使用状态栏上的滑块，调整缩放比例以放大或缩小对象。在"Access 选项"对话框中，可以启用或禁用状态栏。

习　题　1

一、问答题

1．简述数据库系统的组成。
2．常用的数据模型有哪些？各具有什么特点？
3．简述 1NF 和 2NF 的主要内容。
4．数据库的设计过程包括哪几个主要步骤？
5．Access 数据库管理系统有几类对象？它们的作用是什么？

二、选择题

1．Access 数据库管理系统采用的数据模型是（　　）。
　　A．实体模型　　　　B．层次模型　　　　C．网状模型　　　　D．关系模型
2．数据库（DB）、数据库系统（DBS）、数据库管理系统（DBMS）三者之间的关系是（　　）。
　　A．DBS 包括 DB 和 DBMS　　　　　　　B．DBMS 包括 DB 和 DBS
　　C．DB 包括 DBS 和 DBMS　　　　　　　D．DBS 就是 DB，也就是 DBMS
3．将两个关系中具有相同属性值的元组连接到一起构成新关系的操作称为（　　）。
　　A．连接　　　　　B．选择　　　　　　C．投影　　　　　D．关联

4．对于现实世界中事物的特征，在实体−联系模型中使用（　　　）。

    A．主关键字描述　　B．属性描述　　　　　C．二维表格描述　　　D．实体描述

5．主关键字是关系模型中的重要概念。当一张二维表（A 表）的主关键字被包含到另一张二维表（B 表）中时，它就被称为 B 表的（　　　）。

    A．主关键字　　　　　B．候选关键字　　　　C．外部关键字　　　　D．候选码

6．以下实体的联系中，属于多对多联系的是（　　　）。

    A．学校与校长　　　　　　　　　　　　B．住院的病人与病床

    C．学生与课程　　　　　　　　　　　　D．职工与工资

7．以下关于关系数据库的设计原则的叙述中，错误的是（　　　）。

    A．用主关键字确保有关联的表之间的联系

    B．关系数据库的设计应遵从概念单一化"一事一表"的原则，即一个表描述一个实体或实体之间的一种联系

    C．除了外部关键字之外，尽量避免在表之间出现重复字段

    D．表中的字段必须是原始数据和基本数据元素

8．以下不属于关系数据库系统主要功能的是（　　　）。

    A．数据共享　　　　　B．数据定义　　　　　C．数据控制　　　　　D．数据维护

9．以下叙述中，正确的是（　　　）。

    A．Access 只能使用系统菜单创建数据库系统

    B．Access 不具备程序设计能力

    C．Access 只具备了模块化程序设计能力

    D．Access 具有面向对象的程序设计能力

10．Access 数据库最基本的对象是（　　　）。

    A．表　　　　　　　　B．宏　　　　　　　　C．报表　　　　　　　D．查询

三、填空题

1．数据管理技术的发展经历了_____、_____、_____、_____阶段。

2．在关系模型中，二维表中的每一行上的所有数据在关系中称为_____。

3．关系的完整性约束条件包括_____、_____、_____。

4．数据库的核心操作是_____。

5．Access 内置的开发工具是_____。

实　验　1

一、实验目的

1．学习关系型数据库的基本概念。

2．熟悉和掌握数据库的设计方法。

二、实验内容

某图书大厦日常管理工作及需求描述如下。

建立"图书销售管理"数据库的主要目的是通过对书籍销售信息进行录入、修改与管理，能够方便地查询雇员销售书籍的情况和书籍、客户、雇员的基本信息。因此"图书销售管理"数据库应具有如下功能。

1．录入和维护书籍的基本信息。书籍（书籍号，书籍名称，类别，定价，作者名，出版社编号，出版社名称）

2．录入和维护订单的信息。订单（客户号，书籍号，书籍名称，雇员号，单位名称，订购日期，数量，售出单价，出版社编号，出版社名称）

3．录入和维护雇员的信息。雇员（雇员号，姓名，性别，出生日期，年龄，职务，照片，简历）

4．录入和维护客户的信息。客户（客户号，单位名称，联系人，地址，邮政编码，电话号码，区号）

5．能够使用多种方式方便地浏览销售信息。

6．能够完成基本的统计分析功能，并能生成统计报表打印输出。

根据此描述，设计一个"图书销售管理"数据库。

三、实验要求

1．根据实际工作需要进行需求分析，设计出"图书销售管理"数据库的框架（所需表及表结构）。

2．根据数据规范化原则，对设计出的数据库表进行规范化处理。

3．设计多表间的关系。

第2章 数据库的创建和操作

Access 数据库是一个一级容器对象，其他 Access 对象均置于该容器对象之中，称为 Access 数据库子对象。正是基于 Access 的这一特点，在使用 Access 组织、存储和管理数据时，应先创建数据库，然后在该数据库中创建所需的数据库对象。本章将详细介绍数据库的创建和操作。

2.1 数据库的创建

创建数据库有两种方法，一是使用 Access 提供的模板，通过简单操作来创建数据库，这是创建数据库较为快捷的方法；二是先创建一个空数据库，然后向其中添加表、查询、窗体、报表、宏和模块等对象，这是创建数据库较为灵活的方法。无论哪一种方法，创建数据库后，均可以在任何时候修改或扩展数据库。创建数据库的结果是在磁盘上产生一个扩展名为 ".accdb" 的数据库文件。

2.1.1 使用模板创建数据库

Access 2016 提供的每个模板都是一个完整的应用程序，具有预先建立好的表、查询、窗体、报表、宏和表间关系等。如果模板设计能够满足需求，则通过模板创建数据库以后，就可以立即利用数据库工具开始工作；如果模板设计只满足部分需求，则可以使用模板作为基础，对所创建的数据库进行修改，从而得到符合特定需求的数据库。

例 2-1 使用数据库模板创建"学生"数据库，并保存在 D 盘 Access 文件夹中。

操作步骤如下。

（1）启动 Access，启动后的窗口如图 2-1 所示。或在已打开的 Access 窗口中，单击"文件"选项卡，然后在左侧窗格中单击"新建"命令，执行"新建"命令后的 Access 窗口如图 2-2 所示。

（2）单击右侧窗格中的"学生"选项，弹出要求输入文件名和文件存储路径的对话框，如图 2-3 所示。在"文件名"文本框中，给出了一个默认的文件名"Database1.accdb"。

（3）将该文件名改为"学生"。输入文件名时，如果未输入文件扩展名，Access 会自动添加。

（4）单击"文件名"文本框右侧的"浏览"按钮 🖾，打开"文件新建数据库"对话框。在该对话框中，找到 D 盘 Access 文件夹并打开，如图 2-4 所示。

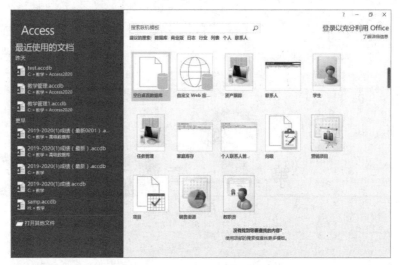

图 2-1　启动 Access 后的窗口

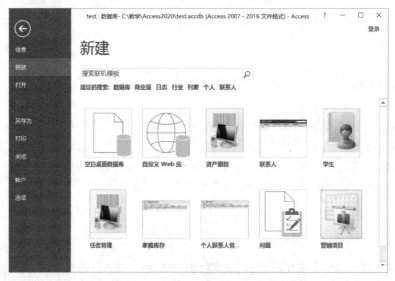

图 2-2　执行"新建"命令后的 Access 窗口

图 2-3　输入文件名和文件存储路径的对话框

图 2-4　选择文件保存位置

（5）单击"确定"按钮返回到输入文件名的对话框。

（6）单击文件存储路径下方的"创建"按钮，完成数据库的创建，"学生"数据库创建结果如图 2-5 所示。

图 2-5 "学生"数据库创建结果

使用模板创建的数据库包含了表、查询、窗体、报表等对象。单击导航窗格区域上方的"百叶窗开/关"按钮，单击"学生导航"右侧下拉箭头按钮，从打开的组织方式列表中选择"对象类型"，就可以看到所建数据库及各类对象，如图 2-6 所示。

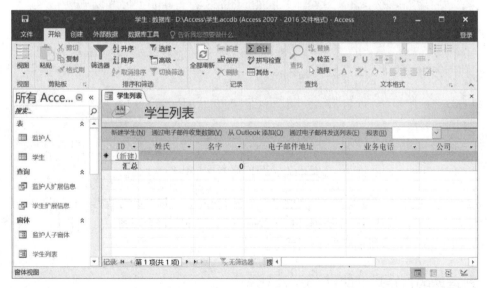

图 2-6 "学生"数据库及各类对象

使用模板创建数据库只需进行一些简单的操作，就可以方便、快速地创建一个包含了表、查询、窗体、报表等数据库对象的数据库应用系统。如果能够找到并使用与需求最接近的模板，则可直接使用模板创建数据库，此方法的效果最佳。但是，如果没有找到满足需求的模板，或者需要将其他应用程序中的数据导入 Access 中，则不建议使用模板创建数据库。因为模板含有已定义好的数据结构，要将其修改为所需的数据结构需要进行大量的编辑操作。

2.1.2　创建空数据库

创建空数据库是一种常用的数据库创建方法，实质上是创建数据库的外壳，数据库中没有任何对象和数据。创建空数据库后，可根据实际需要，添加所需的表、查询、窗体、报表、宏和模块等对象。一般当有特别的设计要求时，比如，需要创建一个复杂的数据库或者需要在数据库中合并现有数据，可以先创建空数据库。

例 2-2　创建"教学管理"空数据库，并保存在 D 盘 Access 文件夹中。

操作步骤如下。

（1）启动 Access，打开启动窗口。或在已打开的 Access 窗口中，单击"文件"选项卡，在左侧窗格中单击"新建"命令。

（2）在右侧窗格中单击"空白桌面数据库"项。弹出要求输入数据库名称和文件存储路径的对话框。在"文件名"文本框中，给出了一个默认的文件名"Database1.accdb"，将其改为"教学管理"。

（3）单击"文件名"文本框右侧"浏览"按钮，弹出"文件新建数据库"对话框。在该对话框中，找到 D 盘 Access 文件夹，并打开。

（4）单击"确定"按钮，返回输入文件名的对话框。

（5）单击"创建"按钮。这时 Access 开始创建空数据库，且自动创建了一个名称为"表 1"的数据表，并以"数据表视图"方式打开了该表，"表 1"的数据表视图如图 2-7 所示。

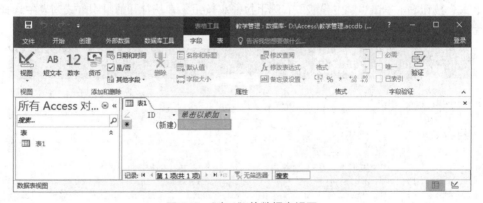

图 2-7　"表 1"的数据表视图

（6）将光标置于"单击以添加"列的第 1 个空单元格，可以开始对数据表进行设计，包括添加字段、输入数据，或从另一个数据源粘贴数据等。此时的数据表视图中有两个字段，一个是默认的 ID 字段，另一个是添加新字段的标识。

2.2　数据库的打开和关闭

数据库建好后，可以对其进行各种操作。例如，在数据库中添加对象、修改其中某对象的内容、删除某对象等。在进行这些操作之前应打开数据库，操作结束后关闭数据库。

2.2.1 打开数据库

打开数据库的方法有两种，使用"打开"命令打开和使用"最近使用的文件"选项打开。

1．使用"打开"命令

例 2-3 打开 D 盘 Access 文件夹中的"教学管理"数据库。

操作步骤如下。

（1）启动 Access，单击窗口左侧窗格中的"打开其他文件"链接。或在 Access 窗口中，单击"文件"选项卡，在左侧窗格中单击"打开"命令。

（2）在右侧窗格中，单击"浏览"选项，弹出"打开"对话框。

（3）在对话框中，找到 D 盘 Access 文件夹并打开。单击"教学管理"数据库文件名，然后单击"打开"按钮。

2．使用"最近使用的文件"选项

Access 2016 自动记忆了最近打开过的数据库。打开 Access 后，窗口左侧将列出最近使用的文件，如图 2-1 所示。如果要打开的数据库出现在"最近使用的文档"列表中，那么直接单击相应的文件名即可；如果文件没有出现在列表中，可以单击"打开其他文件"链接，然后找到并打开所需的文件。还有一种情况是，如果在 Access 窗口中打开一个最近使用的文件，可以单击"文件"选项卡，单击右侧窗格中的"最近使用的文档"选项，然后单击其右侧要打开的数据库文件名。

2.2.2 关闭数据库

当不再需要使用数据库时，可以将其关闭。关闭数据库常用的方法有以下 4 种。

方法 1：单击 Access 窗口右上角"关闭"按钮。

方法 2：双击 Access 窗口最左上角。

方法 3：右键或左键单击 Access 窗口最左上角，从弹出的菜单中单击"关闭"命令。

方法 4：单击"文件"选项卡，单击"关闭"命令。

2.3 数据库的管理

在实际使用 Access 数据库过程中，为了保证数据库安全可靠地运行，在创建数据库后必须考虑如何对数据库进行安全管理和保护。Access 2016 提供了对数据库进行安全管理和保护的有效方法。

2.3.1 设置数据库密码

保护数据库安全最简单的方法是为数据库设置打开密码，这样可以防止非法用户进入数据库。设置 Access 数据库密码的前提条件是，要求数据库必须以独占方式打开。所谓独占方式是指在某个时刻，只允许一个用户打开数据库。

例 2-4 为存储在 D 盘 Access 文件夹中的"教学管理"数据库设置打开密码。

操作步骤如下。

（1）启动 Access，在左侧窗格中单击"打开其他文件"选项链接，在右侧窗格中单击"浏览"

选项，弹出"打开"对话框。

（2）在对话框中找到 D 盘 Access 文件夹，选中"教学管理"数据库文件。

（3）单击"打开"按钮右侧下拉箭头按钮，选择"以独占方式打开"选项，如图 2-8 所示。这时，就以独占方式打开了"教学管理"数据库。

图 2-8　选择打开方式

（4）单击"文件"选项卡，在左侧窗格中单击"信息"命令，在右侧窗格中单击"用密码进行加密"按钮，如图 2-9 所示。

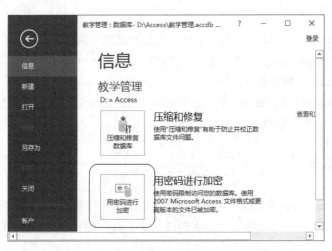

图 2-9　"用密码进行加密"按钮

（5）此时弹出"设置数据库密码"对话框，在"密码"文本框中输入密码，在"验证"文本框中再次输入相同密码，如图 2-10 所示。

（6）单击"确定"按钮。

设置密码后，在打开"教学管理"数据库时，系统将自动弹出"要求输入密码"对话框，如图 2-11 所示。用户只有在"请输入数据库密码"文本框中输入了正确密码，才能打开"教学管理"数据库。

图 2-10 设置数据库密码　　　　　　　图 2-11 "要求输入密码"对话框

2.3.2 压缩和修复数据库

在对 Access 数据库进行操作时，常常将不需要的表、查询、窗体、报表等对象从数据库中删除。但是，当删除这些对象后，Access 并不会将其占用的空间释放，使得数据库文件中的碎片不断增加，而数据库文件也变得越来越大。这样将会造成计算机硬盘空间的使用效率降低，数据库性能下降，甚至会出现打不开数据库的严重现象。解决这一问题最好的方法是使用 Access 提供的压缩和修复数据库功能。压缩可以消除碎片，释放碎片占用的空间；修复能够将数据库文件中的错误进行修正。在对数据库文件压缩之前，Access 会对文件进行错误检查，如果检测到数据库损坏，就会要求修复数据库。

压缩数据库有两种方法，即自动压缩和手动压缩。

1. 关闭数据库时自动压缩

如果需要在关闭数据库时自动执行压缩，可以设置"关闭时压缩"选项，设置该选项只会影响当前打开的数据库。

例 2-5 使"学生"数据库在每次运行完关闭时，自动执行压缩数据库的操作。

操作步骤如下。

（1）打开"学生"数据库，单击"文件"选项卡，单击"选项"命令。

（2）在弹出的"Access 选项"对话框左侧窗格中，单击"当前数据库"，在右侧窗格中选中"应用程序选项"组中的"关闭时压缩"复选框，如图 2-12 所示。

图 2-12 设置关闭数据库时自动执行压缩

（3）单击"确定"按钮。

2．手动压缩和修复数据库

除了使用"关闭时压缩"数据库选项外，还可以手动执行"压缩和修复数据库"命令。

操作步骤如下。

（1）打开要压缩和修复的数据库。

（2）单击"数据库工具"选项卡，单击"工具"组中的"压缩和修复数据库"按钮；或单击"文件"选项卡，在左侧窗格中单击"信息"命令，在右侧窗格中单击"压缩和修复数据库"按钮。

这时，系统将进行压缩和修复数据库的工作。由于在修复数据库过程中，Access 可能会截断已损坏表中的某些数据。因此建议在执行压缩和修复命令之前，先对数据库文件进行备份，以便恢复数据。此外，若不需要在网络上共享数据库，最好将数据库设为"关闭时压缩"。

2.3.3 备份和还原数据库

Access 提供的修复数据库功能可以解决数据库损坏的一般问题，但是如果硬件设备或数据库发生严重损坏，该功能就无能为力了。因此为了保证数据库的安全，保证数据库不会因硬件故障或意外情况遭到破坏后无法使用，应经常备份数据库。这样一旦发生意外，就可以还原数据库。

1．备份数据库

例 2-6 备份"教学管理"数据库。

操作步骤如下。

（1）打开"教学管理"数据库，单击"文件"选项卡，单击"另存为"命令。

（2）在右侧窗格的"数据库另存为"列表框的"高级"组中，双击"备份数据库"选项，或单击"备份数据库"→"另存为"按钮，打开"另存为"对话框，如图 2-13 所示。在"文件名"文本框中显示出默认的备份数据库文件名"教学管理_2020-02-19"。

图 2-13 "另存为"对话框

（3）单击"保存"按钮。

2．还原数据库

如果需要恢复以前的数据，可以还原数据库。Access 2016 本身未提供还原数据库的功能，可以通过 Windows 的资源管理功能来实现。

例 2-7　还原"教学管理_2020-02-19"数据库。

操作步骤如下。

（1）打开 Windows"计算机"资源管理窗口，找到"教学管理_2020-02-19"数据库文件，并复制。

（2）找到需要替换的已损坏的数据库文件，并粘贴。

2.4　数据库对象的组织

导航窗格是 Access 提供的对数据库对象进行组织和管理的工具。在导航窗格中，可以采用多种方式组织和管理数据库对象，包括对象类型、表和相关视图、创建日期、修改日期、按组筛选，以及自定义等。在导航窗格区域上方，单击"所有 Access 对象"右侧下拉箭头按钮 ，可以打开组织方式列表，如图 2-14 所示。

图 2-14　组织方式列表

2.4.1　按对象类型组织

"对象类型"就是按表、查询、窗体、报表等对象组织数据，这种方式与 Access 早期版本组织方式相同。在"对象类型"中，单击其中某一个对象，如单击查询对象，在导航窗格中就可以看到数据库中已创建的所有查询。

2-1　数据库
对象的组织

2.4.2　按表和相关视图组织

"表和相关视图"是 Access 2016 采用的一种组织方式，是按照数据库对象的逻辑关系组织对象。在 Access 中，数据表是最基本的对象，查询、窗体和报表等对象都是基于数据表建立起来的。因此这些对象与数据表之间形成了逻辑关系。"表和相关视图"这种组织方式，可以很容易地了解数据库内部对象之间的关系。

按照这种组织方式浏览对象的操作步骤如下。

（1）打开数据库。

（2）单击导航窗格区域上方右侧下拉箭头按钮，从弹出的组织方式列表中选择"表和相关视图"命令；或右键单击导航窗格区域上方，从弹出的快捷菜单中选择"类别"→"表和相关视图"命令。

这时 Access 开始对数据库对象进行组织。图 2-15 显示的是"教学管理"数据库中"选课成绩"表和相关视图。

图 2-15 "选课成绩"表和相关视图

2.4.3 自定义

自定义是一种灵活的组织方式，它可以使 Access 用户按照需要组织数据库对象，实现对数据库对象的高效管理。例如，为了方便地管理带有多个子窗体的窗体，可以自定义一个组，将主窗体、子窗体及其数据源放在其中。

组由从属于该组的数据库对象的快捷方式组成，向组中添加对象并不更改该对象原来的位置。无论该对象属于一个组还是多个组，它都会出现在其所属特定对象类型的对象列表中。从组中删除数据库对象的快捷方式并不删除对象本身。

例 2-8 创建一个组，组名为"主子窗体"，组中有"1992 年参加工作的男教师"查询、"授课 子窗体"窗体、"教师基本信息及授课信息"窗体等对象。

操作步骤如下。

（1）单击导航窗格区域上方"所有 Access 对象"右侧下拉箭头按钮，从打开的组织方式列表中选择"自定义"命令；或用鼠标右键单击导航窗格区域最上方，从弹出的快捷菜单中选择"类别"→"自定义"命令。此时在导航窗格区域显示出了"自定义组 1"和"未分配的对象"两个组。

（2）用鼠标右键单击"自定义组 1"，然后从弹出的快捷菜单中选择"重命名"命令，如图 2-16 所示。在"自定义组 1"文本框中输入自定义的组名"主子窗体"。

（3）在"未分配的对象"组中，用鼠标右键单击"1992 年参加工作的男教师"查询对象，然后从弹出的快捷菜单中选择"添加到组"→"主子窗体"命令，或直接将所选查询对象用鼠标左键拖放到"主子窗体"组名上，松开鼠标左键。

（4）使用相同方法将"授课 子窗体"窗体对象及"教师基本信息及授课信息"窗体对象添加到该组中，如图 2-17 所示。

图 2-16 重命名组

图 2-17 将对象添加到自定义组

如果在执行"自定义"命令后，导航窗格中没有"自定义 1"组，则需要添加该组。

操作步骤如下。

（1）在 Access 窗口中，用鼠标右键单击导航窗格区域最上方，从弹出的快捷菜单中选择"导航选项"命令，弹出"导航选项"对话框。

（2）在该对话框的"类别"列表框中选择"自定义"，如图 2-18 所示。

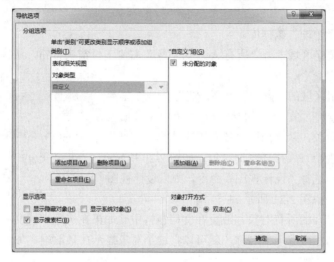

图 2-18　选择"自定义"类别

（3）单击对话框右侧"自定义"组下方的"添加组"按钮，此时"自定义"组列表框中添加了"自定义组 1"选项，如图 2-19 所示。

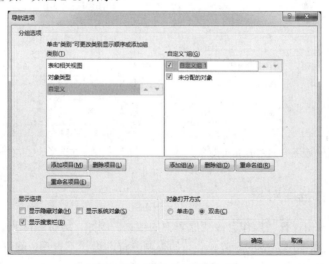

图 2-19　添加"自定义"组

（4）单击"确定"按钮，关闭"导航选项"对话框。此时导航窗格"未分配的对象"组上方增加了一个"自定义组 1"。

2.5　数据库对象的操作

2-2　数据库
对象的操作

Access 数据库包括了表、查询、窗体、报表、宏和模块等对象。对于这些对象，经常需要进行一些简单操作，如打开、复制、删除等。

2.5.1　打开数据库对象

在 Access 2016 中，可以通过导航窗格打开某一数据库对象。

例 2-9　打开"教学管理"数据库中的"1992 年参加工作人数统计"查询。

操作步骤如下。

（1）打开"教学管理"数据库。

（2）单击导航窗格区域上方"所有 Access 对象"右侧下拉箭头按钮，从打开的组织方式列表中选择"对象类型"命令。

（3）在导航窗格区域的"查询"组中，双击"1992 年参加工作人数统计"查询对象，或用右键单击"1992 年参加工作人数统计"查询对象，从弹出的快捷菜单中选择"打开"命令，则以数据表视图方式打开查询对象，如图 2-20 所示；从弹出的快捷菜单中选择"设计视图"命令，则以设计视图方式打开查询对象，如图 2-21 所示。

图 2-20　以数据表视图方式打开查询对象

在导航窗格中打开的所有对象都放置在文档窗格中。如果在选项卡式文档窗格中打开了多个对象，那么只要单击相应选项卡名称，就可以将这个对象显示在最前端，如图 2-22 所示。

图 2-21　以设计视图方式打开查询对象

图 2-22　在选项卡式文档窗格中显示对象

2.5.2　复制数据库对象

在 Access 数据库中，有些操作会改变原表中的数据。例如，运行删除查询后，相关记录将从表中删除。由于无法撤销已完成的删除操作，如果删除查询设计不合理，就可能造成数据的丢失。解决这一问题的有效方法是建立对象的副本，即复制数据库对象。

1．复制数据库对象

例 2-10　复制"教学管理"数据库中的"教师"表。

操作步骤如下。

（1）在导航窗格中，选中"教师"表。

（2）单击"开始"选项卡，单击"剪贴板"组中的"复制"按钮，然后单击"粘贴"按钮，弹出"粘贴表方式"对话框，如图 2-23 所示。

（3）在"表名称"文本框中输入表的名称，然后单击"确定"按钮。

注意

复制对象的不同，执行"粘贴"操作后弹出的粘贴对话框不同。

2．复制表结构或将数据追加到已有表中

如果只复制表结构，可以在图 2-23 所示的对话框中选中"仅结构"单选按钮；如果要将数据追加到已有表中，需在"表名称"文本框中，输入要为其追加数据的表名称，然后选中"将数据追加到已有的表"单选按钮，最后单击"确定"按钮。

图 2-23　"粘贴表方式"对话框

3．将对象复制到其他 Microsoft 应用程序中

在 Access 中，可以将表、查询或报表复制到本机上运行的其他 Microsoft 应用程序中。例如，将对象复制到 Access 的另一个数据库或一个 Word 文档中。

操作步骤如下。

（1）关闭除 Access 对象所要复制到的应用程序之外的所有应用程序窗口。

（2）用鼠标右键单击 Windows 任务栏空白处，然后在快捷菜单中选择"并排显示窗口"命令，使应用程序窗口并排显示在桌面上。

（3）将对象从 Access 窗口拖放到其他应用程序窗口中。

2.5.3　删除数据库对象

如果要删除数据库对象，需先将其关闭，且不能使删除的对象出现在选项卡文档窗格中。

操作步骤如下。

（1）关闭要删除的对象。

（2）在导航窗格中，选中要删除的对象，然后按 Delete 键。

为了防止误删除，建议在删除对象前备份数据库。

2.5.4　在数据库对象的视图之间切换

在 Access 中，数据库对象的视图之间可以进行方便的切换。例如，在表的不同视图之间切换、在窗体的不同视图之间切换等。

例 2-11　在"表"对象的不同视图之间切换。

操作步骤如下。

（1）在导航窗格中，双击某一个表，如双击"课程"表。这时"开始"选项卡功能区中的"视图"按钮显示如图 2-24 所示。

（2）单击"视图"按钮 ，由于此时按钮显示的图形是"设计视图"，因此显示出"课程"表的"设计视图"，如图 2-25 所示。

（3）若需要切换到其他视图，可以再次单击"视图"按钮或其下侧的下拉箭头，此时在弹出的下拉列表中显示了其他视图选项，从该列表中选择所需的视图即可。

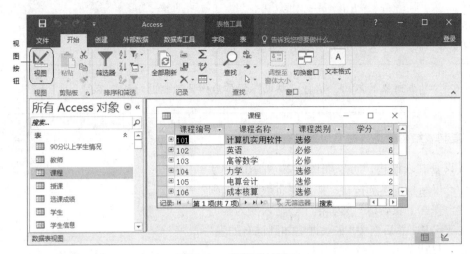

图 2-24 "视图"按钮

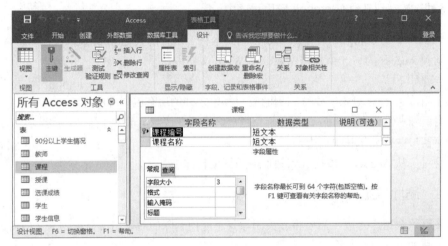

图 2-25 "课程"表的"设计视图"

习 题 2

一、问答题

1．Access 2016 导航窗格的作用是什么？

2．创建数据库的方法有哪些？如何创建？

3．为什么要压缩和修复数据库？

4．备份数据库的目的是什么？

5．保护数据库安全的方法有哪些？如何保护？

二、选择题

1．Access 2016 数据库文件的扩展名是（　　）。

A．.dbf B．.mdb C．.adp D．.accdb

2．以下关于 Access 数据库的叙述中，错误的是（   ）。

A．可以使用 Access 提供的模板创建数据库

B．Access 数据库是指存储在 Access 中的二维表格

C．Access 数据库是以一个单独的数据库文件存储在磁盘中

D．Access 数据库包含了表、查询、窗体、报表、宏及模块等对象

3．如果要创建一个"联系人"数据库，最快捷的方法是（   ）。

A．通过数据表模板创建　　　　　　B．创建空白的数据库

C．通过数据库模板创建　　　　　　D．上述创建方法相同

4．以下无法关闭数据库的操作是（   ）。

A．单击 Access 窗口右上角"关闭"按钮

B．单击 Access 窗口右上角"最小化"按钮

C．双击 Access 窗口最左上角

D．单击 Access 窗口最左上角，从弹出菜单中选择"关闭"命令

5．在 Access 窗口中选中对象，此时功能区上的"视图"按钮显示为▦，单击该按钮，将进入该对象的（   ）。

A．数据表视图　　　B．设计视图　　　　C．预览视图　　　　D．运行视图

6．在 Access 中，如果频繁删除数据库对象，数据库文件中的碎片就会不断增加，数据库文件也会越来越大。解决这一问题的有效方法是（   ）。

A．谨慎删除，尽量不删除

B．执行"压缩数据库"命令，压缩数据库

C．执行"修复数据库"命令，修复数据库

D．执行"压缩和修复数据库"命令，压缩并修复数据库

7．在 Access 2016 中，对数据库对象进行组织和管理的工具是（   ）。

A．工作区　　　　B．命令选项卡　　　　C．导航窗格　　　　D．数据库工具

8．以下关于数据库对象操作的叙述中，错误的是（   ）。

A．在导航窗格区域中双击某一对象，可以直接打开该对象

B．单击功能区中的"视图"按钮可将数据表视图切换到设计视图

C．既可以复制表结构，也可以将表中记录追加到另一个表中

D．不能将 Access 数据库的窗体对象复制到其他 Microsoft 应用程序中

9．以下关于对数据库对象进行分组的叙述中，正确的是（   ）。

A．对数据库对象进行分组，有利于更方便地查找对象

B．可以将不同类型的数据库对象放到一个自定义组中

C．删除自定义组中的对象，将影响所属对象类别的组成

D．添加到自定义组中的对象不会显示在其所属对象列表中

10．组是由从属于该组的数据库对象的（   ）。

A．快捷方式组成　　　　　　　　　B．名称组成

C．列表组成　　　　　　　　　　　D．视图组成

三、填空题

1．对于 Access 数据库来说，一个数据库对象是一个_____容器对象，其他 Access 对象均

置于该容器对象之中，称为 Access 数据库_____。

2．如果需要在关闭数据库时自动执行压缩和修复，可以设置"_____"选项。

3．Access 2016 数据库文件的扩展名是_____。

4．创建 Access 数据库有两种方法，一是使用数据库_____创建数据库；二是先创建空数据库，再创建数据库对象。

5．压缩数据库文件可以消除_____，释放_____占用的空间。

实　验　2

一、实验目的

1．掌握 Access 2016 的操作环境。

2．掌握数据库的创建方法。

3．理解数据库管理的意义，掌握数据库管理的方法。

4．了解数据库对象的基本操作。

二、实验内容

1．创建一个空数据库，数据库文件名为"图书销售管理"。

2．使用模板创建"教职员"数据库，并按要求完成如下操作。

（1）为"教职员"数据库设置打开密码，并验证。

（2）关闭"教职员"数据库时自动压缩和修复数据库。

（3）为"教职员"表创建一个副本。

（4）自定义一个新组，组名为"通信信息"，组中包含"教职员电话列表""教职员通讯簿"和"紧急联系人信息"等三个报表对象。

三、实验要求

1．完成各种操作，并查看结果。

2．保存所建数据库文件。

3．记录上机时出现的问题和解决方法。

4．编写上机报告，报告内容包括：

（1）实验内容：实验题目与要求。

（2）分析与思考：实验过程、实验中遇到的问题及解决办法，实验心得与体会。

第3章 表的建立和管理

表是 Access 数据库的核心和基础，是存储数据的容器，其他数据库对象，如查询、窗体、报表等都是在表基础上建立并使用的。空数据库建好后，需要先建立表对象，并建立各表之间的关系，以提供数据的存储构架，然后创建其他 Access 对象，最终形成完备的数据库。本章主要介绍建立、操作和管理表的基本方法。

3.1 表的建立

表是 Access 数据库中最基本的对象，是具有结构的某个相同主题的数据集合。表由行和列组成，Access 数据表如图 3-1 所示。

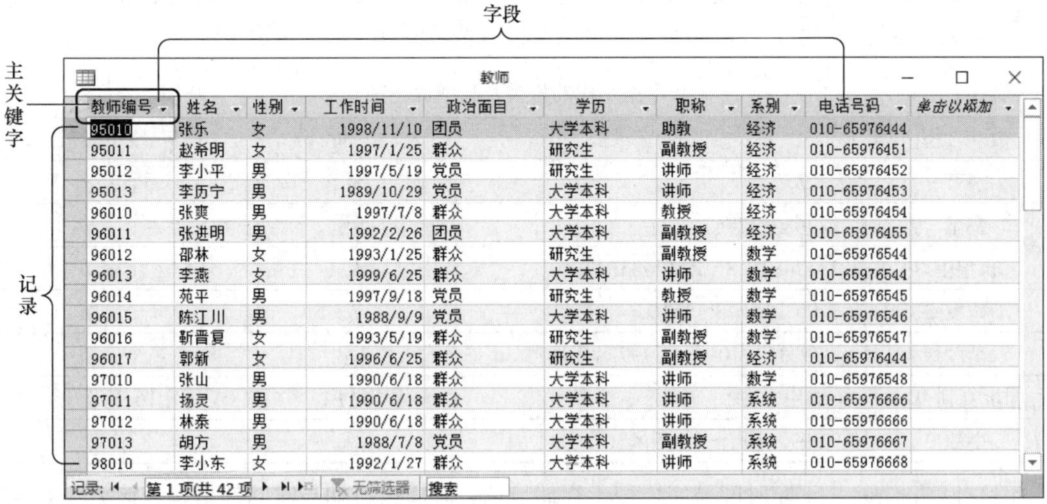

教师编号	姓名	性别	工作时间	政治面目	学历	职称	系别	电话号码	单击以添加
95010	张乐	女	1998/11/10	团员	大学本科	助教	经济	010-65976444	
95011	赵希明	女	1997/1/25	群众	研究生	副教授	经济	010-65976451	
95012	李小平	男	1997/5/19	党员	研究生	讲师	经济	010-65976452	
95013	李历宁	男	1989/10/29	党员	大学本科	讲师	经济	010-65976453	
96010	张爽	男	1997/7/8	群众	大学本科	教授	经济	010-65976454	
96011	张进明	男	1992/2/26	团员	大学本科	副教授	经济	010-65976455	
96012	邵林	女	1993/1/25	群众	研究生	副教授	数学	010-65976544	
96013	李燕	女	1999/6/25	群众	大学本科	讲师	数学	010-65976544	
96014	苑平	男	1997/9/18	党员	研究生	教授	数学	010-65976545	
96015	陈江川	男	1988/9/9	党员	大学本科	讲师	数学	010-65976546	
96016	靳晋复	女	1993/5/19	群众	研究生	副教授	数学	010-65976547	
96017	郭新	女	1996/6/25	群众	研究生	副教授	经济	010-65976444	
97010	张山	男	1990/6/18	群众	大学本科	讲师	数学	010-65976548	
97011	扬灵	男	1990/6/18	群众	大学本科	讲师	系统	010-65976666	
97012	林泰	男	1990/6/18	群众	大学本科	讲师	系统	010-65976666	
97013	胡方	男	1988/7/8	党员	大学本科	副教授	系统	010-65976667	
98010	李小东	女	1992/1/27	群众	大学本科	讲师	系统	010-65976668	

图 3-1　Access 数据表

表中的一列称为字段，用来描述数据的某类特征。表中的一行称为记录，每条记录都对应一个实体，它由若干个字段组成。表中字段的具体取值称为值，每个值一般都有一定的范围。能够唯一标识表中每条记录的字段或字段组合称为主关键字，在 Access 中也称为主键。引用其他表主键的字段称为外部关键字，在 Access 中也称为外键。外键主要用于说明表与表之间的关系。

3.1.1 表结构

Access 表由表结构和表内容两部分构成。表结构是指数据表的框架，主要包括字段名称、数据类型、字段属性等。

1. 字段名称

每个字段应有唯一的名字，称为字段名称。在 Access 中，字段名称的命名规则如下。

（1）长度为 1~64 个字符。

（2）可以包含字母、汉字、数字、空格和其他字符，但不能以空格开头。

（3）不能包含句号（.）、惊叹号（!）、方括号（[ ]）和重音符号（'）。

（4）不能使用 ASCII 码为 0~32 的 ASCII 字符。

2. 数据类型

根据关系数据库理论，一个表中的同一列数据必须具有相同的数据特征，称为字段的数据类型。在设计表时，必须定义表中每个字段应该使用的数据类型。Access 2016 提供了 12 种数据类型。

（1）短文本。短文本型字段可保存文本或文本与数字的组合，如姓名和地址等；也可以保存不需要计算的数字，如电话号码、邮政编码等。短文本型字段的取值最多可到 255 个字符，当超过 255 个字符时，应使用长文本型。

（2）长文本。长文本型字段可保存较长的文本，如简短的备忘录或说明等。与短文本型一样，长文本型也是字符或字符与数字的组合，最多存储可达 1GB。在长文本型字段中可以搜索文本，但搜索速度比在有索引的短文本型字段中慢。不能对长文本型字段进行排序或索引。

（3）数字。数字型字段可以用来保存进行算术运算的数字数据。一般可以通过设置字段大小属性来定义特定的数字型。数字型字段的种类及其取值范围如表 3-1 所示。

表 3-1　　　　　　　　　　　　　数字型字段的种类及其取值范围

数 字 型	值 的 范 围	小 数 位 数	字 段 长 度
字节	0~255	无	1 个字节
整型	-32768~32767	无	2 个字节
长整型	-2147483648~2147483647	无	4 个字节
单精度数	$-3.4 \times 10^{38} \sim 3.4 \times 10^{38}$	7	4 个字节
双精度数	$-1.79734 \times 10^{308} \sim 1.79734 \times 10^{308}$	15	8 个字节
同步复制 ID	不适用	不适用	16 字节
小数	$-9.999 \times 10^{27} \sim 9.999 \times 10^{27}$	15	8 字节

（4）日期/时间。日期/时间型字段用于存储日期、时间或日期与时间的组合。该类型数据字段长度为 8 个字节。对于日期/时间型数据，系统可以很方便地进行与时间或日历相关的各种运算，可以按照时间进行排序或筛选。

（5）货币。货币型字段是数字型的特殊类型，等价于具有双精度属性的数字型。向货币型字段输入数据时，系统会自动添加千位分隔符和两位小数。使用货币型可以避免计算时四舍五入。货币型字段长度为 8 个字节。

（6）自动编号。自动编号型字段较为特殊，当向表中添加新记录时，Access 会自动插入一个唯一的顺序号，其字段长度为一个长整型（从 1 开始）。自动编号型字段可以在每次向表中添加记录时自动进行递增编号。

> 记录的自动编号一旦确定，就会永久地与记录连接，不能通过编程或者用户修改等方式进行更改。当删除表中含有自动编号型字段的某一条记录时，Access 不会对表中自动编号型的字段值重新进行编号。当添加某一条记录时，Access 不再使用已被删除的自动编号型字段的值，而是按照递增的规律赋值。还应注意，不能对自动编号型字段的值进行人为指定或修改，每个表只能包含一个自动编号型字段。自动编号型字段长度为 4 个字节，其取值范围为 1~4294967296。

（7）是/否。是/否型是针对只有两种不同取值的字段而设置的。是/否型字段在内部存储为-1（是）或 0（否），用于表示 Yes/No、True/False 或 On/Off。是/否型字段长度为 1 个字节。

（8）OLE 对象。OLE（Object Linking and Embedding）对象型用于保存链接或嵌入的对象，这些对象以文件形式存在，其类型可以是 Word 文档、Excel 电子表格、图像、声音或其他二进制数据。OLE 对象型字段最大容量为 1GB。OLE 对象只能显示在 Access 窗体或报表的绑定对象框中。OLE 对象型不能建立索引。

（9）超链接。超链接型字段是以文本形式保存超链接地址的。超链接地址是通往对象、文档或其他目标的路径。它可以链接到文件、Web 页、电子邮件地址、数据库对象、书签或该地址所指向的 Excel 单元格范围。当单击一个超链接时，Web 浏览器或 Access 将根据超链接地址到达指定的目标。

（10）附件。附件型字段用于保存图像、电子表格文件、图表和其他类型的支持文件，可以将这些文件附加到该类型字段中。例如，可将 Word 文档添加到该字段中，或将一系列数码图片保存到数据库中，但不能键入或以其他方式输入文本或数字数据。对于压缩的附件，附件型字段最大容量为 2GB；对于未压缩的附件，该类型字段最大容量大约为 700KB。附件型不能建立索引。

（11）计算。计算型字段用于显示计算结果，计算结果应为数字、短文本、日期/时间、是/否类型之一。计算时只能引用同一表中的其他字段。可以使用表达式生成器创建计算型字段。计算型字段长度为 8 个字节。计算型不能建立索引。

（12）查阅向导。查阅向导型是一个比较特殊的数据类型。严格地说，它不是一种数据类型，而是建立在某个数据集合中的选择值。也就是说，字段的值来源于另外一个表上的数据，或从一个列表中选择的数据。通过查阅向导建立字段数据的列表，在列表中选择需要的数据作为字段的内容。一般情况下查阅向导为 4 个字节。

3. 字段属性

在设计表结构时，除要定义每个字段的字段名称和数据类型外，根据需要，还可定义每个字段的相关属性，如字段大小、格式、输入掩码、验证规则等。定义字段属性可以实现输入数据的限制和验证，或控制数据在数据表视图中的显示格式等。

3.1.2 建立表

建立表实质是构造表的结构，包括定义字段名称、数据类型，设置字段属性等。建立表的常用方法有两种，使用数据表视图和使用设计视图。

1. 使用数据表视图

数据表视图是按行和列显示表中数据的视图。在数据表视图中，可以进行字段的编辑、添加和删除，也可以完成记录的添加、编辑和删除，还可以实现数据的查找和筛选等操作。

　　例 3-1　在例 2-2 创建的"教学管理"数据库中建立"课程"表，表结构如表 3-2 所示。

表 3-2 课程表结构

字 段 名 称	数 据 类 型	字 段 大 小	字 段 名 称	数 据 类 型	字 段 大 小
课程编号	短文本	3	课程类别	短文本	2
课程名称	短文本	20	学分	数字	整型

操作步骤如下。

　　（1）在 Access 中，打开例 2-2 创建的"教学管理"数据库。

　　（2）单击"创建"选项卡，单击"表格"组中的"表"按钮，这时将建立名为"表 1"的新表，并以数据表视图方式打开。

　　（3）选中"ID"字段列，在"表格工具/字段"选项卡的"属性"组中，单击"名称和标题"按钮，如图 3-2 所示。

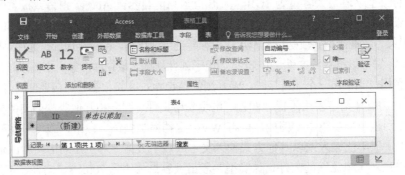

图 3-2　"名称和标题"按钮

　　（4）弹出"输入字段属性"对话框，在该对话框的"名称"文本框中输入"课程编号"，如图 3-3 所示。单击"确定"按钮。

　　（5）选定"课程编号"字段列，在"表格工具/字段"选项卡的"格式"组中，单击"数据类型"下拉列表框右侧下拉箭头按钮，从弹出的下拉列表中选择"短文本"；在"属性"组的"字段大小"文本框中输入"3"，如图 3-4 所示。

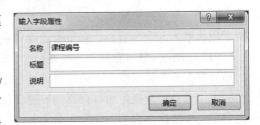

图 3-3　输入字段属性

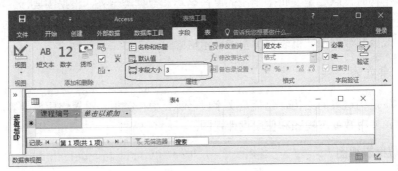

图 3-4　设置字段名称及属性

（6）单击"单击以添加"列，从弹出的下拉列表中选择"短文本"，这时 Access 自动添加一个新字段并命名为"字段 1"，如图 3-5 所示；在"字段 1"中输入"课程名称"。选定"课程名称"列，在"属性"组的"字段大小"文本框中输入"20"。

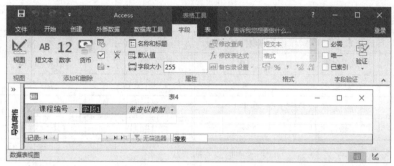

图 3-5　添加新字段

（7）根据表 3-2 所示的"课程"表结构，参照步骤（6）完成"课程类别"和"学分"字段的添加及属性设置。其中，"学分"字段的字段大小属性需要在设计视图中进行设置。设置结果如图 3-6 所示。

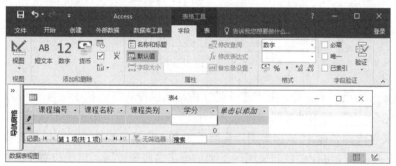

图 3-6　设置结果

（8）单击快速访问工具栏上的"保存"按钮 ，弹出"另存为"对话框。
（9）在该对话框"表名称"文本框中输入"课程"，如图 3-7 所示，单击"确定"按钮。

　"ID"字段默认数据类型为"自动编号"。

使用数据表视图建立表结构，可以定义字段名称、数据类型、字段大小、格式、默认值等属性，直观快捷，但是无法提供更详细的属性设置，对于比较复杂的表结构来说，还需要在建立完成后进行修改。可以使用设计视图建立和修改表结构。

2．使用设计视图

在设计视图中建立表结构，可以设置字段名称、数据类型、字段属性等内容。

例 3-2　在"教学管理"数据库中建立"学生"表，其结构如表 3-3 所示。

操作步骤如下。

图 3-7　设置表名称

（1）打开"教学管理"数据库。

（2）单击"创建"选项卡，单击"表格"组中的"表设计"按钮 ，进入表设计视图，如图 3-8 所示。

表 3-3   学生表结构

字 段 名 称	数 据 类 型	字 段 大 小	字 段 名 称	数 据 类 型	格　　式
学生编号	短文本	10	入校日期	日期/时间	长日期
姓名	短文本	4	团员否	是/否	是/否
性别	短文本	1	简历	长文本	
年龄	数字	整型	照片	OLE 对象	

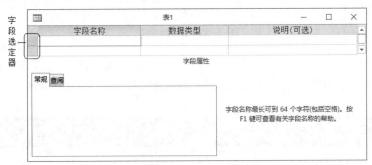

图 3-8　表设计视图

表设计视图分为上下两部分。上半部分是字段输入区，从左至右分别为"字段选定器""字段名称"列、"数据类型"列和"说明（可选）"列。"字段选定器"用于选定某一个字段，"字段名称"列用于定义字段的名称，"数据类型"列用于定义该字段的数据类型，如果需要，可以在"说明（可选）"列中对字段进行必要的说明。下半部分是字段属性区，用于设置字段的属性值。

（3）单击设计视图的第一行"字段名称"列，并在其中输入"学生编号"；单击"数据类型"列，并单击其右侧下拉箭头按钮，从下拉列表中选择"短文本"；在"说明"列中输入"主键"，说明信息不是必需的，但可以增加数据的可读性；在字段属性区中，将字段大小设为"10"。

（4）使用相同方法，按照表 3-3 所列字段名称和数据类型，定义表中其他字段的基本信息。"学生"表结构的设计结果如图 3-9 所示。

（5）单击快速访问工具栏上的"保存"按钮，弹出"另存为"对话框。

（6）在该对话框的"表名称"文本框中输入"学生"，单击"确定"按钮。

由于在上述操作中未指明主键，因此弹出了"Microsoft Access"创建主键提示框，如图 3-10 所示。

图 3-9　"学生"表结构的设计结果

图 3-10　"Microsoft Access"创建主键提示框

（7）单击"是"按钮，Access 为新建表创建一个数据类型为自动编号的主键，其值自动从 1 开始；单击"否"按钮，不建立自动编号主键；单击"取消"按钮，放弃保存表的操作。本例单击"否"按钮。

同样，可以在表设计视图中对已建的"课程"表结构进行修改。修改时单击要修改字段的相关内容，并根据需要输入或选择所需内容。表设计视图是建立表结构以及修改表结构最为方便和有效的工具。

3．定义主键

在 Access 中，通常每个表都应有一个主键。主键是唯一标识表中每一条记录的一个字段或多个字段的组合。只有定义了主键，表与表之间才能建立起联系，从而能够利用查询、窗体和报表迅速、准确地查找和组合不同表的信息，这也正是数据库的主要作用之一。

在 Access 中，主键有两种类型，分别为单字段主键和多字段主键（也称为复合主键）。

（1）单字段主键是以某一个字段作为主键来唯一标识记录，这类主键的值可由用户自行定义，也可将自动编号型字段定义为主键。自动编号主键的特点是，当向表中添加一条新记录时，主键字段值自动加 1，但是在删除记录时，自动编号的主键值会出现空缺变成不连续，且不会自动调整。如果在保存新建表之前未设置主键，则 Access 会询问是否要创建主键，如果回答"是"，Access 将创建自动编号型主键。

（2）复合主键（多字段主键）是由两个或更多字段组合在一起来唯一标识表中记录。复合主键的字段出现顺序非常重要，应在设计视图中排列好。

如果表中某一字段的值可以唯一标识一条记录（如"学生"表中的"学生编号"），那么就可以将该字段定义为主键。如果表中没有一个字段的值可以唯一标识一条记录，那么就可以考虑选择多个字段组合在一起作为主键。

例 3-3　将"学生"表中"学生编号"字段定义为主键。

由于"学生编号"字段能够唯一标识"学生"表中的一条记录，因此可以将其定义为主键。具体操作步骤如下。

（1）打开"教学管理"数据库。

（2）用鼠标右键单击"学生"表，从弹出的快捷菜单中选择"设计视图"命令，打开设计视图。

（3）单击"学生编号"字段的字段选定器，如果要定义多个字段，应按 Ctrl 键，然后单击要作为主键字段的字段选定器。

（4）在"表格工具/设计"选项卡下的"工具"组中，单击"主键"按钮，这时主键字段选定器上显示一个"主键"图标，表明该字段是主键字段。主键定义结果如图 3-11 所示。

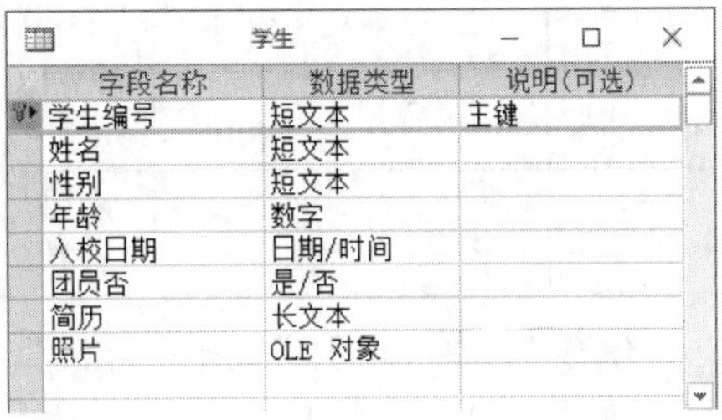

图 3-11　主键定义结果

3.1.3　设置字段属性

确定了字段的数据类型后，还应该设置字段的属性，才能更准确地确定数据在表中的存储。字段属性表示字段所具有的特性，它定义了字段数据的保存、处理或显示。例如，通过设置短文本字段的字段大小属性来控制允许输入的最多字符个数；通过定义字段的验证规则属性限制在该字段中输入数据的规则，如果输入的数据违反了规则，Access 将显示提示信息，告知合法的数据是什么。要改变字段的属性，需要先单击该字段所在行，然后对"字段属性"区中给出的该字段属性进行设置和修改。不同的数据类型有不同的属性集，下面将介绍一些重要和常用的字段属性。

1．字段大小

字段大小属性用于限制该字段所能存储的字符长度和数字型数据的类型。字段大小属性只适用于短文本型、数字型或自动编号型的字段。短文本型字段的字段大小属性取值范围是 0～255，默认值为 255；数字型字段的字段大小属性可以设置的种类最多，包括整型、长整型、单精度、双精度、小数，等等；自动编号型字段的字段大小属性可设置为"长整型"和"同步复制 ID"两种。短文本型字段的字段大小属性可以在数据表视图和设计视图中设置。数字型和自动编号型字段的字段大小属性只能在设计视图中设置。设置时单击字段大小属性框，然后单击右侧下拉箭头按钮，从弹出的下拉列表中选择一种类型。

2．格式

格式属性用来控制数据显示或打印输出时的样式。例如，将"入校日期"字段值的显示格式改为"××××年××月××日"。不同数据类型的字段，其显示格式有所不同，各种数据类型可选择的格式如表 3-4 所示。

表 3-4　　　　　　　　　　　各种数据类型可选择的格式

日期/时间型		数字/货币型		短文本/长文本型		是/否型	
设置	说明	设置	说明	设置	说明	设置	说明
一般日期	如果数值只是一个日期，则不显示时间；如果数值只是一个时间，则不显示日期	一般数字	以输入的方式显示数字	@	要求文本字符（字符或空格）	真/假	-1 为 True，0 为 False
长日期	格式：1994 年 6 月 19 日	货币	使用千位分隔符，负数用圆括号括起来	&	不要求文本字符	是/否	-1 为是，0 为否
中日期	格式：94-06-19	整型	显示至少一位数字	<	使所有字符变为小写	开/关	-1 为开，0 为关
短日期	格式：94-6-19	标准型	使用千位分隔符	>	使所有字符变为大写		
		百分比	将数值乘以 100 并附加一个百分号（%）	!	使所有字符由左向右填充		
		科学计数	使用标准科学计数法				

例 3-4　将"学生"表中"年龄"字段的"格式"属性设置为"标准"。

（1）用设计视图打开"学生"表，单击"年龄"字段行的某一列。

（2）单击"格式"属性框，然后单击右侧下拉箭头按钮，显示"格式"属性下拉列表，如图 3-12 所示。

（3）从下拉列表中选择"标准"。

利用格式属性可以使数据的显示统一、美观。但需要注意的是，格式属性只影响数据的显示格式，并不影响其在表中存储的内容，而且显示格式只有在输入的数据被保存之后才能应用。

如果需要控制数据的输入格式并按输入时的格式显示，则应设置输入掩码属性。

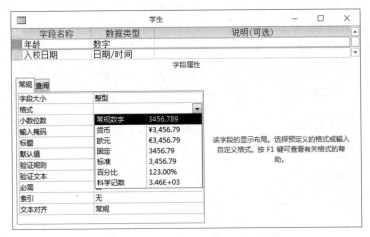

图 3-12　"格式"属性下拉列表

3．输入掩码

输入数据时，有些数据要求具有相对固定的格式。例如，电话号码为"010-65977777"，其中"010-"部分相对固定。如果通过手工方式重复输入这种固定格式的数据，显然非常麻烦。此时，可以定义一个输入掩码，将格式中相对固定的符号作为格式的一部分，这样在输入数据时，只需输入变化的部分。可以对短文本、数字、日期/时间、货币等数据类型字段设置输入掩码。

设置输入掩码最简单的方法是使用 Access 提供的"输入掩码向导"。向导中提供了预定义输入掩码模板。例如，邮政编码、身份证号码和日期等，这些模板可以直接使用。

例 3-5　将"学生"表中"入校日期"的输入掩码属性设置为"短日期"。

（1）用设计视图打开"学生"表，单击"入校日期"字段行。

（2）在"输入掩码"属性框中单击鼠标左键，这时该框右侧出现一个"生成器"按钮[…]，单击该按钮，打开"输入掩码向导"第 1 个对话框，如图 3-13 所示。

（3）在该对话框的"输入掩码"列表框中选中"短日期"选项，然后单击"下一步"按钮，弹出"输入掩码向导"第 2 个对话框，如图 3-14 所示。

3-1　例 3-5

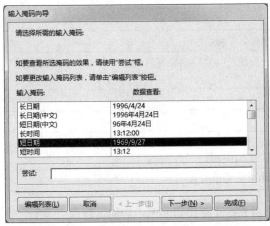

图 3-13　"输入掩码向导"第 1 个对话框　　　　图 3-14　"输入掩码向导"第 2 个对话框

（4）在该对话框中，确定输入的掩码方式和占位符。

（5）单击"下一步"按钮，在弹出的"输入掩码向导"最后一个对话框中单击"完成"按钮，属性设置结果如图 3-15 所示。

图 3-15　"输入掩码"属性设置结果

　　　　如果为某字段定义了输入掩码，同时又设置了它的格式属性，格式属性将在数据显示时优先于输入掩码的设置。这意味着即使已经保存了输入掩码，在数据显示时将被忽略。

输入掩码只为短文本型和日期/时间型字段提供向导，对于数字或货币型字段，只能使用字符直接定义输入掩码。输入掩码属性所用字符及含义如表 3-5 所示。

表 3-5　　　　　　　　　　　　　　输入掩码属性所用字符及含义

字　符	含　义
0	必须输入数字（0～9），不允许输入加号和减号
9	可以输入数字或空格，也可以不输入，不允许输入加号和减号
#	可以输入数字或空格，也可以不输入，允许输入加号和减号
L	必须输入字母（A～Z，a～z）
?	可以输入字母（A～Z，a～z）或空格，也可以不输入
A	必须输入字母或数字
a	可以输入字母或数字，也可以不输入
&	必须输入任意的字符或一个空格
C	可以输入任意的字符或一个空格，也可以不输入
. : ; - /	小数点占位符及千位、日期与时间的分隔符（实际的字符将根据"Windows 控制面板"中"区域或语言"中的设置而定）
<	将所有字符转换为小写
>	将所有字符转换为大写
!	使输入掩码从右到左显示，而不是从左到右显示。输入掩码中的字符始终都是从左到右输入。可以在输入掩码中的任何地方输入感叹号
\	使接下来的字符以原义字符显示（如\A 只显示为 A）

直接使用字符定义输入掩码属性时，可以根据需要将字符组合起来。例如，假设"学生"表中"年龄"字段的值只能为数字，且不能超过 2 位，则可将该字段的输入掩码属性定义为"00"。

对于短文本型或日期/时间型字段，也可以直接使用字符进行定义。

例 3-6　假设已经建立了"教师"表，结构如表 3-6 所示。为"教师"表中"电话号码"字段设置输入格式。输入格式为前 4 位是"010-"，后 8 位是数字。

表 3-6　　　　　　　　　　　　　　　　教师表结构

字段名称	数据类型	字段大小（格式）	字段名称	数据类型	字段大小（格式）
教师编号	短文本	5	学历	短文本	5
姓名	短文本	4	职称	短文本	5
性别	短文本	1	系别	短文本	2
工作时间	日期/时间	短日期	电话号码	短文本	12
政治面目	短文本	2			

操作步骤如下。

（1）用设计视图打开"教师"表，单击"电话号码"字段行。

（2）在"输入掩码"文本框中输入："010-"00000000，属性设置结果如图 3-16 所示。

图 3-16　　"输入掩码"属性设置结果

（3）保存"教师"表。

4．验证规则

验证规则是用来防止在表中输入非法数据。验证规则使用表达式来描述，无论是通过表的数据表视图、与表绑定的窗体、追加查询，还是从其他表导入的数据，只要是添加或编辑数据，都将强制实施验证规则。不同数据类型的字段，其验证规则的形式及设置目的有所不同。对短文本型字段，可以设置输入的字符个数不能超过某一个数值；对数字型字段，可以设置输入的数值只能在一定范围内；对日期/时间型字段，可以将数值限制在某月份或年份以内。

例 3-7　将"学生"表中"年龄"字段的取值范围设为 14～70。

（1）用设计视图打开"学生"表，单击"年龄"字段行。

（2）在"验证规则"属性框中输入表达式：>=14 And <=70（或 Between 14 and 70），如图 3-17 所示。

在此步操作中，也可以单击"生成器"按钮打开"表达式生成器"对话框，利用该对话框输入表达式，如图 3-18 所示。

3-2　例 3-7

（3）保存"学生"表。

验证规则属性设置后，可对其进行验证。方法是单击"表格工具/设计"选项卡中的"视图"

按钮![],切换到数据表视图；在最后一条记录的"年龄"列中输入 13，按 Enter 键。此时屏幕上会立即显示提示框，如图 3-19 所示。

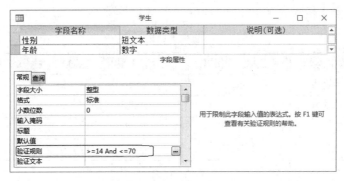

图 3-17　在"验证规则"属性框中输入表达式

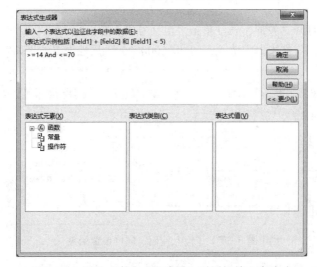

图 3-18　利用"表达式生成器"对话框输入表达式

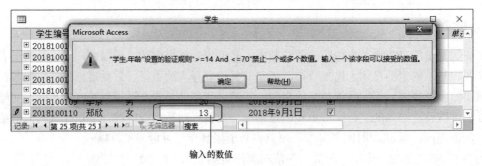

输入的数值

图 3-19　测试字段的验证规则

　　这说明输入的值与验证规则发生了冲突，系统拒绝接收此数值。验证规则能够检查错误的输入或者不符合逻辑的输入。验证规则的实质是一个限制条件，通过限制条件完成对输入数据的检查。其限制条件的编写规则及方法将在第 4 章中详细介绍。

5．验证文本

当输入的数据违反了验证规则，系统会显示提示信息，如图 3-19 所示，显然系统给出的提示信息不明确、不清晰。为使错误提示更清楚、明确，可以定义验证文本属性。

例 3-8 为"学生"表中"年龄"字段设置验证文本。验证文本值为"请输入 14～70 的数据！"。

操作步骤如下。

（1）用设计视图打开"学生"表，单击"年龄"字段行。

（2）在"验证文本"属性框中输入文本"请输入 14～70 的数据！"，如图 3-20 所示。

图 3-20 输入"验证文本"

（3）保存"学生"表。

完成上述操作后，单击"表格工具/设计"选项卡中的"视图"按钮，切换到数据表视图。在数据表视图的最后一条记录的"年龄"列中输入 13，按 Enter 键，这时屏幕上会显示提示框，如图 3-21 所示。

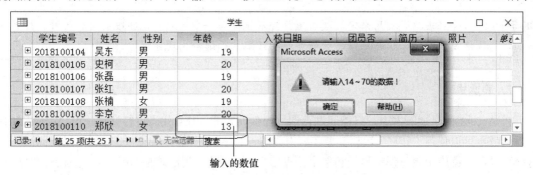

图 3-21 测试所设"验证规则"和"验证文本"

6．默认值

在表中，往往会有一些字段的数值相同或者包含有相同部分。为减少数据输入量，提高输入效率，可以将出现较多的值作为该字段的默认值。

例 3-9 将"学生"表中"性别"字段的默认值属性设置为"男"。

（1）用设计视图打开"学生"表，单击"性别"字段行。

（2）在"默认值"属性框中输入"男"，如图 3-22 所示。

图 3-22 设置"默认值"属性

输入文本值时，可以不加引号，系统会自动加上引号。

设置默认值后，Access 在生成新记录时，将这个默认值显示在相应的字段中，可以使用这个默认值，也可以输入新值取代这个默认值，还可以使用表达式来定义默认值。例如，若希望"教师"表中"工作时间"字段值为系统当前日期，可以在该字段的"默认值"属性框中输入表达式：=Date()，如图 3-23 所示。

图 3-23　使用表达式设置"默认值"属性

一旦表达式被用来定义默认值，就不能被同一个表中其他字段引用。另外，设置默认值属性时，必须与字段的数据类型相匹配，否则会出现错误。

7．表达式

在 Access 的早期版本中，只能通过查询、控件、宏或 VBA 代码进行计算。而 Access 2010 以后的版本可以使用"计算"数据类型在表中创建计算字段，通过"表达式"属性设置计算公式，这样可以在数据库中更方便地显示和使用计算结果。编辑某一条记录时，Access 将更新计算字段，并在该字段中一直保持正确的值。

例 3-10　在"教学管理"数据库中，已经建立了"选课成绩"表，结构如表 3-7 所示。在"选课成绩"表中增加一个计算型字段，字段名称为"总评成绩"，计算公式为：

总评成绩=平时成绩×0.3 + 考试成绩×0.7。

表 3-7　　　　　　　　　　　　　　选课成绩表结构

字 段 名 称	数 据 类 型	字段大小（格式）	说　　明
学生编号	短文本	10	主键
课程编号	短文本	3	主键
平时成绩	数字	长整型	
考试成绩	数字	长整型	

操作步骤如下。

（1）用设计视图打开"选课成绩"表，单击"考试成绩"行下方第一个空行的"字段名称"列，并在其中输入"总评成绩"。

（2）单击"数据类型"列，并单击其右侧下拉箭头按钮，从下拉列表中选择"计算"数据类型，弹出"表达式生成器"窗口。

（3）在"表达式类别"区域中双击"平时成绩"，然后输入：*0.3+，在"表达式类别"区域中双击"考试成绩"，再输入：*0.7，如图 3-24 所示。

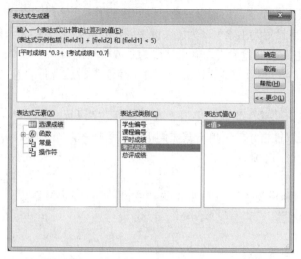

图 3-24　在"表达式生成器"中输入计算表达式

（4）单击"确定"按钮，回到设计视图。设置"结果类型"属性值为"整型"，"格式"属性值为"标准"，"小数位数"属性值为"0"，如图 3-25 所示。

图 3-25　设置"表达式"属性

（5）单击"表格工具/设计"选项卡中的"视图"按钮，切换到数据表视图，计算型字段的计算结果如图 3-26 所示。

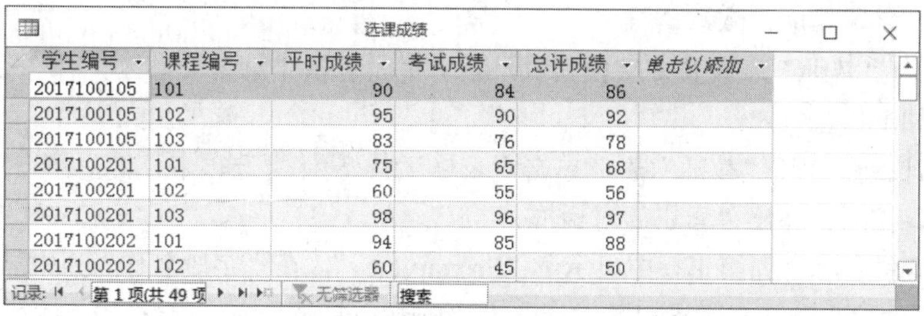

图 3-26　计算型字段的计算结果

8．索引

索引是非常重要的属性。创建索引可以提高对记录进行查找和排序的速度，可以验证数据的唯一性。在 Access 中，索引分为 3 种类型，唯一索引、普通索引和主索引。其中，唯一索引的索引字段值不能相同，即没有重复值。如果为该字段输入重复值，系统会提示操作错误，如果已有重复值的字段要创建索引，则不能创建唯一索引。普通索引的索引字段值可以相同，即可以有重复值。在 Access 中，可以创建基于单个字段的索引，也可以创建基于多个字段的索引。同一个表可以创建多个唯一索引，其中一个可设置为主索引（为主关键字创建的索引），且一个表只有一个主索引。

例 3-11 为"学生"表创建索引，索引字段为"入校日期"。

由于"入校日期"字段有重复值，因此在创建"索引"时应选择"有（有重复）"选项。

操作步骤如下。

（1）用设计视图打开"学生"表，单击"入校日期"字段行。

（2）单击"索引"属性框，然后单击其右侧下拉箭头按钮，如图 3-27 所示。从弹出的下拉列表中选择"有（有重复）"选项。

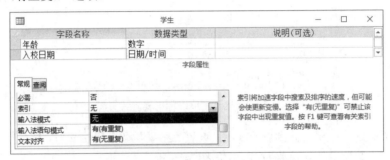

图 3-27　设置单字段"索引"属性

可以选择的索引属性选项有 3 个，如表 3-8 所示。

表 3-8　索引属性

索引属性值	说　明
无	该字段不建立索引
有（有重复）	以该字段建立索引，且字段中的内容可以重复
有（无重复）	以该字段建立索引，且字段中的内容不能重复，这种字段适合做主键

如果经常需要同时检索或排序两个或更多的字段，可以创建多字段索引。使用多字段索引进行排序时，Access 首先用定义在索引中的第 1 个字段进行排序，如果第 1 个字段有重复值，再用索引中的第 2 个字段排序，依次类推。

例 3-12 为"教师"表设置多字段索引，索引字段包括"姓名""性别"和"工作时间"。

操作步骤如下。

（1）用设计视图打开"教师"表，单击"表格工具/设计"选项卡，然后单击"显示/隐藏"组中的"索引"按钮，弹出"索引"对话框。

（2）在"索引名称"列第 1 行中显示了"PrimaryKey"，在"字段名称"列中显示了"教师编号"。Access 自动按主键建立主索引，并命名为"PrimaryKey"。在下一行的"索引名称"列中输入多字段索引名称"XXG"，索引的命名规则与字段名称相同。在"字段名称"列中选择"姓名"。使用相同方法将"性别""工作时间"加入到"字段名称"列中，如图 3-28 所示。

索引会占据额外的存储空间，增加 Access 数据表的大小，每一次更新表中记录时，系统会自动更新相关索引。

图 3-28　设置索引属性

　　索引不会改变记录在表中实际排列情况，建立索引后，系统将维护记录的自然顺序（即添加到表中的顺序）。

除以上介绍的字段属性外，Access 还提供了许多其他字段属性。例如，小数位数、标题、必需等，用户可以根据需要进行选择和设置。这些属性的设置思路和设置方法与上相同，不再赘述。

3.1.4　建立表间关系

在 Access 中，每个表都是数据库中一个独立部分，但每个表又不是完全孤立的，表与表之间可能存在着相互联系。例如，第 1 章设计的"教学管理"数据库中有 5 个表，仔细分析这 5 个表不难发现，不同表中有相同的字段名称。如"学生"表中有"学生编号"字段，"选课成绩"表中也有"学生编号"字段，这不是巧合，两个表正是通过这个"学生编号"字段建立起联系。建立表之间的关系，不仅建立了表之间的关联，还保证了数据库的参照完整性。

1. 参照完整性

参照完整性是一个规则，Access 使用这个规则确保相关表中记录之间关系的有效性。如果实施了参照完整性，那么当主表中没有相关记录时，就不能将记录添加到相关表中，也不能在相关表中存在匹配的记录时删除主表中的记录，更不能在相关表中有相关记录时，更改主表中的主键值。也就是说，实施参照完整性后，对表中主键字段进行操作时系统会对其进行自动检查，以确定该字段是否被添加、修改或删除。如果对主键的修改违背了参照完整性要求，那么系统会自动强制执行参照完整性。

（1）设置参照完整性应符合的条件。

① 来自主表的匹配字段是主键或具有唯一索引。

② 两个表中相关联的字段有相同的数据类型。

③ 两个表都属于同一个 Access 数据库。如果表是链接的表，它们必须是 Access 格式的表，并且必须打开存储此表的数据库以设置参照完整性。不能对数据库中其他格式的链接表实施参照完整性。

（2）使用参照完整性应遵循的规则。

① 不能在相关表的外键字段中输入不存在于主表的主键字段中的值。但是，可以在外键字段中输入一个 Null 值来指定这些记录之间没有关系。例如，不能为不存在的教师指定授课信息，但如果在"教师编号"字段中输入一个 Null 值，则可以有一个不指派给任何教师的授课信息。

② 如果在相关表中存在匹配的记录，则不能从主表中删除这个记录。例如，如果在授课表中有一门课程分配给了某一位教师，那么不能在教师表中更改这位教师的"教师编号"，也不能删除这位教师的所有信息。

2．建立表间关系

不同表之间的关系是通过主表的主键字段和子表的外键字段来确定的。

3-3　例3-13

例 3-13　在"教学管理"数据库中建立"学生""选课成绩"和"课程"表之间的关系。

操作步骤如下。

（1）单击"数据库工具"选项卡，单击"关系"组中的"关系"按钮，弹出"关系"窗口。

（2）在"关系工具/设计"选项卡的"关系"组中，单击"显示表"按钮，打开"显示表"对话框，如图3-29所示。

图 3-29　"显示表"对话框

（3）在"显示表"对话框中，双击"学生"表，将"学生"表添加到"关系"窗口中；使用相同方法将"选课成绩"和"课程"等表添加到"关系"窗口中。

（4）单击"关闭"按钮，添加表结果如图3-30所示。

（5）选择"选课成绩"表中的"课程编号"字段，然后按下鼠标左键并拖动到"课程"表中的"课程编号"字段上，松开鼠标左键。这时弹出"编辑关系"对话框，如图3-31所示。

图 3-30　"关系"窗口添加表结果

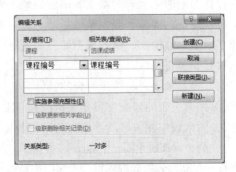

图 3-31　"编辑关系"对话框

在"编辑关系"对话框的"表/查询"列表框中，列出了主表"课程"表的相关字段"课程编号"，在"相关表/查询"列表框中，列出了相关表"选课成绩"表的相关字段"课程编号"。在列表框下方有3个复选框，如果选中"实施参照完整性"复选框，然后选中"级联更新相关字段"复选框，可以在主表的主键值更改时，自动更新相关表中的对应数值；如果选中"实施参照完整性"复选框，然后选中"级联删除相关记录"复选框，可以在删除主表中的记录时，自动删除相关表中的相关信息；如果只选中"实施参照完整性"复选框，则相关表中的相关记录发生变化时，主表中的主键不会相应变化，而且当删除相关表中的任何记录时，也不会更改主表中的记录。

（6）选中"实施参照完整性"复选框，单击"创建"按钮，返回到"关系"窗口。

（7）使用相同方法建立"选课成绩"表与"学生"表之间关系，设置结果如图 3-32 所示。

（8）单击关闭按钮"×"，Access 询问是否保存更改的布局，单击"是"按钮。

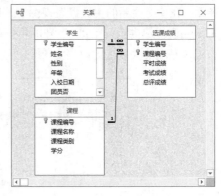

Access 具有自动确定两个表之间关系类型的功能。建立关系后，可以看到在两个表的相同字段之间出现了一条关系线，并且在"学生"表的一方显示"1"，在"选课成绩"表的一方显示"∞"，表示一对多关系，即"学生"表中一条记录关联"选课成绩"表中的多条记录；"选课成绩"表中的一条记录关联"学生"表中的一条记录。"1"方表中的字段是主键，"∞"方表中的字段称为外键。

在建立两个表之间的关系时，相关联的字段名称可以不同，但数据类型必须相同。只有这样，才能实施参照完整性。

图 3-32　表关系设置结果

 最好在输入数据前建立表间关系，这样既可以确保输入数据的完整性，又可以避免由于已有数据违反参照完整性规则，而无法正常建立关系的情况发生。

可以使用例 3-13 所述方法，建立"教学管理"数据库中其他表之间的关系，表间关系如图 3-33 所示。

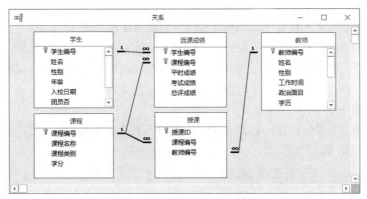

图 3-33　"教学管理"数据库表间关系

3．编辑表间关系

在定义了表间关系后，还可以编辑表间关系，或者删除不再需要的关系。

编辑表间关系的操作步骤如下。

（1）关闭所有打开的表。

（2）在"数据库工具"选项卡的"关系"组中，单击"关系"按钮，弹出"关系"窗口。

（3）如果要删除两个表之间的关系，单击要删除的关系连线，然后按 Delete 键；如果要更改两个表之间的关系，单击要更改的关系连线，然后在"关系工具/设计"选项卡的"工具"组中，单击"编辑关系"按钮，或直接双击要更改的关系连线，这时弹出图 3-31 所示的"编辑关系"对话框，在该对话框中，重新选择复选框，然后单击"确定"按钮；如果要清除"关系"窗口中的所有关系，在"关系工具/设计"选项卡的"工具"组中，单击"清除布局"按钮✕。

4．查看子数据表

子数据表是指在一个数据表视图中显示已与其建立关系的数据表视图，其显示形式如图3-34所示。在建有关系的主数据表视图上，每条记录左端都有一个关联标记"□"。在未显示子数据表时，关联标记内为一个"+"号，单击某记录关联标记后，显示该记录对应的子数据表数据，而该记录左端的关联标记内变为一个"-"号，如图3-34所示。单击"-"，就可以收起子数据表。

图3-34　子数据表显示形式

例3-14　在"课程"表中，展开子数据表"授课"表。

从图3-33可以看出，"课程"表与"授课"表和"选课成绩"表都有直接的关系。如果一个表与两个以上的表建立了关系，那么在展开子数据表时就需要选择。实际操作中，会弹出"插入子数据表"对话框，在其中将显示与该表有直接关系的表。

操作步骤如下。

（1）打开"教学管理"数据库，在导航窗格中双击"课程"表。

（2）单击第1个字段前面的关联标记"+"，弹出"插入子数据表"对话框。

（3）在该对话框中列出了与课程表直接有关系的表，以及通过其他表与课程表有间接关系的表，选择"授课"表，这时对话框下方的"链接子字段"文本框中和"链接主字段"文本框中都显示出"课程编号"，如图3-35所示。

（4）单击"确定"按钮，返回数据表视图，单击第1条记录的关联标记，展开"授课"子数据表，结果如图3-36所示。

图3-35　插入子数据表

图3-36　"授课"子数据表展开结果

如果将"课程"表的子数据表修改为"选课成绩"表，操作步骤如下。

（1）用设计视图打开"课程"表。

（2）在"表格工具/设计"选项卡下的"显示/隐藏"组中，单击"属性表"按钮，弹出"属性表"。

（3）单击"子数据表名称"行右侧下拉箭头按钮，从弹出的下拉列表中选择"表.选课成绩"选项，如图 3-37 所示。

（4）单击功能区中的"视图"按钮，切换到数据表视图，单击第 1 条记录的关联标记，可以看到，子数据表更改为"选课成绩"表，结果如图 3-38 所示。

图 3-37　选择子数据表

图 3-38　更改"课程"表的子数据表结果

3.1.5　向表中输入数据

表结构和表间关系建好后，即可向表中输入数据。在 Access 中，可以在数据表视图中直接输入数据，也可以从已存在的外部数据源中获取数据。

1. 在数据表视图中输入数据

例 3-15　向"学生"表中输入两条记录，输入内容如表 3-9 所示。其中"照片"字段列中列出的是存储在 D 盘 Access 文件夹中的文件名。

表 3-9　　　　　　　　　　　　学生表输入内容

学 生 编 号	姓　名	性　别	年　龄	入 校 日 期	团 员 否	简　历	照　片
2018100201	郝晶	女	18	2018-9-1	No	广东顺德	女生 1.BMP
2018100202	徐克	男	20	2018-9-1	Yes	江西南昌	男生 5.BMP

（1）在导航窗格中，双击"学生"表。

（2）从第 1 条空记录的第 1 个字段开始分别输入"学生编号""姓名""性别"和"年龄"等字段值，每输入完一个值按 Enter 键或按 Tab 键转至下一个字段。

（3）输入"入校日期"字段值时，先将光标定位到该字段，这时数据框右侧将出现一个日期选择器图标，单击该图标打开"日历"控件，如果输入当日日期，直接单击"今日"按钮，如果输入其他日期可以在日历中进行选择。

（4）输入"团员否"字段值时，在提供的复选框内单击鼠标左键会显示出一个"√"，打钩表示输入了"是"（存储值是–1），不打钩表示输入了"否"（存储值为 0）。

（5）输入"照片"字段时，将鼠标指针指向该记录的"照片"字段列，单击鼠标右键，在弹出的快捷菜单中选择"插入对象"命令，弹出"Microsoft Access"对话框，如图 3-39 所示。

（6）选中"由文件创建"单选按钮，此时在对话框中出现"浏览"按钮，单击"浏览"按钮，弹出"浏览"对话框；在该对话框中找到 D 盘 Access 文件夹，并打开；在右侧窗格中选中"女生 1.BMP"图片文件，然后单击"确定"按钮，回到"浏览"对话框，如图 3-40 所示。输入照片的方法很多，这里只介绍了其中一种。

图 3-39 "Microsoft Access"对话框

图 3-40 添加照片文件

（7）单击"确定"按钮，回到数据表视图。

（8）输入完这条记录的"照片"字段后，按 Enter 键或 Tab 键转至下一条记录，接着输入下一条记录。

可以看到，在准备输入一条记录时，该记录的选定器上显示星号 *，表示这条记录是一条新记录；当开始输入数据时，该记录选定器上则显示铅笔符号 ✐，表示正在输入或编辑记录，同时会自动添加一条新的空记录，且空记录的选定器上显示星号 *。

（9）全部记录输入完毕后，单击快速访问工具栏上的"保存"按钮，保存表中数据。

2．输入空值和空字符串

在 Access 表中，如果某条记录的某个字段尚未存储数据，一般称该记录的这个字段值为空值。字段的空值可用"Null"来表示。空值和空字符串的含义有所不同。Null 值表示未知的值，也就是说，可能存在但目前还无法确定或得到。例如，一名教师的电话号码在输入数据时还不清楚，可以在字段中输入 Null 值，直到存入有实际意义的数据为止。空字符串是用双引号括起来的中间没有空格的字符串（即""），其字符串长度为 0。

输入空值或空字符串的操作步骤如下。

（1）在数据表视图中打开表，将光标移到要输入空值或空字符串的字段框中。

（2）输入"Null"，或输入零长度字符串（""）。

3．使用查阅列表输入数据

一般情况下，表中大部分字段内容都来自直接输入的数据，或从其他数据源导入的数据。有时输入的数据是一个数据集合中的某个值。例如，"教师"表中的"职称"是"助教""讲师""副教授"和"教授"这个数据集合中的其中一个数据值。对于输入这种数据的字段列，最简单的方法是将该字段列设置为"查阅向导"数据类型。严格地说"查阅向导"不是一种真正意义上的数据类型，它是建立一种在某个数据集合中选择数据值的关系。Access 的这种数据类型为输入数据带来了很大的便利。

　　当完成字段的查阅列表设置后，在这个字段输入数据时，就可以不用输入数据，而是从一个列表中选择数据，这样既加快了数据输入速度，又保证了输入数据的正确性。

　　Access 中有两种类型的查阅列表，分别为包含一组预定义值的值列表和使用查询从其他表检索值的查阅列表。创建查阅列表有两种方法，一是使用向导创建；二是直接在"查阅"选项卡中设置。

　　例 3-16　为"教师"表中"职称"字段设置查阅列表，列表中显示"助教""讲师""副教授"和"教授"4 个值。

3-4　例 3-16

　　使用向导创建查阅列表的操作步骤如下。

　　（1）用表设计视图打开"教师"表，单击"职称"字段行。

　　（2）在"数据类型"列中选择"查阅向导"，弹出"查阅向导"第 1 个对话框，如图 3-41 所示。

　　（3）选中"自行键入所需的值"单选按钮，然后单击"下一步"按钮，弹出"查阅向导"第 2 个对话框。

　　（4）在"第 1 列"每行中依次输入"助教""讲师""副教授"和"教授"4 个值，每输入完一个值按向下键或 Tab 键转至下一行，列表设置结果如图 3-42 所示。

　　图 3-41　"查阅向导"第 1 个对话框　　　　　　　图 3-42　列表设置结果

　　（5）单击"下一步"按钮，弹出"查阅向导"最后一个对话框，在该对话框的"请为查阅字段指定标签"文本框中输入名称，本例使用默认值。

　　（6）单击"完成"按钮。

　　切换到"教师"表的数据表视图，单击空记录中的"职称"字段，右侧出现下拉箭头，单击该箭头，弹出一个下拉列表，列表中列出了"助教""讲师""副教授"和"教授"4 个值，以供快速完成输入，如图 3-43 所示。

图 3-43　查阅列表创建结果

也可以使用"查阅"选项卡设置查阅列表。

例 3-17 为"教师"表中"性别"字段设置查阅列表，列表中显示"男"和"女"。

在"查阅"选项卡中设置查阅列表的操作步骤如下。

（1）用设计视图打开"教师"表，单击"性别"字段行。

（2）在设计视图下方，单击"查阅"选项卡，如图 3-44 所示。

（3）单击"显示控件"行右侧下拉箭头按钮，从弹出的下拉列表中选择"列表框"选项；单击"行来源类型"行，单击右侧下拉箭头按钮，从弹出的下拉列表中选择"值列表"选项；在"行来源"文本框中输入："男"；"女"，如图 3-45 所示。

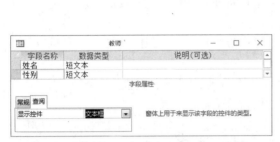

图 3-44 "查阅"选项卡

图 3-45 设置查阅列表参数

"行来源类型"属性必须为"值列表"或"表/查询"；"行来源"属性必须包含值列表或查询。

切换到"教师"表的数据表视图，单击某条记录的"性别"字段，右侧出现下拉箭头，单击该箭头，弹出一个下拉列表，列表中列出了"男"和"女"2 个值，查阅列表设置结果如图 3-46 所示。

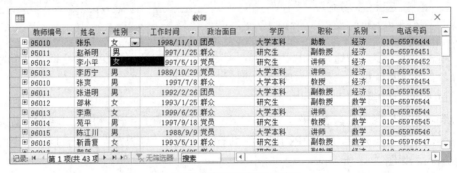

图 3-46 查阅列表设置结果

4．使用附件类型字段存储数据

使用"附件"数据类型可以将 Word 文档、演示文稿、图像等文件的数据添加到数据表的记录中。附件类型可以在一个字段中存储多个文件，而且这些文件的类型还可以不同。

例 3-18 在"教师"表中增加一个字段，字段名称为"个人信息"，字段数据类型为"附件"。并将 D 盘 Access 文件夹中文件名为"个人信息.docx"和文件名为"个人照片.bmp"等文件，添加到第 1 条记录的"个人信息"字段中。

操作步骤如下。

（1）用设计视图打开"教师"表。

（2）在设计视图中，添加"个人信息"字段，数据类型设置为"附件"，标题属性设置为"个人信息"，如图 3-47 所示。

（3）在"表格工具/设计"选项卡中，单击"视图"组中的"视图"按钮 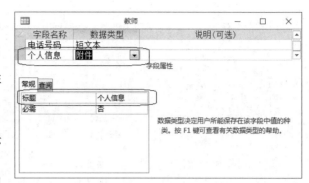，显示附件字段内容如图 3-48 所示。

在"个人信息"字段单元格中，显示内容为 ⬭(0)，其中"(0)"表示附件中为空。

图 3-47　添加"附件"类型字段

（4）双击第 1 条记录的"个人信息"字段数据框，弹出"附件"对话框，如图 3-49 所示。

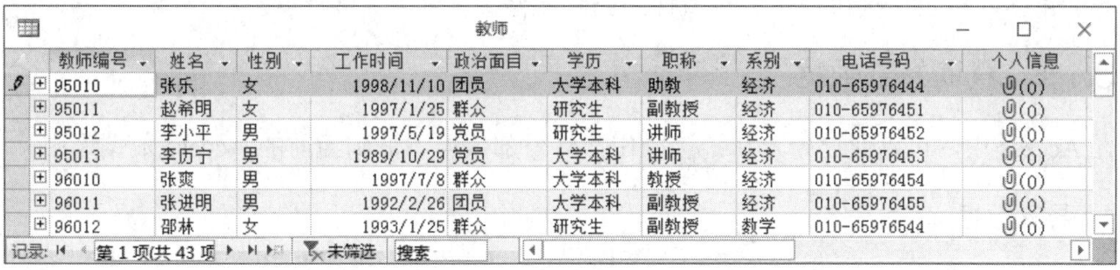

图 3-48　附件字段

（5）单击"添加"按钮，打开"选择文件"对话框，找到并选定要添加的第 1 个文件"个人信息.docx"。

（6）单击"打开"按钮，返回到"附件"对话框，被添加的文件显示在对话框中，如图 3-50 所示。

（7）用相同方法将第 2 个文件"个人照片.bmp"添加到"附件"对话框中，添加结果如图 3-51 所示。

（8）单击"确定"按钮，完成附件的添加，切换到数据表视图，可以看到第 1 条记录的"个人信息"字段数据框中的内容显示为 ⬭(2)，表示在该字段中附加了两个文件，如图 3-52 所示。

图 3-49　"附件"对话框

图 3-50　添加附件

图 3-51　添加附件后的结果

需要说明的是，附件中包含的信息不会在数据表视图中显示，可以在窗体视图中显示。但对于文档、电子表格等类型信息在窗体视图中也只能显示图标。

教师编号	姓名	性别	工作时间	政治面目	学历	职称	系别	电话号码	个人信息
95010	张乐	女	1998/11/10	团员	大学本科	助教	经济	010-65976444	⬮(2)
95011	赵希明	女	1997/1/25	群众	研究生	副教授	经济	010-65976451	⬮(0)
95012	李小平	男	1997/5/19	党员	研究生	讲师	经济	010-65976452	⬮(0)
95013	李历宁	男	1989/10/29	党员	大学本科	讲师	经济	010-65976453	⬮(0)
96010	张爽	男	1997/7/8	群众	大学本科	教授	经济	010-65976454	⬮(0)
96011	张进明	男	1992/2/26	团员	大学本科	副教授	经济	010-65976455	⬮(0)
96012	邵林	女	1993/1/25	群众	研究生	副教授	数学	010-65976544	⬮(0)
96013	李燕	女	1999/6/25	群众	大学本科	讲师	数学	010-65976544	⬮(0)

记录: 第 1 项(共 43 项) 无筛选器 搜索

图 3-52 添加"个人信息"的结果

若要删除和修改附件，操作步骤如下。

（1）在数据表视图中，双击或用鼠标右键单击某条记录的"附件"字段数据框，从弹出的快捷菜单中选择"管理附件"命令，弹出"附件"对话框。

（2）选中附件后，单击"删除"命令，可以删除附件；单击"编辑"命令，可以修改附件。

（3）单击"确定"按钮，完成对附件的删除或修改。

3.1.6　获取外部数据

在 Access 中，可以通过导入和链接操作，将外部数据添加到当前的 Access 数据库中。

1.　导入数据

导入数据是指从外部获取数据后形成数据库中的数据表对象，并与外部数据源断开连接。导入操作完成后，无论外部数据源数据是否发生变化，都不会影响已经导入的数据。外部数据源文件可以是 Excel 工作表、ODBC 数据库、文本文件、XML 文件、其他 Access 数据库，以及其他类型文件。

例 3-19　将已建立的 Excel 文件"授课.xlsx"导入到"教学管理"数据库中。

操作步骤如下。

（1）打开"教学管理"数据库。

（2）单击"外部数据"选项卡，在"导入并链接"组中，单击"Excel"按钮，弹出"获取外部数据-Excel 电子表格"对话框，如图 3-53 所示。

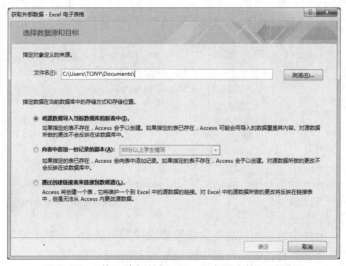

图 3-53　"获取外部数据 - Excel 电子表格"对话框

（3）在该对话框中，单击"浏览"按钮，弹出"打开"对话框；找到并选定要导入的 Excel 文件"授课.xlsx"，然后单击"打开"按钮，返回"获取外部数据-Excel 电子表格"对话框。

（4）单击"确定"按钮，弹出"导入数据表向导"第 1 个对话框，如图 3-54 所示。

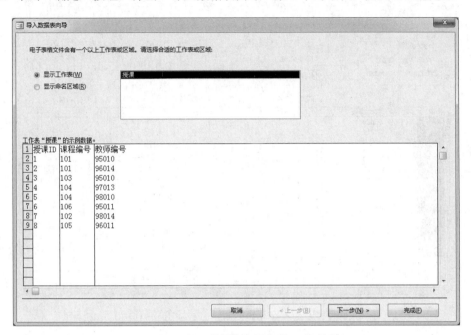

图 3-54　"导入数据表向导"第 1 个对话框

（5）该对话框列出了所要导入表的内容，单击"下一步"按钮，弹出"导入数据表向导"第 2 个对话框，如图 3-55 所示。

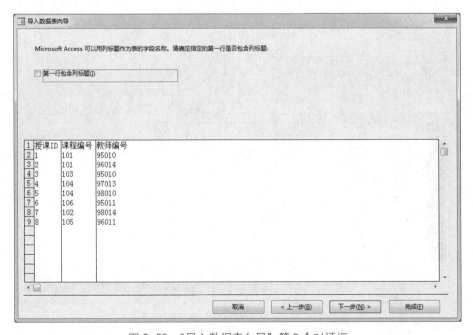

图 3-55　"导入数据表向导"第 2 个对话框

（6）选中"第一行包含列标题"复选框，然后单击"下一步"按钮，弹出"导入数据表向导"第 3 个对话框，如图 3-56 所示。

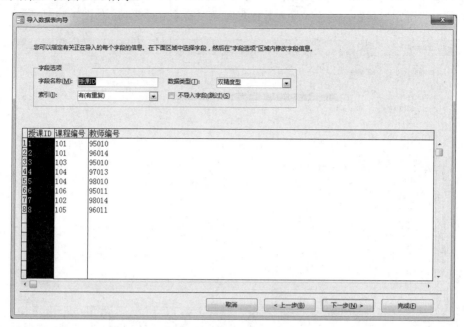

图 3-56 "导入数据表向导"第 3 个对话框

（7）在该对话框中选择作为索引的字段名称。本例选择"授课 ID"。在"索引"下拉列表中选择"有（无重复）"选项。单击"下一步"按钮，弹出"导入数据表向导"第 4 个对话框，如图 3-57 所示。

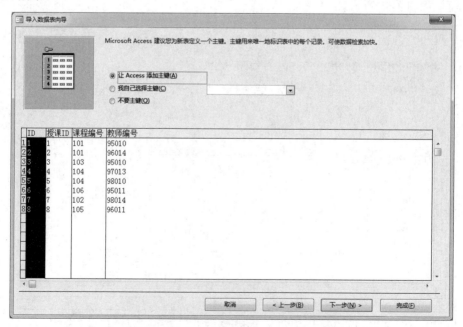

图 3-57 "导入数据表向导"第 4 个对话框

（8）在该对话框中确定主键。若选中"让 Access 添加主键"单选按钮，表示由 Access 添加一个自动编号作为主键；本例选中"我自己选择主键"单选按钮，自己确定主键，如图 3-58 所示。

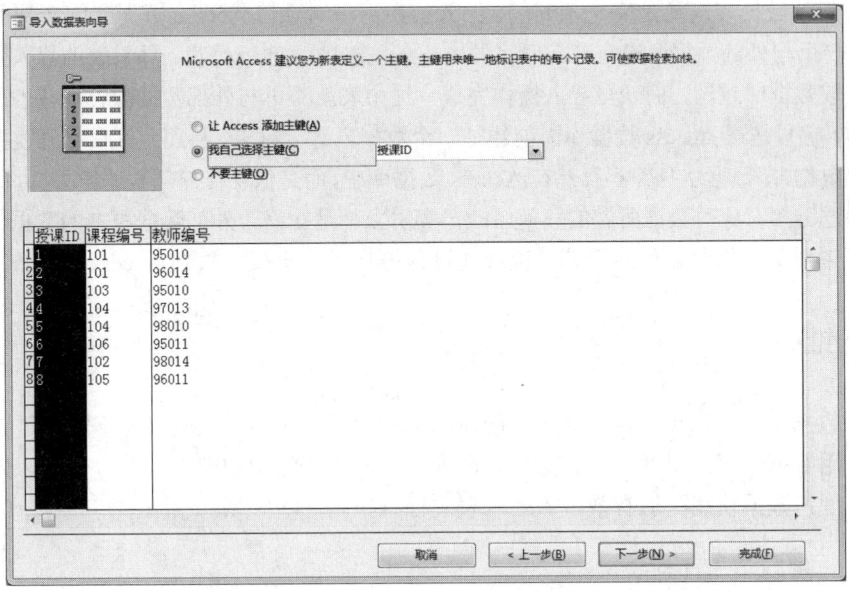

图 3-58　设置主键

（9）单击"下一步"按钮，弹出"导入数据表向导"最后一个对话框，确定导入表名称。在该对话框的"导入到表"文本框中输入导入表的表名"授课"。

（10）单击"完成"按钮，弹出"获取外部数据-Excel 电子表格"对话框，取消该对话框中的"保存导入步骤"复选框。

（11）单击"关闭"按钮，完成数据导入。

从本例所述操作步骤可以看出，导入数据的操作是在导入向导引导下逐步完成的。从不同数据源导入数据，Access 将启动与之对应的导入向导。本例介绍了从 Excel 工作簿导入数据的操作过程，通过这个过程读者可以理解操作中所需选定或输入的各个参数的含义，进而理解从不同数据源导入数据时所需要的不同参数的含义。

如果需要经常导入同样的数据，可以在导入操作的最后一步选中"保存导入步骤"复选框。这样可以将导入步骤保存起来，便于以后快速完成同样的导入。

2．链接数据

从外部链接数据是指在自己的数据库中形成一个链接表对象，每次操作链接表的数据时，都是即时从外部数据源获取数据，链接的数据并未与外部数据源断开连接，而将随着外部数据源数据的变动而变动。

从外部数据源链接数据的操作与导入数据操作非常相似，同样是在向导引导下完成。

链接 Excel 文件数据的操作步骤如下。

（1）打开要建立链接的数据库，单击"外部数据"选项卡，在"导入并链接"组中，单击"Excel"按钮，弹出"获取外部数据-Excel 电子表格"对话框，如图 3-53 所示。

（2）选中"通过创建链接表来链接到数据源"单选按钮，然后单击"浏览"按钮，在弹出的"打开"对话框中找到要链接的文件，并打开。

（3）单击"确定"按钮，弹出"链接数据表向导"。按向导指示完成类似导入的操作。

虽然，"导入数据表向导"与"链接数据表向导"的形式相似，操作也相似，但是导入的数据表对象与链接的数据表对象是完全不同的。导入的数据表对象与 Access 数据库中新建的数据表对象一样，是一个与外部数据源没有任何联系的 Access 表对象。也就是说，导入表的导入过程是从外部数据源获取数据的过程，而一旦导入操作完成，这个表就不再与外部数据源存在任何联系。而链接表则不同，它只是在 Access 数据库内创建了一个数据表链接对象，从而允许在打开链接时从外部数据源获取数据，即数据本身并不存储在 Access 数据库中，而是保存在外部数据源处。因此在 Access 数据库中通过链接对象对数据所做的任何修改，实质上都是在修改外部数据源中的数据。同样，在外部数据源中对数据所做的任何改动也都会通过该链接对象直接反映到 Access 数据库中。

3.2 表的维护

在建立数据表时，由于种种原因，可能表的结构设计不合理，有些内容不能满足实际需要，就造成在使用数据表时需要增加或删除一些内容，从而使表结构和表内容发生变化。为使数据表结构更加合理，数据使用更加有效，需要对表进行维护。

3.2.1 修改表结构

在建立表之后，有时需要修改表的设计，在表中增添和删除字段。在 Access 中，添加和删除字段非常方便，可以在设计视图中完成操作，也可以在数据表视图中进行修改。

1. 添加字段

可以使用两种方法添加字段。

（1）在设计视图中添加字段。用设计视图打开需要添加字段的表，然后将光标移动到要插入新字段的位置，单击"表格工具/设计"选项卡下"工具"组中的"插入行"按钮，在新行上输入新字段名称，再设置新字段数据类型和相关属性。

（2）在数据表视图中添加字段。用数据表视图打开需要添加字段的表，在字段名称行需要插入新字段的位置单击鼠标右键，从弹出的快捷菜单中选择"插入字段"命令，然后按照 3.1.2 节所述方法设置新字段。也可以直接使用 3.1.2 节介绍的方法添加并设置新字段。

2. 修改字段

修改字段包括修改字段的名称、数据类型、说明、属性等。可以使用两种方法修改字段。

（1）在设计视图中修改字段。先用设计视图打开需要修改字段的表，如果要修改某字段的名称，在该字段的"字段名称"列中，单击鼠标左键，然后修改字段名称；如果要修改某字段的数据类型，单击该字段"数据类型"列右侧下拉箭头按钮，从弹出的下拉列表中选择需要的数据类型；可以按照 3.1.3 节所述方法修改字段属性。

（2）在数据表视图中修改字段。先用数据表视图打开要修改字段的表，然后单击"表格工具/字段"选项卡，再按照 3.1.2 节和 3.1.3 节所述方法修改字段名称、数据类型和属性。

3. 删除字段

可以使用两种方法删除字段。

（1）在设计视图中删除字段。先用设计视图打开需要删除字段的表，然后将光标移到要删除字段行上；如果要选择一组连续的字段，可将鼠标指针拖过所选字段的字段选定器；如果要选择一组不连续的字段，可先选定要删除的某一个字段的字段选定器，然后按住 Ctrl 键不放，再单击每一个要删除字段的字段选定器，最后单击"表格工具/设计"选项卡下"工具"组中的"删除行"按钮。

（2）在数据表视图中删除字段。先用数据表视图打开需要删除字段的表，然后选定要删除的字段列，单击鼠标右键，从弹出的快捷菜单中选择"删除字段"命令；或单击"表格工具/字段"选项卡，在"添加和删除"组中单击"删除"按钮。

4．重新设置主键

如果已定义的主键不合适，可以重新设置。操作步骤如下。

（1）用设计视图打开需要重新设置主键的表。

（2）选定要设为主键的字段行，然后单击"主键"按钮，这时主键所在的字段选定器上显示一个"主键"图标，表明该字段已是主键字段。

3.2.2　编辑表内容

编辑表中内容是为了确保表中数据的准确，使所建表能够满足实际需要。编辑表中内容的操作包括定位记录、选择记录、添加记录、修改数据、删除记录，以及复制字段中的数据等。

1．定位记录

数据表中有了数据以后，修改是经常要做的操作，其中定位和选择记录是首要工作。常用的定位记录方法有 3 种，使用"记录"导航条定位、使用组合键定位和使用"转至"按钮定位。"记录"导航条中各按钮功能如图 3-59 所示。

例 3-20　将指针定位到"学生"表中第 20 条记录上。

本例需要定位到指定的记录，因此应使用"记录"导航条来定位。操作步骤如下。

（1）用数据表视图打开"学生"表。

（2）在"记录"导航条上的"当前记录"框中输入记录号 20。

（3）按 Enter 键，这时光标将定位在该记录上，如图 3-59 所示。

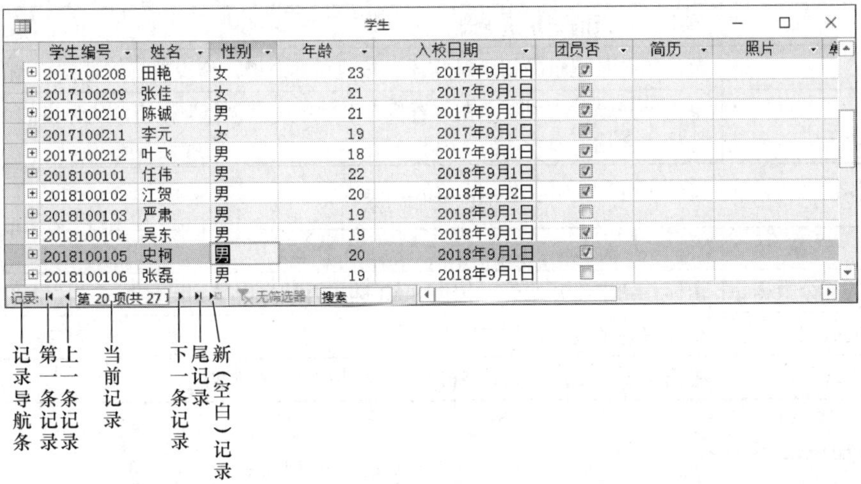

图 3-59　定位指定记录

可以通过组合键快速定位记录或字段。组合键及其定位功能如表 3-10 所示。

表 3-10 组合键及其定位功能

组 合 键	定 位 功 能	组 合 键	定 位 功 能
Tab/回车/右箭头	下一个字段	Ctrl+End	最后一个记录中的最后一个字段
Shift+Tab/左箭头	上一个字段	上箭头	上一条记录中的当前字段
Home	当前记录中的第一个字段	下箭头	下一条记录中的当前字段
End	当前记录中的最后一个字段	PgDn	下移一屏
Ctrl+上箭头	第一条记录中的当前字段	PgUp	上移一屏
Ctrl+下箭头	最后一条记录中的当前字段	Ctrl+PgDn	左移一屏
Ctrl+Home	第一条记录中的第一个字段	Ctrl+PgUp	右移一屏

通过"转至"按钮定位记录的方法是，单击"开始"选项卡，然后单击"查找"组中的"转至"按钮 → 转至 ▾，在弹出的菜单中包含了"第一条记录""上一条记录""下一条记录""最后一条记录"和"新建"等命令，选择相关命令执行所需的定位操作。

2．选择记录

选择记录有两种方法，使用鼠标和使用键盘。使用鼠标的操作方法如表 3-11 所示，使用键盘的操作方法如表 3-12 所示。

表 3-11 鼠标操作方法

数 据 范 围	操 作 方 法
字段中的部分数据	在开始处单击鼠标左键，拖曳鼠标到结尾处
字段中的全部数据	移动鼠标到字段左边，待鼠标指针变成"⇧"后单击鼠标左键
相邻多字段中的数据	移动鼠标到第 1 个字段左边，待鼠标指针变为"⇧"，拖曳鼠标到最后一个字段尾部
一列数据	单击该列的字段选定器
多列数据	将鼠标放到第 1 列顶端字段名称处，待鼠标指针变为向下箭头后，拖曳鼠标到选定范围的结尾列
一条记录	单击该记录的记录选定器
多条记录	单击第 1 条记录的记录选定器，按住鼠标左键，拖曳鼠标到选定范围的结尾处
所有记录	单击"开始"选项卡，在"查找"组中单击"选择"按钮，从弹出的下拉菜单中选择"全选"命令

表 3-12 键盘操作方法

选 择 对 象	操 作 方 法
一个字段的部分数据	光标移到字段开始处，按住 Shift 键，再按方向键到结尾处
整个字段的数据	光标移到字段中，按 F2 键
相邻多个字段	选择第一个字段，按住 Shift 键，再按方向键到结尾处

3．添加记录

添加新记录时，用数据表视图打开要添加记录的表，可以直接将光标移到表的最后一行，然后输入要添加的数据；也可以单击"记录"导航条上的"新(空白)记录"按钮 ▸ ；或单击"开始"

选项卡下"记录"组中的"新建"按钮 ，待光标移到表的最后一行后输入要添加的数据。

4．删除记录

删除记录时，用数据表视图打开要删除记录的表，单击要删除记录的记录选定器，然后单击鼠标右键，从弹出的快捷菜单中选择"删除记录"命令；或单击"开始"选项卡，单击"记录"组中的"删除"按钮 ✕ ，在弹出的删除记录提示框中，单击"是"按钮。

在数据表中，可以一次删除多个相邻的记录。方法是，先单击第 1 个记录的选定器，然后拖动鼠标经过要删除的每条记录，最后执行删除操作。

 　　删除操作是不可恢复的操作，在删除记录之前要确认该记录是否是要删除的记录。为了避免误删记录，在删除之前最好对表进行备份。

5．修改数据

在数据表视图中修改数据的方法非常简单，只要将光标移到要修改数据的相应字段，然后对其直接修改即可。修改时，可以修改整个字段的值，也可以修改字段的部分数据。如果要修改字段的部分数据可以先将要修改的数据删除，然后再输入新的数据；也可以先输入新数据，再将要修改的数据删除。删除时可以将鼠标指针放在要删除数据的右侧单击，然后按 BackSpace 键；每按一次 BackSpace 键，删除一个字符或汉字。

6．复制数据

在输入或编辑数据时，有些数据可能相同或相似，这时可以使用复制和粘贴操作将字段中的部分或全部数据复制到另一个字段中。操作步骤如下。

（1）用数据表视图打开要复制数据的表。

（2）将鼠标指针指向要复制数据字段的最左侧，当鼠标指针变为 ✛ 时，单击鼠标左键，这时选中整个字段。如果要复制字段中的部分数据，将鼠标指针指向要复制数据的开始位置，然后拖动鼠标到结束位置，这时字段的部分数据将被选中。

（3）单击"开始"选项卡，在"剪贴板"组中单击"复制"按钮 🗐 。

（4）将鼠标指针移动到目标字段并单击左键，在"剪贴板"组中单击"粘贴"按钮 🗋 。

3.2.3　调整表格式

调整表格式的目的是为了使表更美观、清晰。调整表格式的操作包括改变字段显示次序、调整字段显示宽度和显示高度、隐藏列、冻结列、设置字体格式、设置数据表格式等。

1．改变字段显示次序

在默认情况下，Access 数据表中字段显示次序与它们在表或查询中创建的次序相同。但是，在使用数据表视图时，往往需要移动某些列来满足查看数据的需要。此时，可以改变字段的显示次序。

例 3-21　将"学生"表中"入校日期"字段和"年龄"字段位置互换。

操作步骤如下。

（1）用数据表视图打开"学生"表。

（2）将鼠标指针定位在"年龄"字段列的字段名称上，鼠标指针会变成一个粗体黑色向下箭头，单击鼠标左键，此时"年龄"字段列被选中。

（3）将鼠标放在"年龄"字段列的字段名称行上，然后按住鼠标左键并拖曳鼠标至"入校日期"字段后，松开鼠标左键。改变字段显示次序结果如图 3-60 所示。

	学生									
	学生编号 ·	姓名 ·	性别 ·	入校日期 ·	年龄 ·	团员否 ·	简历 ·	照片 ·	·
⊞	2017100105	李海亮	男	2017年9月1日	18	☑		Bitmap Image	
⊞	2017100106	李元	女	2017年9月1日	23	☑		Bitmap Image	
⊞	2017100107	井江	女	2017年9月1日	19	☑		Bitmap Image	
⊞	2017100201	冯伟	女	2017年9月1日	20	☑			
⊞	2017100202	王朋	男	2017年9月1日	21	☑			
⊞	2017100203	丛古	女	2017年9月1日	21	☐			
⊞	2017100204	张也	女	2017年9月1日	18	☑			
⊞	2017100205	马琦	女	2017年9月1日	19	☑			

记录: ◄ ◄ 第 1 项(共 27 项) ► ►► ► 🚫 无筛选器 搜索

图 3-60 改变字段显示次序结果

使用这种方法，可以移动任何单独的字段或者所选的多个字段。需要说明的是，在数据表视图中移动字段，只改变其在数据表视图中的显示次序，并不会改变设计视图中字段的排列次序。

2．调整字段显示高度

使用鼠标调整字段显示高度的方法是，在数据表视图中打开所需表，然后将鼠标指针放在表中任意两行选定器之间，待鼠标指针变为双箭头后，按住鼠标左键不放，拖曳鼠标上、下移动，当调整到字段所需高度时，松开鼠标左键。

使用命令调整字段显示高度的方法是，用数据表视图打开所需表，右键单击记录选定器，从弹出的快捷菜单中选择"行高"命令，在打开的"行高"对话框的"行高"文本框中输入所需的行高值，如图 3-61 所示。

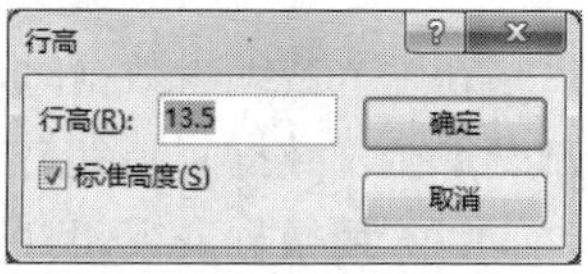

行高	? ✕
行高(R): 13.5	确定
☑ 标准高度(S)	取消

3．调整字段显示宽度

与调整字段显示高度操作相似，调整字段显示宽度也有两种方

图 3-61 设置行高

法。使用鼠标调整时，首先将鼠标指针放在要改变宽度的两列字段名称中间，当鼠标指针变为双箭头时，按住鼠标左键不放，并拖曳鼠标左、右移动，当调整到所需宽度时，松开鼠标左键。在拖动字段列中间的分隔线时，如果将分隔线拖曳到下一个字段列的右边界右侧时，将会隐藏该列。

使用命令调整时，右键单击要改变宽度的字段名称行，从弹出的快捷菜单中选择"字段宽度"命令，在打开的"列宽"对话框的"列宽"文本框中输入所需的宽度，单击"确定"按钮。如果在"列宽"对话框中输入的数值为 0，则会隐藏该字段列。

注意　重新设定字段显示宽度并不会改变表中字段的字段大小属性所允许的字符数，它只是简单地改变字段列所包含数据的显示空间。

调整字段显示高度和显示宽度也可以使用"其他"按钮，方法是单击"开始"选项卡，单击"记录"组中的"其他"按钮■，从弹出的下拉菜单中选择"行高"或"字段宽度"命令，然后进行相关设置。

4．隐藏/取消隐藏列

在数据表视图中，为了便于查看主要数据，可以将不需要的字段列暂时隐藏起来，需要时再将其显示出来。

例 3-22 隐藏“学生”表中“年龄”字段列。

操作步骤如下。

（1）用数据表视图打开“学生”表。

（2）右键单击“年龄”字段列的字段名称行，从弹出的快捷菜单中选择“隐藏字段”命令；或单击“开始”选项卡下“记录”组中的“其他”按钮，从弹出的下拉菜单中选择“隐藏字段”命令；或将字段宽度设置为0。这时，Access将选中的列隐藏起来。

如果希望将隐藏的列重新显示出来，即取消隐藏列，操作步骤如下。

（1）用数据表视图打开所需表。

（2）右键单击任意字段列的字段名称行，从弹出的快捷菜单中选择“取消隐藏字段”命令；或单击“开始”选项卡下“记录”组中的“其他”按钮，从弹出的下拉菜单中选择“取消隐藏字段”，这时弹出“取消隐藏列”对话框，如图3-62所示。

（3）在“列”列表框中选中要显示列的复选框，如“年龄”。

（4）单击“关闭”按钮。

5. 冻结/取消冻结列

在日常操作中，常常需要建立有很多字段的数据表，由于这种表过宽，在屏幕上无法显示全部字段。为了浏览没有显示出来的字段列，需要使用水平滚动条，但这会使位于最前面的一些关键字段移出屏幕，从而影响数据的查看。例如，图3-63所示“教师”表，由于字段数目较多，当查看“电话号码”字段时，“姓名”字段已经移出了屏幕，无法了解是哪位教师的电话号码。解决这一问题较好的方法是利用Access提供的冻结列功能。

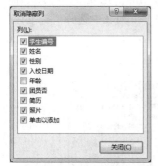

图3-62 “取消隐藏列”对话框

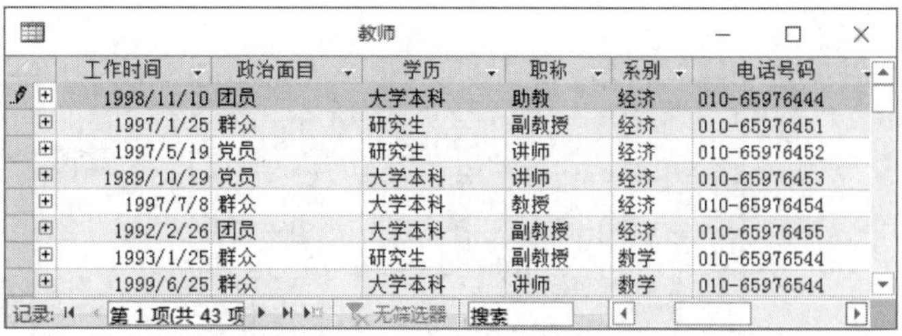

工作时间	政治面目	学历	职称	系别	电话号码
1998/11/10	团员	大学本科	助教	经济	010-65976444
1997/1/25	群众	研究生	副教授	经济	010-65976451
1997/5/19	党员	研究生	讲师	经济	010-65976452
1989/10/29	党员	大学本科	讲师	经济	010-65976453
1997/7/8	群众	大学本科	教授	经济	010-65976454
1992/2/26	团员	大学本科	副教授	经济	010-65976455
1993/1/25	群众	研究生	副教授	数学	010-65976544
1999/6/25	群众	大学本科	讲师	数学	010-65976544

图3-63 冻结前的“教师”表

在数据表视图中，冻结某字段列或某几个字段列后，无论怎样水平滚动窗口，这些被冻结的列总是可见的，并且总是显示在窗口的最左侧。通常，冻结的都是表中最重要的、表示表中主要信息的字段列。

例 3-23 冻结“教师”表中的“姓名”字段列。

操作步骤如下。

（1）用数据表视图打开“教师”表。

（2）右键单击“姓名”字段列的字段名称行，从弹出的快捷菜单中选择“冻结字段”命令；或单击“开始”选项卡下“记录”组中的“其他”按钮，从弹出的下拉菜单中选择“冻结字段”命令。这时，“姓名”字段列出现在最左侧，当水平滚动窗口时，可以看到“姓名”字段列始终显示在窗口的最左侧，如图 3-64 所示。

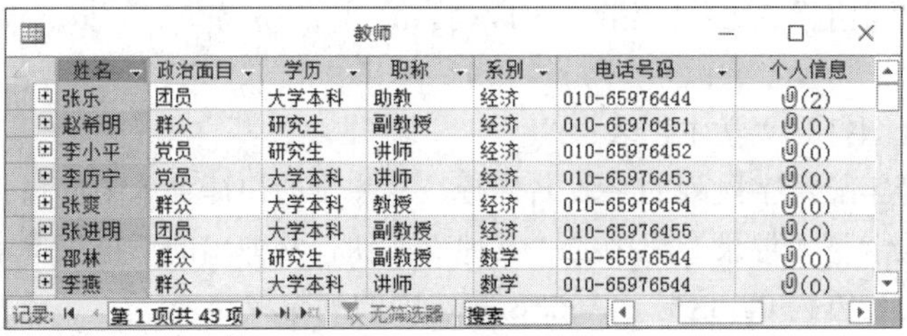

姓名	政治面目	学历	职称	系别	电话号码	个人信息
张乐	团员	大学本科	助教	经济	010-65976444	(2)
赵希明	群众	研究生	副教授	经济	010-65976451	(0)
李小平	党员	研究生	讲师	经济	010-65976452	(0)
李历宁	党员	大学本科	讲师	经济	010-65976453	(0)
张爽	群众	大学本科	教授	经济	010-65976454	(0)
张进明	团员	大学本科	副教授	经济	010-65976455	(0)
邵林	群众	研究生	副教授	数学	010-65976544	(0)
李燕	群众	大学本科	讲师	数学	010-65976544	(0)

图 3-64　冻结列的结果

取消冻结列的方法是，右键单击任意字段列的字段名称行，从弹出的快捷菜单中选择“取消冻结所有字段”命令；或单击“开始”选项卡下“记录”组中的“其他”按钮，从弹出的下拉菜单中选择“取消冻结所有字段”命令。

6．设置字体格式

在数据表视图中，包括字段名称在内的所有数据所用字体，其默认均为宋体 5 号，如果需要可以对其进行更改。

例 3-24　设置“教师”表中数据的字体格式。其中，字体为“楷体”，字号为 10，字形为“斜体”，颜色为“标准色”的“深蓝”色。

操作步骤如下。

（1）用数据表视图打开“教师”表。

（2）在“开始”选项卡的“文本格式”组中，单击“字体”按钮右侧下拉箭头按钮，在弹出的下拉列表中选择“楷体”；单击“字号”按钮右侧下拉箭头按钮，从弹出的下拉列表中选择“10”，单击“倾斜”按钮；单击“字体颜色”右侧下拉箭头按钮，从弹出的下拉列表中选择“标准色”组中的“深蓝”颜色，结果如图 3-65 所示。

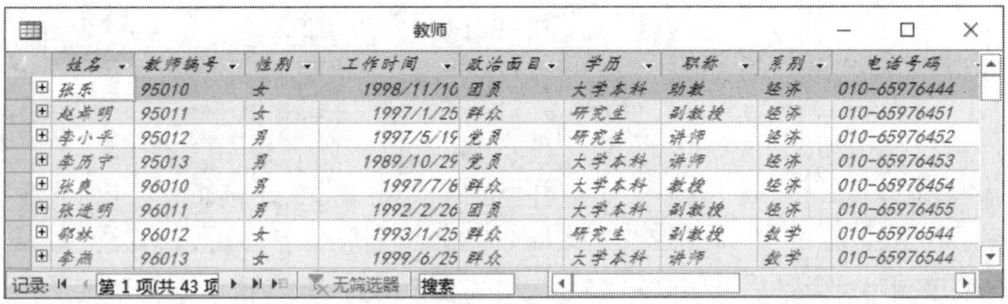

姓名	教师编号	性别	工作时间	政治面目	学历	职称	系别	电话号码
张乐	95010	女	1998/11/10	团员	大学本科	助教	经济	010-65976444
赵希明	95011	女	1997/1/25	群众	研究生	副教授	经济	010-65976451
李小平	95012	男	1997/5/19	党员	研究生	讲师	经济	010-65976452
李历宁	95013	男	1989/10/29	党员	大学本科	讲师	经济	010-65976453
张爽	96010	男	1997/7/6	群众	大学本科	教授	经济	010-65976454
张进明	96011	男	1992/2/26	团员	大学本科	副教授	经济	010-65976455
邵林	96012	女	1993/1/25	群众	研究生	副教授	数学	010-65976544
李燕	96013	女	1999/6/25	群众	大学本科	讲师	数学	010-65976544

图 3-65　数据表字体格式设置结果

7．设置数据表格式

在数据表视图中，一般都在水平和垂直方向显示网格线，并且网格线、背景色和替代背景色均采用系统默认的颜色。如果需要，可以改变单元格的显示效果，可以选择网格线的显示方式和颜色，可以改变表格的背景颜色。

设置数据表格式的操作步骤如下。

（1）用数据表视图打开需要设置格式的表。

（2）在“开始”选项卡的“文本格式”组中，单击“网格线”按钮，从弹出的下拉列表中选择所需的网格线，如图 3-66 所示。

（3）单击"文本格式"组右下角的"设置数据表格式"按钮▣，弹出"设置数据表格式"对话框，如图 3-67 所示。

图 3-66 网格线

图 3-67 "设置数据表格式"对话框

（4）在该对话框中，可以根据需要选择所需选项。例如，如果要去掉水平方向的网格线，可以取消选中的"网格线显示方式"组中的"水平"复选框。如果要将背景颜色变为蓝色，单击"背景色"下拉列表框中的下拉箭头按钮，并从弹出的下拉列表中选择"蓝色"。如果要使单元格在显示时具有"凸起"效果，可以在"单元格效果"组中选中"凸起"单选按钮。当选中了"凸起"或"凹陷"单选按钮后，不能再对"网格线显示方式""边框和线型"等选项进行设置。

（5）单击"确定"按钮。

3.3 表的使用

数据表建好后，常常要根据实际需求，对表中数据进行替换、排序、筛选等操作。本节将详细介绍如何在表中查找数据，如何替换指定的文本，如何改变记录的显示顺序，以及如何筛选指定条件的记录。

3.3.1 查找数据

在操作数据表时，如果表中存放的数据非常多，那么当希望查找某一数据时就比较困难。Access 提供了非常方便的查找功能，使用它可以快速地找到需要的数据。

1．查找指定内容

前面曾经介绍了定位记录，事实上，它也是一种查找记录的方法。虽然这种方法简单，但多数情况下，在查找数据之前并不知道所要找的数据的记录号和位置。因此这种方法并不能满足更多的查找要求。此时可以使用"查找"对话框进行数据的查找。

例 3-25 在"学生"表中查找男生记录。

操作方法如下。

（1）用数据表视图打开"学生"表，单击"性别"字段列的字段名称行。

（2）单击"开始"选项卡，单击"查找"组中的"查找"按钮🔍，弹出"查找和替换"对话框。

（3）在"查找内容"文本框中输入"男"，其他部分选项如图 3-68 所示。

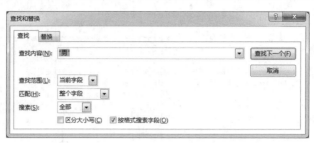

图 3-68　设置查找选项

如果需要也可以在"查找范围"下拉列表中选择"当前文档"作为查找的范围。注意，"查找范围"下拉列表中的"当前字段"为在进行查找之前光标所在的字段。最好在查找之前将光标移到所要查找的字段列上，这样比对整个数据表进行查找可以节省更多时间。在"匹配"下拉列表中，除了图 3-68 所示内容外，也可以选择其他的匹配部分，如"字段任何部分""字段开头"等。

（4）单击"查找下一个"按钮，这时将查找指定内容的下一个，Access 将反相显示找到的数据。连续单击"查找下一个"按钮，可以将全部指定的内容查找出来。

（5）单击"取消"按钮，结束查找。

有时在指定查找内容时，希望在只知道部分内容的情况下对数据表进行查找，或者按照特定的要求查找，这时可以使用通配符作为其他字符的占位符。

在"查找和替换"对话框中，可以使用的通配符如表 3-13 所示。

表 3-13　通配符

字　　符	用　　法	示　　例
*	匹配任意多个字符	wh*可以找到 white 和 why，但找不到 wash 和 without
?	匹配任意一个字符	b?ll 可以找到 ball 和 bill，但找不到 blle 和 beall
[]	匹配方括号内任何一个字符	b[ae]ll 可以找到 ball 和 bell，但找不到 bill
!	匹配任何不在括号内的字符	b[!ae]ll 可以找到 bill 和 bull，但找不到 bell 和 ball
-	匹配范围内的任何一个字符，必须以递增排序顺序来指定区域（A~Z，而不是 Z~A）	b[a-c]d 可以找到 bad、bbd 和 bcd，但找不到 bdd
#	匹配一个数字	1#3 可以找到 103、113、123 等

在使用通配符搜索星号（*）、问号（?）、左方括号（[）或减号（-）时，必须将搜索的符号放在方括号内。例如，搜索问号，在"查找内容"文本框中输入[?]；搜索减号，在"查找内容"文本框中输入[-]。如果同时搜索减号和其他单词，需要在方括号内将减号放置在所有字符之前或之后，但是如果有惊叹号（!），则需要在方括号内将减号放置在惊叹号之后；如果搜索惊叹号或右方括号（]），不需将其放在方括号内。

Access 还提供了一种快速查找的方法，通过"记录"导航条直接定位到要找的记录。

例 3-26　在"学生"表中查找"张也"学生的记录。

操作步骤如下。

（1）用数据表视图打开"学生"表。

（2）在"记录"导航条"搜索"框中输入"张也"，此时光标直接定位到要查找的记录上，如图 3-69 所示。

图 3-69　使用"记录"导航条查找结果

2．查找空值或空字符串

在 Access 中，查找空值或空字符串的方法相似。

例 3-27　在"学生"表中查找姓名字段为空值（Null）的记录。

操作步骤如下。

（1）用数据表视图打开"学生"表，单击"姓名"字段列的字段名称行。

（2）单击"开始"选项卡，单击"查找"组中的"查找"按钮，弹出"查找和替换"对话框。

（3）在"查找内容"文本框中输入"Null"。

（4）单击"匹配"框右侧下拉箭头按钮，并从弹出的下拉列表中选择"整个字段"。

（5）在"搜索"框中选择"向下"，如图 3-70 所示。

图 3-70　设置查找选项

（6）单击"查找下一个"按钮。找到后，记录选定器指针将指向相应的记录。

如果要查找长度为 0 的空字符串，只需将步骤（3）输入内容改为不包含空格的双引号（""）即可。

3.3.2　替换数据

在操作数据表时，如果要修改多处相同数据，可以使用 Access 的替换功能，自动将查找到的数据更新为新数据。

例 3-28　查找"教师"表中"政治面目"为"团员"的所有记录，并将其值改为"党员"。

操作步骤如下。

（1）用数据表视图打开"教师"表，单击"政治面目"字段列的字段名称行。

（2）在"开始"选项卡的"查找"组中，单击"替换"按钮，弹出"查找和替换"对话框。

（3）在"查找内容"文本框中输入"团员"，在"替换为"文本框中输入"党员"。

（4）在"匹配"框中，确保选择的是"整个字段"选项，如图 3-71 所示。

图 3-71　设置查找和替换选项

（5）如果一次替换一个，单击"查找下一个"按钮，找到后，单击"替换"按钮，如果不替换当前找到的内容，则继续单击"查找下一个"按钮。如果要全部替换指定的内容，则单击"全部替换"按钮。单击"全部替换"按钮，屏幕将显示一个提示框，要求确认是否要完成替换操作，单击"是"按钮。

替换操作是不可恢复的操作，为了避免替换操作失误，最好先对表进行备份。

3.3.3　排序记录

一般情况下，在向表中输入数据时，人们不会有意安排输入数据的先后顺序，而是只考虑输入的方便性，按照数据到来的先后顺序输入。例如，在登记学生选课成绩时，哪一个学生成绩先出来，就先录入哪一个，这符合日常的工作习惯。但若要从这些杂乱数据中查找需要的数据就不方便了。为了提高查找效率，需要重新整理数据，对此有效的方法之一是对数据进行排序。

1．排序规则

排序是根据当前表中的一个或多个字段值，对整个表中所有记录进行重新排列。排序时可按升序，也可按降序。排序依据的字段数据类型不同，排序规则有所不同，具体规则如下。

（1）英文按字母顺序排，不区分大、小写字。升序时按 A～Z 排，降序时按 Z～A 排。

（2）中文按拼音字母的顺序排，升序时按 A～Z 排，降序时按 Z～A 排。

（3）数字按数字的大小排，升序时从小到大排，降序时从大到小排。

（4）日期和时间按日期的先后顺序排，升序时按从前向后的顺序排，降序时按从后向前的顺序排。

对于短文本型字段，如果它的取值有数字，那么 Access 将数字视为字符串。因此排序时是按照 ASCII 码值的大小来排，而不是按照数值本身的大小来排。如果希望按其数值大小排，应在较短的数字前面加上零。例如，字符串"5""6""12"按升序排列，排序的结果将是"12""5""6"，这是因为"1"的 ASCII 码值小于"5"的 ASCII 码值。若希望实现升序排序，则应将字符串分别改为"05""06""12"。按升序排列字段时，如果字段的值为空值，则将包含空值的记录排列在列表的最前面。数据类型为长文本、超链接、OLE 对象或附件的字段不能排序。排序后记录将按排序次序保存到表中。

2．按一个字段排序

例 3-29　在“学生”表中，按“学生编号”升序排列。

操作步骤如下。

（1）用数据表视图打开“学生”表，单击“学生编号”字段所在的列。

（2）单击“开始”选项卡，单击“排序和筛选”组中的“升序”按钮。

3．按多个字段排序

在 Access 中，还可以按多个字段的值对记录进行排序。当按多个字段排序时，首先根据第 1 个字段按照指定的顺序进行排序，当第 1 个字段具有相同值时，再按照第 2 个字段进行排序，依此类推，直到按全部指定的字段排好序为止。但需要注意的是，排序的字段必须是相邻的，如果两个字段并不相邻，需要调整字段位置，而且将第 1 个排序字段置于最左列。

例 3-30　在“学生”表中按“性别”和“年龄”两个字段升序排序。

操作步骤如下。

（1）用数据表视图打开“学生”表。

（2）由于用于排序的“性别”和“年龄”两个字段列不相邻，因此需要调整两个字段的显示顺序，将“年龄”字段列移到“性别”列右侧。移动后的结果如图 3-72 所示。

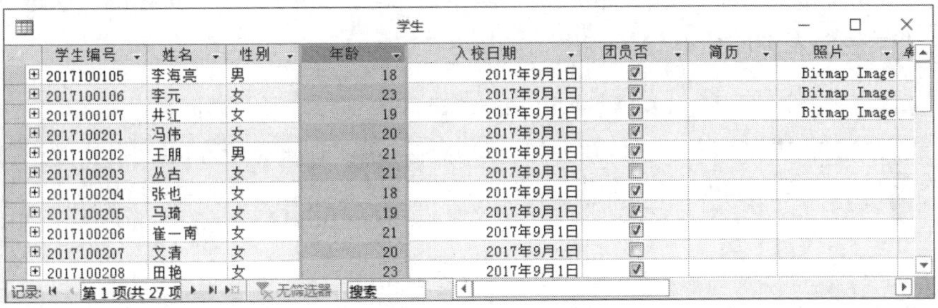

学生编号	姓名	性别	年龄	入校日期	团员否	简历	照片
2017100105	李海亮	男	18	2017年9月1日	☑		Bitmap Image
2017100106	李元	女	23	2017年9月1日	☑		Bitmap Image
2017100107	井江	女	19	2017年9月1日	☑		Bitmap Image
2017100201	冯伟	女	20	2017年9月1日	☑		
2017100202	王朋	男	21	2017年9月1日	☑		
2017100203	丛古	女	21	2017年9月1日	☐		
2017100204	张也	女	18	2017年9月1日	☑		
2017100205	马琦	女	19	2017年9月1日	☑		
2017100206	崔一南	女	21	2017年9月1日	☑		
2017100207	文清	女	20	2017年9月1日	☐		
2017100208	田艳	女	23	2017年9月1日	☑		

图 3-72　移动字段列后的结果

（3）同时选定“性别”和“年龄”两个字段列。

（4）在“开始”选项卡的“排序和筛选”组中，单击“升序”按钮。按多字段排序的结果如图 3-73 所示。

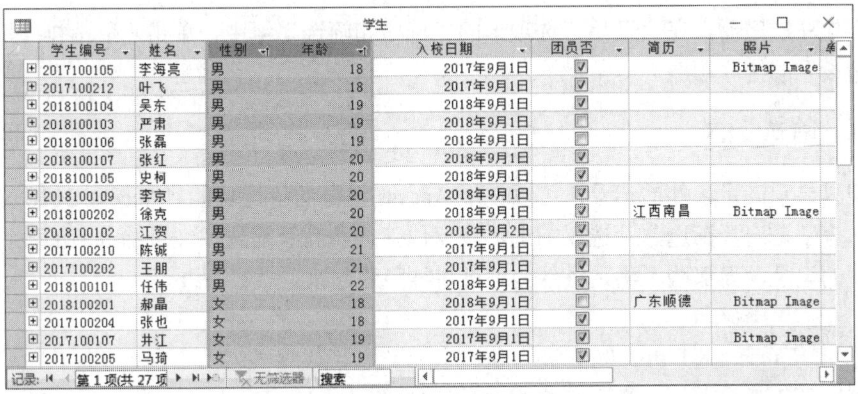

学生编号	姓名	性别	年龄	入校日期	团员否	简历	照片
2017100105	李海亮	男	18	2017年9月1日	☑		Bitmap Image
2017100212	叶飞	男	18	2017年9月1日	☑		
2018100104	吴东	男	19	2018年9月1日	☑		
2018100103	严肃	男	19	2018年9月1日	☐		
2018100106	张磊	男	19	2018年9月1日	☐		
2018100107	张红	男	20	2018年9月1日	☑		
2018100105	史柯	男	20	2018年9月1日	☑		
2018100109	李京	男	20	2018年9月1日	☑		
2018100202	徐克	男	20	2018年9月1日	☑	江西南昌	Bitmap Image
2018100102	江贺	男	20	2018年9月2日	☑		
2017100210	陈诚	男	21	2017年9月1日	☑		
2017100202	王朋	男	21	2017年9月1日	☑		
2018100101	任伟	男	22	2018年9月1日	☑		
2018100201	郝晶	女	18	2018年9月1日	☐	广东顺德	Bitmap Image
2017100204	张也	女	18	2017年9月1日	☑		
2017100107	井江	女	19	2017年9月1日	☑		Bitmap Image
2017100205	马琦	女	19	2017年9月1日	☑		

图 3-73　按多字段排序的结果

4．高级排序

使用"升序"或"降序"按钮按多个字段排序虽然简单，但它只能使所有字段都按同一次序排列，而且这些字段必须相邻。但在日常操作中，很多时候需要将不相邻的多个字段按照不同的排序方式进行排列，这时就需要用到高级排序了。使用"高级筛选/排序"命令，可以实现对多个不相邻字段按照不同的排序方式进行排序的操作。

例 3-31 在"学生"表中先按"性别"升序排列，再按"入校日期"降序排列。

操作步骤如下。

（1）用数据表视图打开"学生"表。

（2）在"开始"选项卡的"排序和筛选"组中，单击"高级"按钮 。

（3）从弹出的下拉菜单中选择"高级筛选/排序"命令，弹出"筛选"窗口。

"筛选"窗口分为上、下两个部分。上半部分显示了被打开表的字段列表；下半部分是设计网格，用来指定排序字段、排序方式和排序条件。

（4）用鼠标单击设计网格中第 1 列字段行右侧下拉箭头按钮，从弹出的下拉列表中选择"性别"字段，然后用相同方法在第 2 列的字段行上选择"入校日期"字段。

（5）单击"性别"字段的"排序"单元格，再单击右侧向下箭头按钮，并从弹出的下拉列表中选择"升序"；使用相同方法在"入校日期"的"排序"单元格中选择"降序"，如图 3-74 所示。

（6）在"开始"选项卡的"排序和筛选"组中，单击"切换筛选"按钮 ，这时 Access 将按上述设置对"学生"表中的所有记录排序，如图 3-75 所示。

图 3-74　设置排序字段和排序方式

图 3-75　排序结果

在指定排序次序后，在"开始"选项卡的"排序和筛选"组中，单击"取消排序"按钮 ，可以取消所设置的排序顺序。

3.3.4　筛选记录

若希望只显示满足条件的记录，可以使用 Access 提供的筛选功能。Access 2016 提供了 4 种筛选方法，分别是选择筛选、筛选器筛选、按窗体筛选和高级筛选。经过筛选后的数据表，只显示满足条件的记录，而那些不满足条件的记录将被隐藏起来。

1．选择筛选

选择筛选是基于选定的内容进行筛选，使用这种筛选方法可以快速地将所需的记录筛选出来。

例 3-32 在"学生"表中筛选出性别为"男"的学生记录。

操作步骤如下。

（1）用数据表视图打开"学生"表。

（2）在"性别"字段列中找到"男"，并选定。

图 3-76 筛选选项

（3）在"开始"选项卡的"排序和筛选"组中，单击"选择"按钮，弹出下拉菜单，如图 3-76 所示。

（4）从菜单中选择"等于"男""，Access 将根据所选选项，筛选出相应的记录。

使用"选择"按钮，可以轻松地在菜单中找到最常用的筛选选项。字段的数据类型不同，"选择"列表提供的筛选选项不同。对于短文本型字段，筛选选项包括"等于""不等于""包含"和"不包含"等；对于日期/时间型字段，筛选选项包括"等于""不等于""不晚于""不早于"和"介于"等；对于数字型字段，筛选选项包括"等于""不等于""小于或等于""大于或等于"和"介于"等。

可以根据需要，在"选择"按钮的下拉菜单中选择相应的筛选命令。如果需要将数据表恢复到筛选前的状态，可单击"排序和筛选"组中的"切换筛选"按钮。

2．筛选器筛选

筛选器提供了一种灵活的筛选方式，它将选定的字段列中所有不重复的值以列表形式显示出来，供使用者选择。除 OLE 对象和附件类型字段外，其他类型的字段均可以应用筛选器。

例 3-33 在"教师"表中筛选出学历为"研究生"的教师记录。

操作步骤如下。

（1）用数据表视图打开"教师"表，单击"学历"字段列任一行。

（2）在"开始"选项卡的"排序和筛选"组中，单击"筛选器"按钮或单击"学历"字段名称行右侧下拉箭头。

（3）在弹出的下拉列表中，取消"全选"复选框，选中"研究生"复选框，如图 3-77 所示。

图 3-77 设置筛选选项

（4）单击"确定"按钮，系统将显示筛选结果。

筛选器中显示的筛选选项取决于所选字段的数据类型和字段值。如果所选字段为"短文本"类型，则筛选器中的筛选项如图 3-77 所示。

图 3-78 和图 3-79 分别为日期筛选器和数字筛选器的筛选选项。

3．按窗体筛选

按窗体筛选是一种快速的筛选方法，使用它不需要浏览整个数据表的记录，而且可以同时对两个以上字段值进行筛选。按窗体筛选记录时，Access 将数据表变成一条记录，并且每个字段是一个下拉列表，可以从每个下拉列表中选取一个值作为筛选内容。按窗体筛选时，可以筛选一个字段的值，也可以筛选两个字段的值。两个字段值之间可以是"或"的关系，也可以是"与"的关系。如果是"或"的关系，可通过窗体底部的"或"标签来确定。

例 3-34 将"学生"表中男生团员记录筛选出来。

操作步骤如下。

图 3-78　日期筛选器的筛选选项　　　　　　图 3-79　数字筛选器的筛选选项

（1）用数据表视图打开"学生"表。

（2）单击"开始"选项卡，单击"排序和筛选"组中的"高级"按钮，从弹出的下拉菜单中选择"按窗体筛选"命令，切换到"按窗体筛选"窗口，如图 3-80 所示。

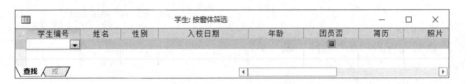

图 3-80　"按窗体筛选"窗口

（3）单击"性别"字段，并单击右侧下拉箭头按钮，从下拉列表中选择"男"。

（4）选中"团员否"字段的复选框，如图 3-81 所示。

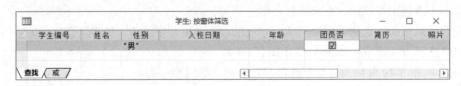

图 3-81　选择筛选字段值

（5）在"开始"选项卡的"排序和筛选"组中，单击"切换筛选"按钮，可以看到筛选结果。

4．高级筛选

前面所述方法是筛选记录中最容易实现的方法，筛选的条件单一，操作也非常简单。但在实际应用中，常常涉及比较复杂的筛选条件。例如，找出 1992 年参加工作的男教师，这时就需要自己编写筛选条件。使用"筛选"窗口可以筛选出满足复杂条件的记录，不仅如此，还可以对筛选结果进行排序。

例 3-35 在"教师"表中，找出 1992 年参加工作的男教师，并按"系别"升序排序。

具体操作如下。

（1）用数据表视图打开"教师"表。

（2）单击"开始"选项卡，单击"排序和筛选"组中的"高级"按钮。

（3）从弹出的下拉菜单中选择"高级筛选/排序"命令，弹出"筛选"窗口。

（4）在"筛选"窗口上半部分显示的"教师"字段列表中，分别双击"性别""工作时间"和"系别"字段，将其添加到"字段"行中。

（5）在"性别"的"条件"单元格中输入条件："男"，在"工作时间"的"条件"单元格中输入条件：Between #1992-01-01# And #1992-12-31#。

筛选条件是一个表达式，其书写方法将在第 4 章中详细介绍。

（6）单击"系别"的"排序"单元格，并单击右侧下拉箭头按钮，从弹出的下拉列表中选择"升序"，如图 3-82 所示。

图 3-82 设置筛选条件和排序方式

（7）在"开始"选项卡的"排序和筛选"组中，单击"切换筛选"按钮，结果如图 3-83 所示。

图 3-83 筛选结果

5．清除筛选

设置筛选后，如果不再需要筛选的结果，可以将其清除。清除筛选是将数据表恢复到筛选前的状态。可以从单个字段中清除单个筛选，也可以从所有字段中清除所有筛选。清除所有筛选的方法是，单击"开始"选项卡，然后单击"排序和筛选"组中的"高级"按钮，从弹出的下拉菜单中选择"清除所有筛选器"命令。

3.3.5 汇总数据

对数据表中的行进行汇总统计是一项经常而又非常有意义的数据库操作。例如，统计学生班的人数、统计学生的平均年龄等。Access 提供了一种简单方法可以对数据表中的数据进行汇总统计。

1．使用汇总行汇总数据

数据表的汇总是从 Access 2010 开始增加的功能，它将 Excel 的汇总功能移植到 Access 中，通过汇总行显示汇总结果。汇总行不仅可以对数据表中的记录进行汇总，还可以对查询结果或窗体中的数据进行汇总。显示汇总行时，可以在下拉列表中选择 COUNT 函数或其他聚合函数，例如，SUM、AVERAGE、MIN 或 MAX 等。聚合函数是对一组值执行计算，并返回单一值的函数。

例 3-36　使用汇总行，统计学生的平均年龄。

（1）用数据表视图打开"学生"表。

（2）单击"开始"选项卡，单击"记录"组中的"合计"按钮∑。在数据表的最下方将自动添加一个空汇总行，如图 3-84 所示。

图 3-84　添加空汇总行

（3）单击汇总行"年龄"字段的单元格，单击左侧的下拉箭头，从弹出的下拉列表中选择"平均值"选项。此时聚合函数自动统计出表中年龄的平均值，结果如图 3-85 所示。

图 3-85　汇总函数的统计结果

在进行统计时，可以在任意列对应"汇总"行的单元格内设置汇总信息。

2．隐藏汇总行

如果暂时不需要汇总行，将其隐藏即可。当再次需要显示该行时，Access 会记住数据表中每列所用的聚合函数，该行会显示为以前的状态。

隐藏汇总行的操作步骤如下。

（1）用数据表视图打开有汇总行的数据表。

（2）单击"开始"选项卡，单击"记录"组中的"合计"按钮∑，Access 就会隐藏"汇总"行。

习　题　3

一、问答题

1. Access 提供的数据类型有哪些？

2. 什么是参照完整性？它的作用是什么？

3. 验证规则和验证文本的作用是什么？

4. 为什么要冻结列？如何冻结列？

5. 筛选记录的方法有几种？各自的特点是什么？

二、选择题

1. 以下不属于 Access 数据类型的是（　　）。
   A．短文本　　　　　　B．计算　　　　　　　C．附件　　　　　　D．通用

2. 以下关于字段属性的叙述中，错误的是（　　）。
   A．格式属性只可能影响数据的显示格式
   B．可对任意类型的字段设置默认值属性
   C．验证规则是用于限制字段输入的条件
   D．不同的字段类型，其字段属性会不同

3. 以下关于 Access 表的叙述中，错误的是（　　）。
   A．设计表的主要工作是设计表的字段和属性
   B．Access 数据库中的表是由字段和记录构成
   C．Access 数据表一般包含一到两个主题信息
   D．数据表是查询、窗体和报表的主要数据源

4. 能够使用"输入掩码向导"创建输入掩码的字段类型是（　　）。
   A．短文本和日期/时间　　　　　　B．短文本和货币
   C．数字和日期/时间　　　　　　　D．短文本和数字

5. 在设置或编辑"关系"时，不属于可设置的选项是（　　）。
   A．实施参照完整性　　　　　　　B．级联更新相关字段
   C．级联追加相关记录　　　　　　D．级联删除相关记录

6. 以下关于 Null 值的叙述中，正确的是（　　）。
   A．Null 值等同于空字符串　　　　B．Null 值等同于数值 0
   C．Null 值表示字段值未知　　　　D．Null 值的串长度为 0

7. 在 Access 数据表中，可以定义"格式"属性的字段类型是（　　）。
   A．短文本、货币、超链接、附件　　B．日期/时间、是/否、长文本、数字
   C．日期/时间、数字、OLE 对象、是/否　D．自动编号、短文本、长文本、OLE 对象

8. 验证规则是（　　）。
   A．控制符　　　　B．条件　　　　　　C．文本　　　　　D．表达式

9. 以下属于 Access 可以导入或链接的数据源的是（　　）。
   A．Access　　　　B．Excel　　　　　C．XML　　　　　D．以上都是

10. 筛选的结果是滤除了（　　　）。

  A．满足条件的字段   B．不满足条件的字段

  C．满足条件的记录   D．不满足条件的记录

三、填空题

1. 在 Access 中可以定义两种主关键字，分别是单字段和_____。

2. 假设学号由 9 位数字组成，其中不能包含空格。学号字段的正确输入掩码是_____。

3. 排序是根据当前表中的_____或_____字段的值来对表中的所有记录进行重新排列。

4. 隐藏列的含义是使数据表中的某一列数据_____。

5. Access 提供了两种字段数据类型保存文本或文本和数字组合的数据，这两种数据类型分别是_____和_____。

实　验　3

一、实验目的

1. 掌握 Access 的操作环境。

2. 熟悉和掌握表的建立和维护方法。

3. 掌握表中字段属性的定义和修改方法。

4. 掌握表间关系的建立和编辑方法。

5. 掌握表格式的设置和调整方法。

6. 掌握表排序和筛选方法。

二、实验内容

以实验 2 创建的空数据库"图书销售管理"为基础，按题目要求完成如下操作。

1. 用多种方法（如数据表视图、设计视图、导入等）建立 5 个表，5 个表的结构如表 3-14～表 3-18 所示。

表 3-14   雇员表结构

字 段 名 称	数 据 类 型	字段大小（格式）
雇员号	短文本	10
姓名	短文本	5
性别	短文本	1
出生日期	日期/时间	短日期
职务	短文本	10
照片	OLE 对象	
简历	短文本	30

表 3-15   客户表结构

字 段 名 称	数 据 类 型	字 段 大 小
客户号	短文本	10
单位名称	短文本	20
联系人	短文本	5
地址	短文本	20
邮政编码	数字	长整型
电话号码	短文本	11

2. 定义 5 个表之间的关系。

3. 为 5 个表输入数据，数据可自行拟定（包括"雇员"表中的照片）。

表 3-16　　　　订单表结构

字 段 名 称	数 据 类 型	字段大小（格式）
订单号	短文本	10
客户号	短文本	10
雇员号	短文本	10
订购日期	日期/时间	短日期

表 3-17　　　　订单明细表结构

字 段 名 称	数 据 类 型	字段大小
订单明细号	短文本	10
订单号	短文本	10
书籍号	短文本	10
数量	数字	长整型
售出单价	数字	单精度型

表 3-18　　　　　　　　　　　　书籍表结构

字 段 名 称	数 据 类 型	字 段 大 小
书籍号	短文本	10
书籍名称	短文本	20
类别	短文本	10
定价	数字	单精度型
作者名	短文本	5
出版社编号	短文本	10
出版社名称	短文本	20

注：每个表中的第一个字段为主键。

4．按以下要求，对相关表进行修改。

（1）将"客户"表中"邮政编码"字段的数据类型改为"短文本"，字段大小属性改为 6。

（2）将"书籍"表中的"类别"字段的"默认值"属性设置为"计算机"。

（3）将"订单"表中"订购日期"字段的"格式"属性设置为"长日期"，并将其"输入掩码"设置为"短日期"。

（4）将"订单明细"表中"售出单价"字段的"验证规则"设置为">0"，并设置"验证文本"为"请输入大于 0 的数据！"。

（5）在"订单明细"表中增加"金额"字段，能够保存"数量"乘以"售出单价"的值，计算结果的"结果类型"为"整型"，"格式"为"标准"，"小数位数"为 0。

（6）设置"雇员"表中的"职务"字段值为从下拉列表中选择，可选择的值为"经理""副经理"和"职员"。

（7）测试设置的所有属性。

（8）自行设计 5 个表的格式，并进行相关设置。

5．按以下要求，对相关表进行操作。

（1）将"订单明细"表按"售出单价"降序排序，并显示排序结果。

（2）筛选"订单明细"表中"售出单价"超过 25 元（含 25 元）的记录。

（3）使用 3 种以上方法筛选"书籍"表中某出版社（出版社名称自行拟定）的书籍记录。

（4）筛选"订单明细"表中金额小于 100 元和大于 2000 元的记录。

三、实验要求

1．完成各种操作，验证操作的正确性。

2．保存上机操作结果。

3．记录上机时出现的问题及解决方法。

4．编写上机报告，报告包括以下内容。

（1）实验内容：实验题目与要求。

（2）分析与思考：实验过程、实验中遇到的问题及解决办法，实验的心得与体会。

第4章 查询的创建和使用

使用 Access 的最终目的是通过对数据库中的数据进行各种处理和分析,从中获取有用信息。查询是 Access 处理和分析数据的工具,它能够将多个表中的数据抽取出来,供使用者查看、汇总、更改和分析使用。本章将详细介绍查询的概念和功能,以及各类查询的创建和使用方法。

4.1 查询概述

查询是 Access 数据库中的一个重要对象。通过查询可以筛选出符合条件的记录,构成一个数据集合。提供数据的表或查询称为查询的数据源。在 Access 数据库中,查询对象本身不是数据的集合,而是操作的集合。当运行查询时,系统会根据数据源中的当前数据产生查询结果。因此查询结果是一个动态集,会随着数据源的变化而变化,只要关闭查询,查询的动态集就会自动消失。

4.1.1 查询的功能

在 Access 中,利用查询可以实现多种功能。比如,选取所需数据,进行计算,合并不同表中的数据,甚至可以添加、更改和删除表中的数据。

1. 选择数据

可以从一个或多个表中选取部分或全部字段。例如,只显示"教师"表中每名教师的姓名、性别、工作时间和系别等;也可以从一个或多个表中选取符合条件的记录。例如,只显示"教师"表中 1992 年参加工作的男教师。

选取字段和选取符合条件的记录这两个操作,可以单独使用,也可以同时进行。

2. 编辑数据

编辑数据包括添加记录、删除记录和更新字段值等。在 Access 中,可以利用查询添加、删除表中的记录。例如,将"教师"表中退休人员的记录删除;也可以利用查询更新某字段值。例如,将 1988 年以前参加工作的教师职称更改为"教授"。

3. 实现统计计算

查询不仅可以找到满足条件的记录,而且可以在建立查询的过程中进行各种统计计算。例如,计算每门课程的平均成绩、统计班级学生的人数等；还可以建立新的字段，来保存计算的结果。例如，根据"教师"表中的"工作时间"字段计算每名教师的工龄。

4. 建立新表

利用查询得到的结果可以建立一个新表。例如，将总评成绩在 90 分及以上的学生信息存储到一个新表中，表内容为"学生编号""姓名""性别""年龄"和"考试成绩"等字段。

5. 为窗体和报表提供数据

查询可以作为一个对象存储。当创建了查询对象后，可以将其看成为一个数据表，作为窗体、报表或其他查询的数据源。每次打开窗体或报表时，查询数据源就从它的基表中检索出符合条件的最新记录，并显示在窗体或报表中。

4.1.2　查询的类型

在 Access 2016 中，查询分为 5 种，分别是选择查询、交叉表查询、参数查询、操作查询和 SQL 查询。5 种查询的应用目标不同，对数据源的操作方式和操作结果也有所不同。

1. 选择查询

选择查询是最常用的查询类型。可以根据给定的条件，从一个或多个数据源中获取数据并显示结果；也可以利用查询条件对记录进行分组，并进行求和、计数、平均值等运算。例如，查找 1992 年参加工作的男教师，统计各类职称的教师人数等。

2. 交叉表查询

交叉表查询可以计算并重新组织数据表的结构。交叉表查询将来源于某个表或查询中的字段进行分组，一组列在数据表左侧，一组列在数据表上方，数据表内行与列交叉处所在的单元格显示数据源中某个字段的统计值，如合计、求平均值、统计个数、求最大值和最小值等。例如，统计每班男女生人数，可以在行标题上显示班号，在列标题上显示性别，在数据表内行与列交叉的单元格内显示统计的人数。

3. 参数查询

参数查询为使用者提供了更加灵活的查询方式，由使用者通过参数设计并输入查询条件，根据此条件返回查询结果。例如，设计一个参数查询，提示输入两个成绩值，然后 Access 检索在这两个值之间的所有记录。输入不同的值，可以得到不同的结果。

4. 操作查询

操作查询与选择查询类似，都需要指定查找记录的条件，但选择查询是检索符合特定条件的一组记录并显示，而操作查询是在一次查询操作中对源数据表中符合条件的记录进行追加、删除和更新。操作查询包括生成表查询、删除查询、更新查询和追加查询 4 种。

（1）生成表查询：利用一个或多个表中的全部或部分数据建立新表。例如，将总评成绩在 90 分及以上的学生记录找出后放在一个新表中。

（2）删除查询：可以从一个或多个表中删除记录。例如，将年龄超过 60 岁的职工从"教师"

表中删除。

（3）更新查询：可以对一个或多个表中的一组记录进行全面更改。例如，将计算机系 1988 年以前参加工作的教师职称改为"教授"。

（4）追加查询：可以将从一个或多个表中找出的数据追加到另一个表的尾部。例如，将选课成绩在 80～90 分之间的学生记录找出后追加到一个已存在的表中。

5．SQL 查询

SQL 查询是使用 SQL 语句创建的查询。在查询设计视图中创建查询时，系统将在后台构造等效的 SQL 语句。实际上，在查询设计视图的属性表中，大多数查询属性在 SQL 视图中都有等效的可用子句和选项。如果需要，可以在 SQL 视图中查看和编辑 SQL 语句。但是对 SQL 视图中的查询进行更改后，查询可能无法以原来在设计视图中所显示的方式进行显示。

SQL 查询中的一些特定查询主要包括联合查询、传递查询、数据定义查询和子查询 4 种。其中，前 3 种查询无法使用查询设计视图进行创建，而必须使用 SQL 语句创建。

（1）联合查询：是将两个以上的表或查询对应的多个字段的记录合并为一个查询表中的记录。

（2）传递查询：是直接将命令发送到 ODBC 数据库服务器中，由另一个数据库来执行查询。

（3）数据定义查询：可以创建、删除或更改表，或者在当前的数据库中创建索引。

（4）子查询：是基于主查询的查询，一般可以在查询"设计网格"的"字段"行中输入 SQL SELECT 语句定义新字段，或在"条件"行定义字段的查询条件。通过子查询测试某些结果的存在性，查找主查询中等于、大于或小于子查询返回值的值。

4.2 选择查询的创建

根据给定条件，从一个或多个数据源中获取数据的查询称为选择查询。创建选择查询有两种方法，分别是查询向导和设计视图。查询向导能够有效地指导使用者顺利地创建查询，详细地解释在创建过程中需要进行的选择。设计视图不仅可以完成新建查询的设计，也可以修改已有查询。两种方法特点不同，查询向导操作简单、方便；设计视图功能丰富、灵活。因此可以根据实际需要进行选择。

4.2.1 使用查询向导

使用查询向导创建查询比较简单，可以在向导引导下选择一个或多个表、一个或多个字段，但不能设置查询条件。

1．创建简单查询

使用"简单查询向导"创建简单查询。

例 4-1 查找"教师"表中的记录，并显示"姓名""性别""工作时间"和"系别"等字段信息。

操作步骤如下。

（1）在 Access 中，单击"创建"选项卡，单击"查询"组中的"查询向导"按钮，弹出"新建查询"对话框，如图 4-1 所示。

（2）选定"简单查询向导"，然后单击"确定"按钮，弹出"简单查询向导"第 1 个对话框。

（3）选择查询数据源。在该对话框中，单击"表/查询"下拉列表框右侧的下拉箭头按钮，从弹出的下拉列表中选定"教师"表。这时"可用字段"列表框中显示"教师"表中包含的所有字段。双击"姓名"字段，将其添加到"选定字段"列表框中，使用相同方法将"性别""工作时间"和"系列"字段添加到"选定字段"列表框中，结果如图 4-2 所示。单击"下一步"按钮，弹出"简单查询向导"第 2 个对话框。

图 4-1 "新建查询"对话框　　　　　　　　图 4-2 字段选定结果

（4）指定查询名称。在"请为查询指定标题"文本框中输入所需的查询名称，也可以使用默认标题"教师 查询"，本例使用默认标题。如果要打开查询查看结果，则选中"打开查询查看信息"单选按钮；如果要修改查询设计，则选中"修改查询设计"单选按钮。这里选中"打开查询查看信息"单选按钮，如图 4-3 所示。

（5）单击"完成"按钮，查询结果如图 4-4 所示。

图 4-3 设置查询标题及查看方式　　　　　　图 4-4 查询结果

所建查询数据源既可以来自一个表或查询，也可以来自多个表或查询。

例 4-2 查找每名学生选课成绩，并显示"学生编号""姓名""课程名称"和"考试成绩"等字段。查询名为"学生选课成绩"。

分析查询要求不难发现，查询用到的"学生编号""姓名""课程名称"和"考试成绩"等字段信息分别来自"学生""选课成绩"和"课程"3个表。因此应创建基于3个表的查询。

操作步骤如下。

（1）打开"简单查询向导"第1个对话框。在该对话框中，单击"表/查询"下拉列表框右侧的下拉箭头按钮，从弹出的下拉列表中选择"学生"表，然后分别双击"可用字段"列表框中的"学生编号""姓名"字段，将它们添加到"选定字段"列表框中。

（2）单击"表/查询"下拉列表框右侧的下拉箭头按钮，从下拉列表中选择"课程"表，然后双击"课程名称"字段，将其添加到"选定字段"列表框中；使用相同方法，将"选课成绩"表中的"考试成绩"字段添加到"选定字段"列表框中，结果如图4-5所示。

（3）单击"下一步"按钮，弹出"简单查询向导"第2个对话框。在该对话框中，需要确定是创建"明细"查询，还是创建"汇总"查询。创建"明细"查询，则查看详细信息；创建"汇总"查询，则对一组或全部记录进行各种统计。本例选中"明细（显示每个记录的每个字段）"单选按钮。

（4）单击"下一步"按钮，弹出"简单查询向导"第3个对话框。在"请为查询指定标题"文本框中输入"学生选课成绩"。

（5）单击"完成"按钮，查询结果如图4-6所示。

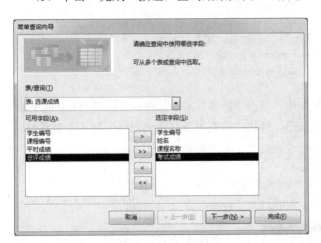

图 4-5　字段选定结果

图 4-6　学生选课成绩查询结果

注意

在数据表视图显示查询结果时，字段排列顺序与在"简单查询向导"对话框中选定字段的顺序相同。因此在选择字段时，应考虑按照字段的显示顺序进行选取。当然，也可以在数据表视图中改变字段顺序。还应注意，当所建查询的数据源来自多个表时，在创建查询之前，应先建立表之间的关系。

2．创建查找重复项查询

若要确定表中是否有相同记录，或字段是否具有相同值，可以通过"查找重复项查询向导"创建查找重复项查询。

例4-3　判断"学生"表中是否有重名学生，如果有，则显示"姓名""学生编号""性别"和"入校日期"，查询名为"学生重名查询"。

根据"查找重复项查询向导"创建的查询结果，可以确定"学生"表中的"姓名"字段是否存在相同的值。

操作步骤如下。

（1）在 Access 中，打开"新建查询"对话框，如图 4-1 所示。

（2）选定"查找重复项查询向导"，然后单击"确定"按钮，弹出"查找重复项查询向导"第 1 个对话框。

（3）选择查询数据源。在该对话框中，选定"表：学生"选项，如图 4-7 所示。单击"下一步"按钮，弹出"查找重复项查询向导"第 2 个对话框。

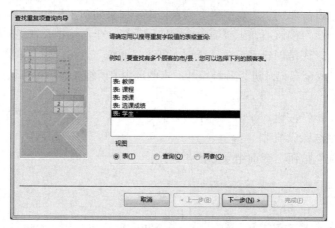

图 4-7　选择查询数据源

（4）选择包含重复值的字段。在该对话框中，双击"姓名"字段，将其添加到"重复值字段"列表框中，如图 4-8 所示。单击"下一步"按钮，弹出"查找重复项查询向导"第 3 个对话框。

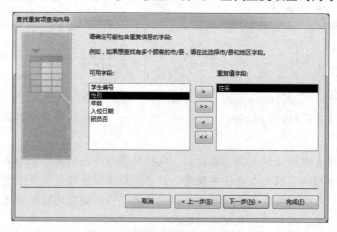

图 4-8　选择包含重复值的字段

（5）选择重复字段之外的其他字段。在该对话框中，分别双击"学生编号""性别"和"入校日期"字段，将其添加到"另外的查询字段"列表框中，如图 4-9 所示。单击"下一步"按钮，弹出"查找重复项查询向导"第 4 个对话框。

（6）指定查询名称。在"请指定查询的名称"文本框中输入"学生重名查询"，然后选定"查看结果"单选按钮。

（7）单击"完成"按钮，查询结果如图 4-10 所示。

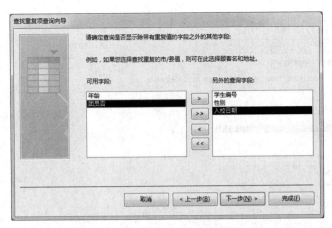

图 4-9　选择重复字段之外的其他字段　　　　图 4-10　学生重名查询结果

3．创建查找不匹配项查询

在关系数据库中，当建立了一对多的关系后，通常"一方"表的每一条记录与"多"方表的多条记录相匹配。但是也可能存在"多方"表中没有记录与之匹配的情况。例如，在"教学管理"数据库中，常常出现有些课程没有学生选修的情况。为了查找哪些课程没有学生选修，最好的方法是使用"查找不匹配项查询向导"创建查找不匹配项的查询。

例 4-4　查找哪些课程没有学生选修，并显示"课程编号"和"课程名称"。

操作步骤如下。

（1）在 Access 中，打开"新建查询"对话框。

（2）在该对话框中，选定"查找不匹配项查询向导"，然后单击"确定"按钮，弹出"查找不匹配项查询向导"第 1 个对话框。

（3）选择在查询结果中包含记录的数据表。在该对话框中，单击"表：课程"选项，如图 4-11 所示。单击"下一步"按钮，弹出"查找不匹配项查询向导"第 2 个对话框。

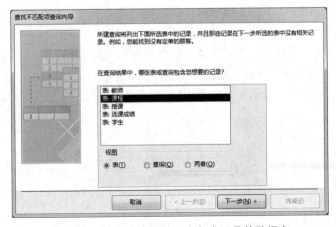

图 4-11　选择在查询结果中包含记录的数据表

（4）选择包含相关记录的数据表。在该对话框中，单击"表：选课成绩"选项，如图 4-12 所示。单击"下一步"按钮，弹出"查找不匹配项查询向导"第 3 个对话框。

（5）确定在两个表中都有的信息。Access 将自动找出相匹配的字段"课程编号"，如图 4-13

所示。单击"下一步"按钮，弹出"查找不匹配项查询向导"第 4 个对话框。

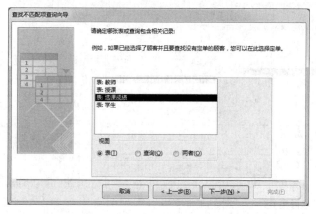

图 4-12　选择包含相关记录的数据表

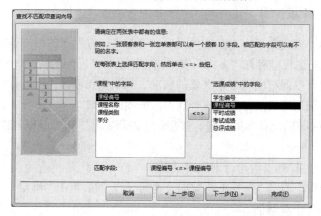

图 4-13　确定在两个表中都有的信息

（6）确定查询中所需显示的字段。在该对话框中，分别双击"课程编号"和"课程名称"，将它们添加到"选定字段"列表框中，如图 4-14 所示。单击"下一步"按钮，弹出"查找不匹配项查询向导"最后一个对话框。

（7）指定查询名称。在该对话框的"请指定查询名称"文本框中输入"没有学生选修的课程查询"，然后选中"查看结果"单选按钮。

（8）单击"完成"按钮，查询结果如图 4-15 所示。

图 4-14　确定查询中所需显示的字段

图 4-15　没有学生选修的课程查询结果

4.2.2 使用查询设计视图

在实际应用中，需要创建的选择查询多种多样，有些带条件，有些不带有任何条件。使用查询向导虽然可以快速、方便地创建查询，但它只能创建不带条件的查询，而对于有条件的查询需要使用查询设计视图来完成。

1．查询设计视图组成

在 Access 中，查询有 3 种视图，分别是设计视图、数据表视图和 SQL 视图。使用设计视图是创建查询的主要方法。查询"设计视图"窗口如图 4-16 所示。

查询设计视图窗口由两部分构成，上部为对象窗格，显示所选对象（如表或查询）字段列表；下部为设计网格，设计网格由若干行组成。设计网格中的每一列对应查询动态集中的一个字段，每一行对应字段的属性和要求，每行的作用如表 4-1 所示。

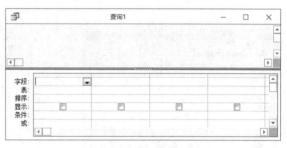

图 4-16 查询设计视图窗口

表 4-1   查询设计网格中行的作用

行的名称	作 用
字段	放置查询需要的字段和用户自定义的字段
表	放置字段行的字段来源（表或查询）
排序	设置字段的排序方式，包括升序、降序和不排序 3 种
显示	设置选择字段是否在数据表视图（查询结果）中显示
条件	放置指定的查询条件
或	放置逻辑上存在"或"关系的条件

注意

    对于不同类型的查询，设计网格中包含的行项目会有所不同。

2．创建不带条件的查询

例 4-5 使用设计视图创建查询，查找并显示授课教师的"系别""姓名""课程名称"和"学分"。要求：按系别降序显示，查询名称为"授课教师查询"。

分析查询要求可以发现，查询用到的"系别""姓名""课程名称"和"学分"等字段分别来自"教师"和"课程"两个表，但两个表之间没有直接关系，需要通过"授课"表建立两表之间的关系。因此应创建基于"教师""课程"和"授课"3 个表的查询。

操作步骤如下。

（1）在 Access 中，单击"创建"选项卡，单击"查询"组中的"查询设计"按钮🖼，打开查询设计视图，并显示一个"显示表"对话框，如图 4-17 所示。

（2）选择数据源。在该对话框中有 3 个选项卡。如果创建查询的数据源来自表，则单击"表"

选项卡；如果创建查询的数据源来自已建立的查询，则单击“查询”选项卡；如果创建查询的数据源来自表和已建立的查询，则单击“两者都有”选项卡。本例单击“表”选项卡。双击“教师”表，这时“教师”字段列表添加到设计视图窗口的上方，然后分别双击“授课”和“课程”两个表，将它们添加到设计视图窗口上方，单击“关闭”按钮关闭“显示表”对话框，选择数据源后的查询设计视图窗口如图 4-18 所示。

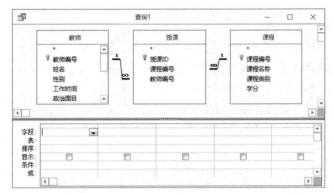

图 4-17 “显示表”对话框 　　　　图 4-18 选择数据源后的查询设计视图窗口

　　（3）选择字段。选择字段有 3 种方法，一是选定某字段，然后按住鼠标左键不放，将其拖放到设计网格中的“字段”行上；二是双击要选的字段；三是在设计网格中，单击要放置字段列的“字段”行，然后单击右侧下拉箭头按钮，并从弹出的下拉列表中选择所需字段。这里分别双击“教师”字段列表中的“系别”和“姓名”字段，“课程”字段列表中的“课程名称”和“学分”字段，将它们分别添加到“字段”行的第 1 列～第 4 列上。同时“表”行上显示这些字段所在表的名称。

　　（4）设置显示顺序。单击“系别”字段的“排序”行，单击右侧下拉箭头按钮，并从弹出的下拉列表中选择“降序”，如图 4-19 所示。

　　（5）保存查询。单击快速访问工具栏上的“保存”按钮，在弹出的“另存为”对话框的“查询名称”文本框中，输入“授课教师查询”，然后单击“确定”按钮。

　　（6）查看结果。单击“查询工具/设计”选项卡，单击“结果”组中的“视图”按钮田或“运行”按钮！，切换到数据表视图。查询结果如图 4-20 所示。

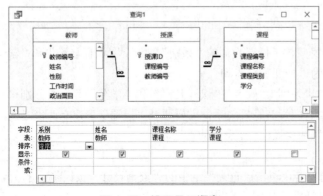

图 4-19 设置显示顺序 　　　　　　图 4-20 查询结果

在创建多表查询时，表与表之间必须保证建立关系。表与表之间如果已经建立了关系，那么这些关系将被自动带到查询设计视图中；如果表与表之间没有建立关系，多表查询的结果将会出现多条重复记录，造成数据混乱，这时就需要在设计视图中先建立关系，建立方法与在关系窗口中相同。在查询设计视图中建立的关系，只在本查询中有效。

3. 创建带条件的查询

例 4-6 查找 1992 年参加工作的男教师，并显示"姓名""性别""学历""职称""系别"和"电话号码"。所建查询名称为"1992 年参加工作的男教师"。

要查找"1992 年参加工作的男教师"，需要两个条件，一是性别值为"男"，二是工作时间值为 1992，查询时这两个字段值都应等于条件给定的值，因此两个条件是"与"的关系。Access 规定，如果两个条件是"与"关系，应将它们都放在"条件"行上。

4-1 例 4-6

操作步骤如下。

（1）打开查询设计视图，并将"教师"表添加到设计视图窗口的上方。

（2）分别双击"姓名""性别""工作时间""学历""职称""系别"和"电话号码"等字段。

（3）设置显示字段。"设计网格"中的第 4 行是"显示"行，行上的每一列都有一个复选框，用它来确定其对应的字段是否显示在查询结果中。选中复选框，表示显示这个字段。如果在查询结果中不显示相应字段，应取消其选中的复选框。按照本例要求，"工作时间"字段只作为条件，并不在查询结果中显示，因此应取消"工作时间"字段"显示"单元格中的复选框勾选。

（4）输入查询条件。在"性别"字段列的"条件"单元格中输入条件："男"，在"工作时间"字段列的"条件"单元格中输入条件：Year([工作时间]) = 1992。该条件的含义是通过 Year 函数将工作时间字段值中的年份取出后与 1992 进行比较，如图 4-21 所示。也可以将"工作时间"字段列的"条件"单元格中的查询条件设置为：between #1992-01-01# and #1992-12-31#。

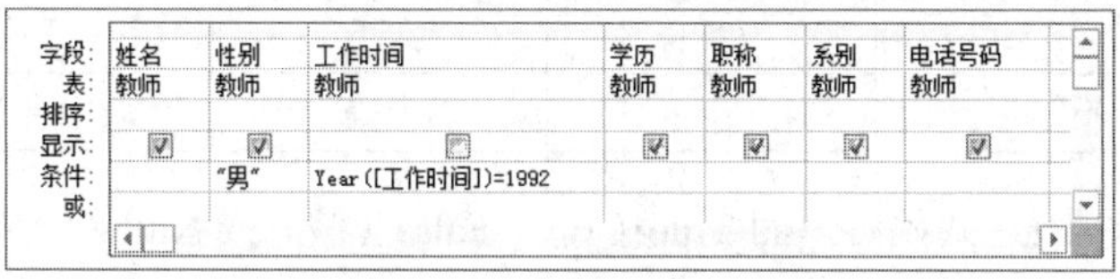

字段:	姓名	性别	工作时间	学历	职称	系别	电话号码
表:	教师	教师	教师	教师	教师	教师	教师
排序:							
显示:	☑	☑	☐	☑	☑	☑	☑
条件:		"男"	Year([工作时间])=1992				
或:							

图 4-21 输入查询条件

（5）保存所建查询，将其命名为"1992 年参加工作的男教师"。

（6）单击"查询工具/设计"选项卡，单击"结果"组中的"视图"按钮或"运行"按钮，查询结果如图 4-22 所示。

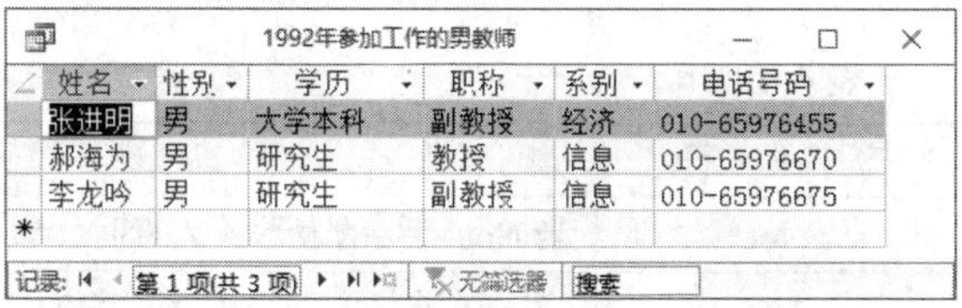

如果两个条件是"或"关系，应将其中一个条件放在"或"行上。

例 4-7 查找年龄小于 19 岁的男生，或年龄大于 21 岁的女生，并显示"姓名""性别"和"年龄"。使用"或"行设置条件如图 4-23 所示，查询结果如图 4-24 所示。

	1992年参加工作的男教师				
姓名	性别	学历	职称	系别	电话号码
张进明	男	大学本科	副教授	经济	010-65976455
郝海为	男	研究生	教授	信息	010-65976670
李龙吟	男	研究生	副教授	信息	010-65976675
*					

记录: ◄ 第 1 项(共 3 项) ► ►I ►* 无筛选器 搜索

图 4-22 带条件的查询结果

图 4-23 使用"或"行设置条件　　　　　图 4-24 设置"或"条件的查询结果

4.2.3 查询条件

查询条件是指在查询中用于限制检索记录的条件表达式，由运算符、常量、字段值、函数、字段名称等组成。Access 将它与查询字段值进行比较，找出并显示满足条件的所有记录。查询条件在创建带条件的查询时经常用到。

1．运算符

运算符是构成条件表达式的基本元素。Access 提供了 4 种运算符，分别是算术运算符、关系运算符、逻辑运算符和特殊运算符。4 种运算符及含义如表 4-2、表 4-3、表 4-4 和表 4-5 所示。

表 4-2　　　　　　　　　　　　算术运算符及含义

运算符	含义	运算符	含义	运算符	含义	运算符	含义
+	加	–	减（或求反）	*	乘	/	除
\	整除	^	求幂	mod	取模		

算术运算符的优先级从高到低依次是：求幂（^），求反（–），乘（*）除（/），整除（\），取模（Mod），加（+）减（–）。

表 4-3　　　　　　　　　　　　关系运算符及含义

运 算 符	含 义	运 算 符	含 义	运 算 符	含 义
=	等于	>	大于	<	小于
<>	不等于	<=	小于等于	>=	大于等于

使用关系运算符的表达式始终返回 True（真）、False（假）或 Null（空）。Access 使用-1 表示 True，使用 0 表示 False。当无法对表达式进行求值时，返回 Null。如果关系表达式的任何一侧为 Null，则结果始终为 Null。

在 Access 中，两个字符串进行比较时不区分大小写。例如，CAR、Car 和 car 是相同的。

表 4-4　　　　　　　　　　　　逻辑运算符及含义

运 算 符	含 义
Not	当 Not 连接的表达式为真时，整个表达式为假
And	当 And 连接的两个表达式均为真时，整个表达式为真，否则为假
Or	当 Or 连接的两个表达式均为假时，整个表达式为假，否则为真

逻辑运算符的优先级从高到低依次是：Not，And，Or。

表 4-5　　　　　　　　　　　　　　特殊运算符及含义

运　算　符	含　　义
In	用于指定一个字段值的列表，列表中的任意一个值都可与查询的字段相匹配
Between	用于指定一个字段值的范围，指定的范围之间用 And 连接
Like	用于指定查找文本字段的字符模式。在所定义的字符模式中，用"?"表示该位置可匹配任何一个字符，用"*"表示该位置可匹配任意多个字符，用"#"表示该位置可匹配一个数字，用"[ ]"描述一个范围，用于可匹配的字符范围
Is Null	用于指定一个字段为空
Is Not Null	用于指定一个字段为非空

在 Access 中还有两对特殊的符号：圆括号"( )"和方括号"[ ]"。圆括号"( )"可以用在表达式中，用来改变运算符的优先级或结合性。方括号"[ ]"一般用来标识字段名称，如果在表达式中出现表名或字段名称时，要用"[ ]"括起来；在查询中，还可以用"[ ]"将一些特殊的查询提示信息括起来。

2．函数

Access 提供了大量的标准函数，如数值函数、文本函数、日期时间函数和统计函数等。这些函数为更好地构造条件表达式提供了极大便利，也为更准确地进行统计计算、实现数据处理提供了有效方法。常用函数格式及功能如表 4-6、表 4-7 和表 4-8 所示，其他函数格式及功能参见附录 B。

表 4-6　　　　　　　　　　　　常用数值函数及功能

函　　数	功　　能	函　　数	功　　能
Abs（数值表达式）	返回数值表达式值的绝对值	Int（数值表达式）	返回数值表达式值的整数部分值
Sqr（数值表达式）	返回数值表达式值的平方根	Sgn（数值表达式）	返回数值表达式值的符号值

表 4-7　　　　　　　　　　　　常用文本函数及功能

函　　数	功　　能
Space（数值表达式）	返回由数值表达式值确定的空格个数组成的字符串
String（数值表达式,字符表达式）	返回一个由字符表达式第 1 个字符组成的字符串，字符串长度为数值表达式值
Left（字符表达式，数值表达式）	从字符表达式左侧第一个字符开始截取字符串，截取个数为数值表达式值
Right（字符表达式,数值表达式）	从字符表达式右侧第一个字符开始截取字符串，截取个数为数值表达式值
Mid（字符表达式,数值表达式 1,数值表达式 2）	从字符表达式左侧数值表达式 1 的值开始，截取连续的多个字符，截取字符个数为数值表达式 2 的值
Len（字符表达式）	返回字符表达式中的字符个数

表 4-8　　　　　　　　　　　　常用日期时间函数及功能

函　　数	功　　能	函　　数	功　　能
Date()	返回系统当前日期	Month（日期表达式）	返回日期表达式中的月份（1~12）
Year（日期表达式）	返回日期表达式中的年份	Day（日期表达式）	返回日期表达式中的日（1~31）

3．条件表达式示例

（1）使用数值作为查询条件

在 Access 中创建查询时，经常会使用数值作为查询条件。以数值作为查询条件的示例如表 4-9 所示。

表 4-9　　　　　　　　　　　　以数值作为查询条件的示例

字 段 名 称	条 件	功 能
年龄	<19	查询年龄小于 19 的记录
	Between 14 And 70	查询年龄在 14～70 之间的记录
	>=14 And <=70	
	Not 70	查询年龄不为 70 的记录
	20 Or 21	查询年龄为 20 或 21 的记录

（2）使用文本值作为查询条件

使用文本值作为查询条件，可以方便地限定查询的范围和查询的条件，实现一些相对简单的查询。以文本值作为查询条件的示例如表 4-10 所示。

表 4-10　　　　　　　　　　　　以文本值作为查询条件的示例

字 段 名 称	条 件	功 能
职称	"教授"	查询职称为教授的记录
	"教授" Or "副教授"	查询职称为教授或副教授的记录
	Right（[职称],2）="教授"	
姓名	In("王海", "刘力")	查询姓名为王海或刘力的记录
	"王海" Or "刘力"	
	Not "王海"	查询姓名不为王海的记录
	Len([姓名])=2	查询姓名为两个字的记录
学生编号	Mid([学生编号],5,2)="03"	查询学生编号第 5 个和第 6 个字符为 03 的记录

查找职称为教授的记录，查询条件可以表示为：="教授"，但为了输入方便，Access 允许在条件中省去 "="，因此可以直接表示为："教授"。如果没有输入双引号，Access 会自动添加上。

（3）使用计算或处理日期结果作为查询条件

使用计算或处理日期结果作为条件，可以方便地限定查询的时间范围。以计算或处理日期结果作为查询条件的示例如表 4-11 所示。

表 4-11　　　　　　　　　　以计算或处理日期结果作为查询条件的示例

字 段 名 称	条 件	功 能
工作时间	Between #1992-01-01# And #1992-12-31#	查询 1992 年参加工作的记录
	Year([工作时间])=1992	
	<Date()-15	查询 15 天前参加工作的记录
	Between Date() And Date()-20	查询 20 天之内参加工作的记录

续表

字 段 名 称	条　件	功　能
工作时间	Year([工作时间]) = 1999　And　Month([工作时间]) = 4	查询 1999 年 4 月参加工作的记录
	Year([工作时间])>1980	查询 1980 年以后（不含 1980）参加工作的记录
	In(#1992-1-1#,#1992-2-1#)	查询 1992 年 1 月 1 日或 1992 年 2 月 1 日参加工作的记录
	Month([工作时间])=4	查询 4 月参加工作的记录
	DatePart("m",[工作时间])=4	
	DatePart("q",[工作时间])=3	查询第 3 季度参加工作的记录

书写这类条件时应注意，日期常量值要用半角的"#"号括起来。

（4）使用字段的部分值作为查询条件

使用字段的部分值作为查询条件，可以方便地限定查询的范围。使用字段的部分值作为查询条件的示例如表 4-12 所示。

表 4-12　　　　　　　　　使用字段的部分值作为查询条件的示例

字 段 名 称	条　件	功　能
课程名称	Like "计算机*"	查询课程名称以"计算机"开头的记录
	Left([课程名称],3)= "计算机"	
	Right([课程名称],2) = "基础"	查询课程名称最后两个字为"基础"的记录
	Like "*计算机*"	查询课程名称中包含"计算机"的记录
姓名	Left([姓名],1) = "王"	查询姓王的记录
	Not Like "王*"	查询不姓王的记录

（5）使用空值或空字符串作为查询条件

空值是使用 Null 或空白来表示字段的值；空字符串是用双引号括起来的字符串，且双引号中间没有空格。使用空值或空字符串作为查询条件的示例如表 4-13 所示。

表 4-13　　　　　　　　　使用空值或空字符串作为查询条件的示例

字 段 名 称	条　件	功　能
姓名	Is Null	查询姓名为 Null（空值）的记录
	Is Not Null	查询姓名有值（不是空值）的记录
联系电话	""	查询没有联系电话的记录

最后还需要注意，在条件中字段名称必须用方括号括起来，而且数据类型应与对应字段定义的类型相符合，否则会出现数据类型不匹配错误。

4.3　在查询中进行计算

前面介绍了创建查询的一般方法，同时也使用这些方法创建了一些查询，但所建查询仅仅是为了获取符合条件的记录，并没有对查询得到的结果进行更深入的分析和利用。在实际应用中，常常需要对查询结果进行统计计算，如合计、计数、求最大值、求平均值等。Access 允许在查询中对数据进行各种统计。

4.3.1　查询中的计算功能

在 Access 查询中，可以执行两种类型的计算，预定义计算和自定义计算。

1. 预定义计算

预定义计算即总计计算（也称聚合计算），是系统提供的用于对查询中的一组或全部记录进行的计算，包括合计、平均值、计数、最大值、最小值等，其名称及功能如表 4-14 所示。

表 4-14　　　　　　　　　　　　　　　　总计项名称及功能

名　称	功　能	名　称	功　能
Group By	定义要执行计算的组	StDev	计算一组记录中某字段值的标准偏差
合计	计算一组记录中某字段值的总和	First	一组记录中某字段的第一个值
平均值	计算一组记录中某字段值的平均值	Last	一组记录中某字段的最后一个值
最小值	计算一组记录中某字段值的最小值	Expression	创建一个由表达式产生的计算字段
最大值	计算一组记录中某字段值的最大值	Where	设定不用于分组的字段条件
计数	计算一组记录中记录的个数	变量	计算指定字段或分组中的所有值与组平均值的差量

2. 自定义计算

自定义计算允许自定义计算表达式，在表达式中使用一个或多个字段进行数值、日期和文本的计算。例如，用一个字段值乘以某一数值，用两个日期时间字段的值相减等。自定义计算的主要作用是在查询中创建用于计算的字段列。

需要说明的是，在查询中进行计算，只是在字段中显示计算结果，实际结果并不存储在表中。如果需要将计算结果保存在表中，应在表中创建一个数据类型为"计算"的字段，或创建一个生成表查询。

4.3.2　总计查询

在创建查询时，有时可能更关心记录的统计结果。例如，某年参加工作的教师人数、每门课程的平均考试成绩等。为了获取这样的信息，需要使用 Access 提供的总计查询功能。

总计查询是通过在查询设计视图中的"总计"行进行设置实现的，用于对查询中的一组记录或全部记录进行求和或求平均值等的计算，也可根据查询要求选择相应的分组、第 1 条记录、最后一条记录、表达式或条件。

例 4-8　统计教师人数，所建查询名称为"统计职工人数"。

操作步骤如下。

（1）打开查询设计视图，将"教师"表添加到设计视图窗口上方。

（2）双击"教师"字段列表中的"教师编号"字段，将其添加到字段行的第 1 列上。

（3）在"查询工具/设计"选项卡下的"显示/隐藏"组中，单击"汇总"按钮 Σ，这时 Access 在"设计网格"中插入一个"总计"行，并自动将"教师编号"字段的"总计"单元格设置成

"Group By"。

（4）单击"教师编号"字段的"总计"行单元格，再单击其右侧的下拉箭头按钮，然后从下拉列表中选择"计数"，如图 4-25 所示。

（5）单击快速访问工具栏上的"保存"按钮，在弹出的"另存为"对话框中输入"统计职工人数"作为查询名称，单击"确定"按钮。单击"结果"组中的"运行"按钮，总计查询结果如图 4-26 所示。

图 4-25　设置总计项

图 4-26　总计查询结果

此例完成的是最基本的统计操作，不带有任何条件。实际应用中，往往需要对符合某条件的记录进行统计。

例 4-9　统计 1992 年参加工作的教师人数。保存该查询，并将其命名为"1992 年参加工作人数统计"。所建查询的设计结果如图 4-27 所示，查询结果如图 4-28 所示。

4-2　例 4-9

图 4-27　所建查询的设计结果

图 4-28　查询结果

在该查询中，由于"工作时间"只作为条件，并不参与计算或分组，故在"工作时间"的"总计"行上选择了"Where"。Access 规定，"Where"总计项指定的字段不能出现在查询结果中，因此统计结果中只显示了统计人数，没有显示工作时间。

另外，统计人数的显示标题是"教师编号之计数"，显然这种显示标题可读性不好，不能使人满意。为了更加清晰和明确地显示出统计字段的标题，需要进行更改。在 Access 中，允许用户重新命名字段标题。重新命名字段标题有两种方法，一种是在设计网格"字段"行的单元格中直接命名；另一种是利用"属性表"对话框来命名。

例 4-10　在"1992 年参加工作人数统计"查询中，将以"教师编号"字段统计的结果显示，标题改为"教师人数"。

操作步骤如下。

（1）用设计视图打开"1992 年参加工作人数统计"查询。

（2）将光标定位在"字段"行"教师编号"单元格中内容的最左侧，输入"教师人数："，注意，字段标题和字段名称之间一定要用英文冒号分隔，如图 4-29 所示。其中，"教师人数"为更改后的字

图 4-29　直接为"教师编号"重新命名字段标题

段标题，"教师编号"为用于计数的字段。

或者将光标定位在"字段"行"教师编号"单元格中，右键单击该单元格，从弹出的快捷菜单中，选择"属性"命令，打开"属性表"对话框，在"标题"属性栏中，输入"教师人数"，如图 4-30 所示。

（3）单击"查询工具/设计"选项卡下"结果"组中的"视图"按钮，切换到数据表视图。可以看到查询结果中，字段"教师编号"的标题已经更改为"教师人数"，结果如图 4-31 所示。

图 4-30 设置"标题"属性

图 4-31 字段标题更改后的结果

4.3.3 分组总计查询

在实际应用中，不仅要统计某个字段中的合计值，也需要按字段值分组进行统计。创建分组统计查询，只需在设计视图中将用于分组字段的"总计"行设置成"Group By"即可。

例 4-11 计算各类职称的教师人数，并显示"职称"和"人数"。

设计结果如图 4-32 所示，运行该查询后的显示结果如图 4-33 所示。

图 4-32 设计结果

图 4-33 运行查询后的显示结果

4.3.4 计算字段

当需要统计的字段未出现在表中，或者用于计算的数据值来源于多个字段时，应在"设计网格"中添加一个计算字段。计算字段是根据一个或多个表中的一个或多个字段，通过使用表达式建立的新字段。创建计算字段的方法是，在设计视图的设计网格"字段"行中直接输入计算字段名及其计算表达式。输入格式为：计算字段名称:计算表达式。

例 4-12 计算每名教师的工龄，并显示"姓名""系别""职称"和"工龄"。

按照题目要求，需将"工龄"设置为计算字段，其值可根据系统当前日期和工作时间计算得出。计算表达式为：Year(Date())-Year([工作时间])。

操作步骤如下。

（1）打开查询设计视图，并将"教师"表添加到设计视图窗口的上方。

（2）分别双击"教师"字段列表中的"姓名""系别"和"职称"字段，将其添加到字段行的第 1 列到第 3 列中。

（3）在第 4 列"字段"行单元格中输入：工龄: Year(Date())-Year([工作时间])，如图 4-34 所示。切换到数据表视图，工龄计算的查询结果如图 4-35 所示。

图 4-34 含计算字段的查询设计结果	图 4-35 工龄计算的查询结果

例 4-13 查找总评成绩的平均分低于所在班总评成绩的平均分的学生并显示其班级号、姓名和平均成绩。假设班级号为"学生编号"中的前 8 位。

分析该查询要求不难发现，虽然它只涉及"学生"和"选课成绩"两个表，但是要找出符合要求的记录必须完成 3 项工作：一是以上述两个表为数据源计算每班总评成绩的平均分，并建立一个查询；二是计算每名学生总评成绩的平均分，并建立一个查询；三是以所建两个查询为数据源，找出所有低于所在班总评成绩的平均分的学生。

操作步骤如下。

1．创建计算各班平均成绩的查询

（1）打开查询设计视图，将"学生"表和"选课成绩"表添加到设计视图窗口的上方。

（2）在"字段"行的第 1 列单元格中输入：班级:left([学生]![学生编号],8)。这里使用 left 函数是为了将"学生"表中"学生编号"字段值的前八位取出来，"班级"是新添的计算字段。

（3）双击"选课成绩"表中的"总评成绩"字段，将其添加到"设计网格"中"字段"行的第 2 列，并在"总评成绩"字段名称前输入"班平均成绩:"。

（4）在"查询工具/设计"选项卡的"显示/隐藏"组中，单击"汇总"按钮，并将"班平均成绩:总评成绩"字段的"总计"行中的"总计"项改为"平均值"，如图 4-36 所示。

图 4-36 设计计算各班平均成绩

（5）保存该查询，并将其命名为"各班平均成绩"。

如果所建查询的数据来源于两个以上的表，那么需要对查询条件或计算公式中引用的字段来源进行说明。说明格式为：[表名]![字段名称]。注意，表名和字段名称均需用方括号括起来，并用"!"符号作为分隔符。如果引用字段来源于查询，则应在字段名称前加上查询名。

2．创建计算每名学生平均成绩的查询

（1）为了使创建的两个查询能够建立起关系，在创建"每名学生平均成绩"查询时，同样需要建立"班级"字段，如图4-37所示。

图4-37　设计计算每名学生平均成绩

（2）保存该查询，并将其命名为"每名学生平均成绩"。

3．创建查找低于所在班平均成绩学生的查询

（1）打开查询设计视图，以"各班平均成绩"和"每名学生平均成绩"两个查询为数据源，并将它们添加到设计视图窗口上方。

（2）建立两个查询之间的关系。选定"每名学生平均成绩"查询中的"班级"字段，然后按下鼠标左键拖动到"各班平均成绩"查询中的"班级"字段上，松开鼠标左键。

（3）将"每名学生平均成绩"中的"班级"和"姓名"字段添加到"设计网格"中。

（4）添加一个新字段，字段名称为"平均成绩"，用来显示"每名学生平均成绩"查询中的"学生平均成绩"字段值；添加另一个计算字段，字段名称为"差"，使其计算每名学生平均成绩和各班平均成绩的差，计算公式为：[每名学生平均成绩]![学生平均成绩]-[各班平均成绩]![班平均成绩]。

由于参与计算的字段来源于不同的查询，因此在引用该字段时需要在字段名称前加上查询名，中间用"!"分开。

（5）在"差"字段的"条件"行上输入查询条件：<0，并取消"显示"行上复选框的勾选，如图4-38所示。

图4-38　设计计算平均成绩差值

（6）保存该查询，并将其命名为“低于所在班平均成绩学生”，查询结果如图 4-39 所示。

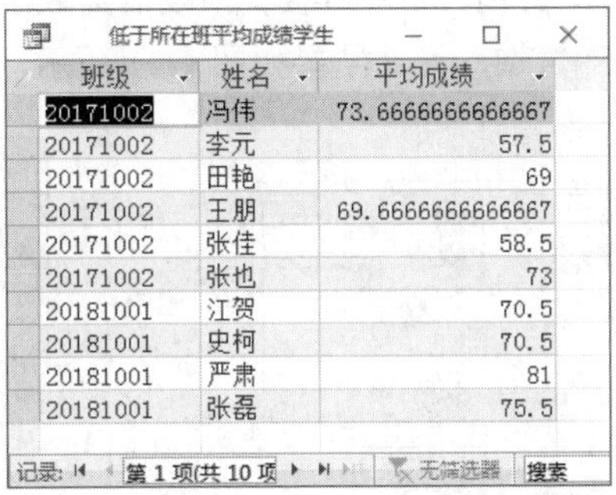

低于所在班平均成绩学生

班级	姓名	平均成绩
20171002	冯伟	73.6666666666667
20171002	李元	57.5
20171002	田艳	69
20171002	王朋	69.6666666666667
20171002	张佳	58.5
20171002	张也	73
20181001	江贺	70.5
20181001	史柯	70.5
20181001	严肃	81
20181001	张磊	75.5

记录: 第 1 项(共 10 项　无筛选器　搜索

图 4-39　低于所在班平均成绩学生的查询结果

4.4　交叉表查询的创建

使用 Access 提供的查询，可以根据需要检索出满足条件的记录，也可以在查询中执行计算。但是，这两个功能并不能很好地解决数据管理工作中遇到的所有问题。例如，前面创建的“学生选课成绩”查询（见图 4-6）中给出了每名学生所选课程的考试成绩。由于，很多学生选修了同一门课程，因此在“课程名称”字段列中出现了重复的课程名。实际应用中，常常需要以姓名为行，以每门课程名称为列显示每门课程的成绩，这种情况就需要使用 Access 提供的交叉表查询来实现。

4.4.1　交叉表查询的概念

交叉表查询是 Access 特有的一种查询类型。它将用于查询的字段分成两组，一组列在数据表的左侧作为交叉表的行标题，另一组列在数据表的顶端作为交叉表的列标题，并在数据表行与列的交叉处显示表中某个字段的计算值。图 4-40 显示的是一个交叉表查询示例，该表第 1 行显示性别值，第 1 列显示班级号，行与列交叉处单元格显示每班男生人数或女生人数。创建交叉表查询有两种方法，一种是使用向导创建交叉表查询，另一种是直接在查询的设计视图中创建交叉表查询。

每班男女生人数交叉表

班级	男	女
20171001	1	2
20171002	3	9
20181001	8	2
20181002	1	1

记录: 第 1 项(共 4 项)　无筛选器

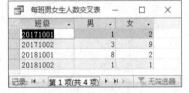

图 4-40　交叉表查询示例

在创建交叉表查询时，需要指定 3 类字段：第一是放在数据表最左侧的行标题，它将某一字段的相关数据放入指定的行中；第二是放在数据表最上端的列标题，它将某一字段的相关数据放入指定的列中；第三是放在数据表行与列交叉位置上的字段，需要为该字段指定一个总计项，如合计、平均值、计数等。在交叉表查询中，只能指定一个列标题字段和一个总计类的字段。

4.4.2　使用查询向导

设计交叉表查询可以首先使用交叉表查询向导，快速生成一个基本的交叉表查询对象，然后，再进入查询设计视图对交叉表查询对象进行修改。

例 4-14　创建一个交叉表查询，统计每班男女生人数。

在图 4-40 所示交叉表查询结果中，行标题是“班级”，列标题是“性别”。但是“班级”并不是一个独立字段，其值包含在"学生编号"字段中。由于使用向导创建交叉表查询时无法利用字段的部分值，因此需要先创建一个查询，将"班级"字段值提取出来。按照例 4-13 所述方法提取"班级"值，并创建"学生情况"查询，设计结果如图 4-41 所示，显示结果如图 4-42 所示。

图 4-41 "学生情况"查询设计结果   图 4-42 "学生情况"查询显示结果

以此查询为数据源，创建交叉表查询的操作步骤如下。

（1）在 Access 中，打开"新建查询"对话框；并在该对话框中单击"交叉表查询向导"，然后单击"确定"按钮，弹出"交叉表查询向导"第 1 个对话框。

（2）选择数据源。选中"查询"单选按钮，从上方列表框中选中"查询:学生情况"，如图 4-43 所示。单击"下一步"按钮，弹出"交叉表查询向导"第 2 个对话框。

（3）确定行标题。若在交叉表每一行最左侧显示班级，则在"可用字段"列表框中，双击"班级"字段，将其移到"选定字段"列表框中，如图 4-44 所示。单击"下一步"按钮，弹出"交叉表查询向导"第 3 个对话框。

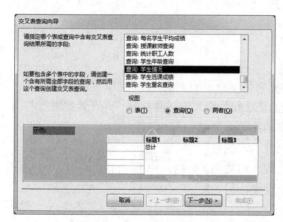 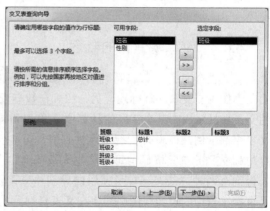

图 4-43 选择数据源   图 4-44 确定行标题

（4）确定列标题。若在交叉表每一列最上端显示性别，则选定"性别"字段，如图 4-45 所示。然后单击"下一步"按钮，弹出"交叉表查询向导"第 4 个对话框。

（5）确定行和列交叉处的计算数据。选定"字段"列表框中的"姓名"字段，然后在"函数"列表框中选择"计数"。取消"是，包括各行小计"复选框的勾选，则不显示总计数，如图 4-46 所示。单击"下一步"按钮，弹出"交叉表查询向导"最后一个对话框。

（6）确定交叉表查询名称。在该对话框的"请指定查询的名称"文本框中输入"每班男女生人数交叉表"，选中"查看查询"单选按钮，然后单击"完成"按钮。结果如图 4-40 所示。

需要注意的是，使用向导创建交叉表的数据源必须来自一个表或一个查询。如果数据源来自多个表或有需要计算的字段，需要先创建基于多表的选择查询，然后以此查询作为数据源，再创建交叉表查询。

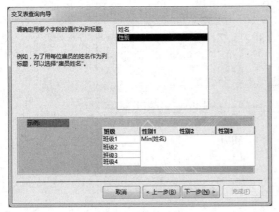

图 4-45 确定列标题

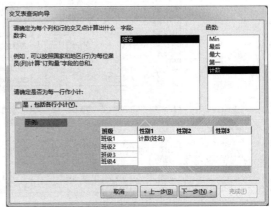

图 4-46 确定行和列交叉处的计算数据

4.4.3 使用设计视图

如果所建交叉表查询的数据源来自多个表，或来自某个字段的部分值或计算值，那么使用设计视图创建交叉表查询则更方便、更灵活。

4-3 例 4-15

例4-15 创建一个交叉表查询，使其显示各班每门课程的总评成绩的平均分。

分析查询要求不难发现，查询用到的"班级""课程名称"和"总评成绩"等字段信息分别来自"学生""选课成绩"和"课程" 3 个表。交叉表查询向导不支持从多个表中选择字段，因此可以直接在设计视图中创建交叉表查询。

操作步骤如下。

（1）打开查询设计视图，并将"学生"表、"选课成绩"表和"课程"表添加到设计视图窗口上方。

（2）在"字段"行的第 1 列单元格中输入：班级:left([学生]![学生编号],8)。

（3）双击"课程"表中的"课程名称"字段，将其添加到"设计网格"中"字段"行的第 2列；双击"选课成绩"表中的"总评成绩"字段，将其添加到"设计网格"中"字段"行的第 3 列。

（4）单击"查询工具/设计"选项卡，单击"查询类型"组中的"交叉表"按钮，这时查询"设计网格"中显示一个"总计"行和一个"交叉表"行。

（5）为了将提取出的班级值放在交叉表第一列，单击"班级"字段的"交叉表"单元格，然后单击右侧下拉箭头按钮，从弹出的下拉列表中选择"行标题"选项；为了将"课程名称"放在交叉表第 1 行，将"课程名称"字段的"交叉表"单元格设置为"列标题"；为了在行和列交叉处显示总评成绩的平均值，将"总评成绩"字段的"交叉表"单元格设置为"值"，单击"总评成绩"字段的"总计"行单元格，单击其右侧的下拉箭头按钮，然后从下拉列表中选择"平均值"，如图 4-47所示。

（6）保存该查询，并命名为"班级选课成绩交叉表"，查询结果如图 4-48 所示。

显然，当所建"交叉表查询"数据来源于多个表或查询时，最简单、灵活的方法是使用设计视图。在设计视图中可以自由地选择一个或多个表，选择一个或多个查询。如果"行标题"或"列标题"需要通过建立新字段得到，那么使用设计视图创建查询也是最好的选择。

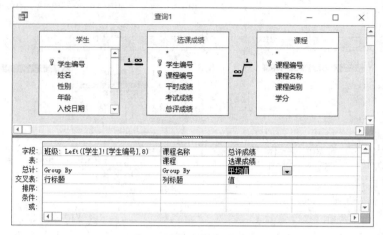

图 4-47　设置交叉表中的字段

班级	成本核算	电算会计	高等数学	计算机实用软件	力学	英语
20171001			78	86		92
20171002	83.5	62.5	80.25	76.1666666666667	74.25	74.5
20181001	89.5	79.75	79.4	82.5	90.75	78.3333333333333

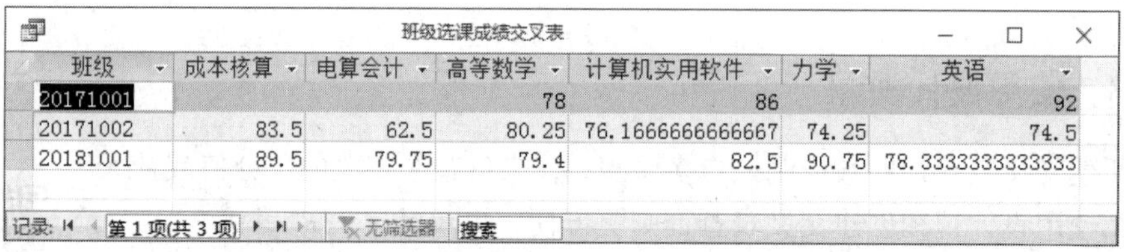

图 4-48　“班级选课成绩交叉表”查询结果

4.5　参数查询的创建

使用前面所述方法创建的查询包含的条件都是固定的常数，如果希望根据某个或某些字段不同的值查找不同的记录，就需要不断地更改查询条件，显然很麻烦。为了更灵活地输入查询条件，可以使用 Access 提供的参数查询。

参数查询在运行时，灵活输入指定的条件，可查询出满足条件的信息。例如，查询某学生某门课程的考试成绩，需要按学生姓名和课程名称进行查找。这类查询不是事前在查询设计视图的条件行中输入某一姓名和某一课程名称，而是根据需要在运行查询时输入姓名和课程名称进行查询。

可以创建输入一个参数的查询，即单参数查询，也可以创建输入多个参数的查询，即多参数查询。参数查询都显示一个单独的对话框，提示输入该参数的值。

4.5.1　单参数查询

创建单参数查询，即指定一个参数。在执行单参数查询时，输入一个参数值。

例 4-16　按学生姓名查找该学生的考试成绩，并显示“学生编号”“姓名”“课程名称”及“考试成绩”等。

前面已经建立了一个“学生选课成绩”查询，该查询的设置内容与此例要求相似。因此可以在此查询基础上，对其进行修改。具体操作步骤如下。

（1）用设计视图打开“学生选课成绩”查询。

（2）在“姓名”字段的“条件”单元格中输入：[请输入学生姓名：]，如图 4-49 所示。

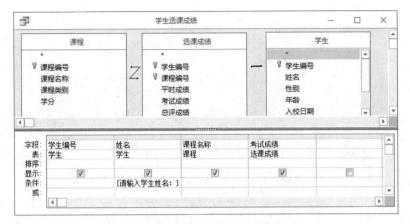

图 4-49 设置单参数查询

 在"设计网格"的"条件"单元格中输入用方括号括起来的提示信息，该信息将出现在参数对话框中。"[]"符号必须为半角英文符号。

（3）单击"文件"→"另存为"命令，在"文件类型"组中选中"对象另存为"选项，然后单击"另存为"按钮，弹出"另存为"对话框，输入"学生选课成绩单参数查询"，将其作为该对象名，然后单击"确定"按钮。

（4）单击"结果"组中的"视图"按钮或"运行"按钮，这时屏幕上显示"输入参数值"对话框，如图 4-50 所示。

（5）该对话框中的提示文本正是在"姓名"字段"条件"单元格中输入的内容。按照需要输入参数值，如果参数值有效，将显示出所有满足条件的记录；否则不显示任何数据。在"请输入学生姓名："文本框中输入："张也"，然后单击"确定"按钮。这时就可以看到所建单参数查询的查询结果，如图 4-51 所示。

图 4-50 "输入参数值"对话框

图 4-51 单参数查询的查询结果

4.5.2 多参数查询

创建多参数查询，即指定多个参数。在执行多参数查询时，需依次输入多个参数值。

例 4-17 创建一个查询，使其查找某门课程某范围内成绩的学生，并显示"姓名""课程名称"和"总评成绩"。

该查询将按 2 个字段 3 个参数值进行查找，第 1 个参数为"课程名称"，第 2 个参数为总评成绩最小值，第 3 个参数为总评成绩最大值。因此应将 3 个参数的提示信息均放在"条件"行上。该查询创建步骤与例 4-16 步骤相似，如图 4-52 所示。

可以在表达式中使用参数提示。比如此例中，总评成绩的条件参数为：Between [请输入成绩最小值：] And [请输入成绩最大值：]。

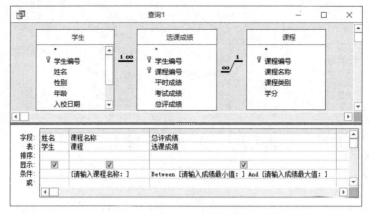

图 4-52　设置多参数查询

运行该查询后，弹出第 1 个"输入参数值"对话框，如图 4-53 所示。在"请输入课程名称："文本框中输入课程名称，然后单击"确定"按钮。这时将弹出第 2 个"输入参数值"对话框，如图 4-54 所示。在"请输入成绩最小值："文本框中输入成绩的下限值，然后单击"确定"按钮。这时将弹出第 3 个"输入参数值"对话框，如图 4-55 所示。在"请输入成绩最大值："文本框中输入成绩的上限值，然后单击"确定"按钮。这时就可以看到相应的查询结果。

图 4-53　第 1 个"输入参数值"
提示框

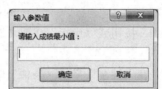

图 4-54　第 2 个"输入参数值"
提示框

图 4-55　第 3 个"输入参数值"
提示框

在参数查询中，如果要输入的参数表达式比较长，可右键单击"条件"单元格，在弹出的快捷菜单中选择"显示比例"命令，弹出"缩放"对话框。在该对话框中输入表达式，如图 4-56 所示，然后单击"确定"按钮，表达式将自动出现在"条件"单元格中。

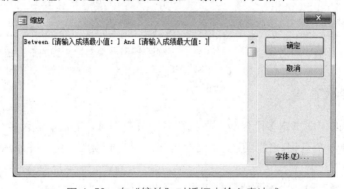

图 4-56　在"缩放"对话框中输入表达式

参数查询提供了一种灵活的交互式查询。但在实际数据库开发中，要求用户输入的参数常常是在一个确定的数据集合中。例如，教师职称就是一个由"教授""副教授""讲师"和"助教"组成的数据集合。从一个数据集合的列表中选择参数，比手工输入参数的效率更高，且不容易出错。这种从数据集合列表中选择参数的参数查询需要结合窗体使用，请参考本书后续章节的有关内容。

4.6 操作查询的创建

在对数据库的维护操作中，常常需要修改批量数据。例如，删除选课成绩小于 60 分的记录，将所有 1988 年及以前参加工作教师的职称改为"教授"，将选课成绩为 90 分及以上的学生记录存放到一个新表中等。这类操作既要检索记录，又要更新记录，操作查询能够实现这样的功能。操作查询可以对表中的记录进行追加、修改、删除和更新。Access 提供的操作查询包括追加查询、更新查询、删除查询和生成表查询。所有查询都将影响到表，其中生成表查询在生成新表结构的同时，也生成新表数据。而删除查询、更新查询和追加查询只修改表中数据。

4.6.1 生成表查询

生成表查询是利用一个或多个表中的全部或部分数据生成一个新表。在 Access 中，从表中访问数据要比从查询中访问数据快得多，如果经常需要从几个表中提取数据，最好的方法是使用生成表查询，将从多个表中提取的数据组合起来生成一个新表进行保存。

例 4-18 将考试成绩在 90 分及以上的学生信息存储到一个新表中，表名为"90 分及以上学生情况"，表内容为"学生编号""姓名""性别""年龄"和"考试成绩"等字段。

操作步骤如下。

（1）打开查询设计视图，并将"学生"表和"选课成绩"表添加到设计视图窗口上方。

（2）双击"学生"表中的"学生编号""姓名""性别"和"年龄"等字段，将它们添加到"设计网格""字段"行的第 1 列～第 4 列中。双击"选课成绩"表中的"考试成绩"字段，将其添加到"设计网格""字段"行的第 5 列中。

（3）在"考试成绩"字段的"条件"单元格中输入查询条件：>= 90。

（4）单击"查询类型"组的"生成表"按钮 ，弹出"生成表"对话框，在"表名称"文本框中输入要创建的表名称"90 分及以上学生情况"，如图 4-57 所示。

（5）单击"确定"按钮。

（6）单击"结果"组中的"视图"按钮，预览新建表。如果不满意，可以再次单击"结果"组中的"视图"按钮，返回到设计视图，对查询进行更改，直到满意为止。

（7）在设计视图中，单击"结果"组中的"运行"按钮，弹出一个生成表提示框，如图 4-58 所示。

图 4-57 设置表名称   图 4-58 生成表提示框

（8）单击"是"按钮，Access 将开始建立"90 分及以上学生情况"表，生成新表后不能撤销所做的更改；单击"否"按钮，不建立新表。这里单击"是"按钮。

此时在导航窗格中，可以看到名为"90 分及以上学生情况"的新表。生成表查询创建的新表将继承原表字段的数据类型，但不继承原表字段的属性及主键设置。

4.6.2 删除查询

随着时间的推移，表中数据会越来越多，其中有些数据有用，而有些数据已无任何用途，对于这些数据应及时从表中删除。删除查询能够从一个或多个表中删除一条或多条记录。

例 4-19 将选课成绩表中总评成绩小于 60 分的记录删除。

操作步骤如下。

（1）打开查询设计视图，将"选课成绩"表添加到设计视图窗口上方。

（2）单击"查询类型"组的"删除"按钮，查询"设计网格"中显示一个"删除"行。

（3）单击"选课成绩"字段列表中的"*"号，并将其拖放到"设计网格"中"字段"行的第 1 列上，这时第 1 列上显示"选课成绩.*"，表示已将该表中的所有字段放在了"设计网格"中。同时，在"删除"单元格中显示"From"，表示从何处删除记录。

（4）双击字段列表中的"总评成绩"字段，将其添加到"设计网格"中"字段"行的第 2 列。同时在该字段的"删除"单元格中显示"Where"，表示要删除哪些记录。

（5）在"总评成绩"字段的"条件"单元格中输入条件：<60，如图 4-59 所示。

（6）单击"结果"组中的"视图"按钮，能够预览"删除查询"检索到的记录。如果预览到的记录不是要删除的，可以再次单击"视图"按钮，返回到设计视图，对查询设计进行更改，直到确认删除内容为止。

（7）在设计视图中，单击"结果"组中的"运行"按钮，弹出一个删除提示框，如图 4-60 所示。

图 4-59 设置删除查询

图 4-60 删除提示框

（8）单击"是"按钮，Access 将开始删除属于同一组的所有记录；单击"否"按钮，不删除记录。这里单击"是"按钮。

 删除查询将永久删除指定表中的记录，记录一旦被删除将不能恢复。因此运行删除查询需要十分慎重，最好在删除记录前对其进行备份，以防由于误操作而造成数据丢失。

4.6.3 更新查询

在对记录进行更新和修改时，常常需要成批更新数据。例如，将 1988 年及以前参加工作的教师职称改为"教授"。对于这一类操作最简单有效的方法是使用 Access 提供的更新查询来完成。

例 4-20 将所有 1988 年及以前参加工作的教师职称改为"教授"。

操作步骤如下。

（1）打开查询设计视图，将"教师"表添加到设计视图窗口上方。

（2）单击"查询类型"组中的"更新"按钮 /，这时查询"设计网格"中显示一个"更新到"行。

（3）分别双击"教师"字段列表中的"工作时间"和"职称"字段，将它们添加到"设计网格"中"字段"行的第 1 列～第 2 列。

（4）在"工作时间"字段的"条件"单元格中输入查询条件：<=#1988-12-31#。

（5）在"职称"字段的"更新到"单元格中输入改变字段数值的表达式："教授"，如图 4-61 所示。

Access 除了可以更新一个字段的值，还可以更新多个字段的值，只要在查询"设计网格"中指定要修改字段的内容即可。

（6）单击"结果"组中的"视图"按钮，能够预览到要更新的一组记录。再次单击"视图"按钮，返回到设计视图，可对查询设计进行修改。

（7）单击"结果"组中的"运行"按钮，弹出一个更新提示框，如图 4-62 所示。

图 4-61　设置更新查询

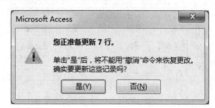

图 4-62　更新提示框

（8）单击"是"按钮，Access 将开始更新属于同一组的所有记录，一旦利用"更新查询"更新记录，就不能用"撤销"命令恢复所做的更改；单击"否"按钮，不更新表中记录。这里单击"是"按钮。

更新数据之前一定要确认找出的数据是不是准备更新的数据。还应注意，每执行一次更新查询就会对原表更新一次。

4.6.4　追加查询

维护数据库时，常常需要将某个表中符合一定条件的记录追加到另一个表中，此时可以使用追加查询。追加查询能将一个或多个表中经过选择的数据追加到另一个已存在表的尾部。

例 4-21　创建一个追加查询，将考试成绩在 80～90 分之间的学生成绩添加到已建立的"90分及以上学生情况"表中。

操作步骤如下。

（1）打开查询设计视图，并将"学生"表和"选课成绩"表添加到设计视图窗口上方。

（2）单击"查询类型"组的"追加"按钮 +!，弹出"追加"对话框。

（3）在"表名称"文本框中输入"90 分及以上学生情况"或从下拉列表中选择"90 分及以上学生情况"；单击"当前数据库"单选按钮，如图 4-63 所示。

（4）单击"确定"按钮。这时查询"设计网格"中显示一个"追加到"行。

（5）将"学生"表中的"学生编号""姓名""性别""年龄"字段和"选课成绩"表中的"考试成绩"字段添加到设计网格"字段"行的相应列上。

图 4-63　设置表名称和查询范围

（6）在"考试成绩"字段的"条件"单元格中输入条件：>=80 And <90，如图 4-64 所示。

（7）单击"结果"组中的"视图"按钮，能够预览到要追加的一组记录。再次单击"视图"按钮，返回到设计视图，可对查询设计进行修改。

（8）单击"结果"组中的"运行"按钮，弹出一个追加查询提示框，如图 4-65 所示。

图 4-64　设置追加查询

图 4-65　追加查询提示框

（9）单击"是"按钮，Access 开始将符合条件的一组记录追加到指定表中，一旦利用"追加查询"追加了记录，就不能用"撤销"命令恢复所做的更改；单击"否"按钮，不将记录追加到指定的表中。这里单击"是"按钮。这时，如果打开"90 分及以上学生情况"表，可以看到增加了 80～90 分学生的记录。

无论何种操作查询，都可以在一个操作中更改许多记录，并且在执行操作查询后，不能撤销所做的更改操作。因此应注意在执行操作查询之前，最好单击"结果"组中的"视图"按钮，预览即将更改的记录，如果预览记录就是所要操作的记录，再执行操作查询，以防误操作。另外，在执行操作查询之前，应对数据进行备份。

4.7　SQL 查询的创建

在 Access 中，创建和修改查询最简便、灵活的方法是使用查询设计视图。但并不是所有查询都可以在系统提供的查询设计视图中进行设计，有些查询只能通过 SQL 语句实现。例如，同时显示"90 分及以上学生情况"表中所有记录和"学生选课成绩"查询中 70 分以下所有记录。在实际应用中常常需要用 SQL 语句创建一些复杂的查询。

4.7.1　SQL 语言概述

SQL 是结构化查询语言（Structured Query Language）的英文缩写，是目前使用最为广泛的关系数据库标准语言。最早的 SQL 标准是 1986 年 10 月由美国 ANSI（American National Standards Institute）公布的。随后，ISO（International Standards Organization）于 1987 年 6 月也正式确定它为国际标准，并在此基础上进行了补充。到 1989 年 4 月，ISO 提出了具有完整性特征的 SQL，

1992 年 11 月又公布了 SQL 的新标准，从而建立了 SQL 在数据库领域中的核心地位。

SQL 设计巧妙，语言简单，完成数据定义、数据查询、数据操纵和数据控制的核心功能只用了 9 个动词，如表 4-15 所示。

表 4-15   SQL 的动词

SQL 功能	动　　词	SQL 功能	动　　词
数据定义	CREATE，DROP，ALTER	数据查询	SELECT
数据操纵	INSTER，UPDATE，DELETE	数据控制	CRANT，REVOTE

4.7.2　显示 SQL 语句

在 Access 中，任何一个查询都对应着一条 SQL 语句。在创建查询时，系统会自动地将操作命令转换为 SQL 语句，只要打开查询，切换到 SQL 视图，就可以看到系统生成的 SQL 语句。

例 4-22　显示例 4-1 所建查询"教师 查询"的 SQL 语句。

操作步骤如下。

（1）用设计视图打开查询"教师 查询"。

（2）单击"结果"组中的"视图"按钮下方的下拉箭头按钮，从弹出的下拉菜单中选择"SQL 视图"，进入该查询的 SQL 视图，可以查看系统生成的 SQL 语句如图 4-66 所示。

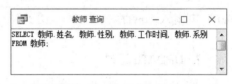

图 4-66　查看 SQL 语句

在 SQL 视图中既可以查看 SQL 语句，也可以对其进行编辑和修改，还可以直接输入 SQL 命令创建查询。

4.7.3　使用数据操纵语句

SQL 的数据操纵语句包括 INSERT，UPDATE，DELETE 等。使用这些语句，可以实现记录的插入、修改和删除等操作功能。事实上，可以直接使用 SQL 语句创建操作查询。

1. INSERT 语句

INSERT 语句用于实现插入记录的功能。语句基本格式为：

```
INSERT INTO <表名> [(<字段名 1> [,<字段名 2>…])]
    VALUES(<常量 1> [,<常量 2>]…);
```

命令说明：

① <表名>：指要插入记录的表的名称。

② <字段名 1>[,<字段名 2>…]：指表中插入新记录的字段名称。

③ VALUES(<常量 1> [,<常量 2>]…)：指表中新插入字段的具体值。其中各常量的数据类型必须与 INTO 子句中所对应字段的数据类型相同，且个数也要匹配。

例 4-23　在"授课"表中插入一条新记录，记录中的字段值分别为 9、"103"、"96012"。

操作步骤如下。

（1）在 Access 中，单击"创建"选项卡，单击"查询"组中的"查询设计"按钮，弹出"显示表"对话框，在该对话框中不选择任何表，直接单击"关闭"按钮。

（2）单击"结果"组中的"SQL 视图"按钮 ^{SQL}，在 SQL 视图空白区域输入如下 SQL 语句。

```
INSERT INTO 授课
VALUES (9, "103", "96012");
```

这里应注意，短文本数据要用双引号括起来。输入语句后的 SQL 视图如图 4-67 所示。

（3）保存查询，并命名为"插入记录"。

（4）单击"结果"组中的"运行"按钮，弹出 Access 提示对话框，如图 4-68 所示，单击"是"按钮。

（5）在导航窗格中，双击"授课"表，插入记录运行结果如图 4-69 所示。可以看到"授课"表中增加了一条"授课 ID"为 9 的记录。

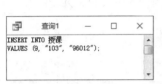

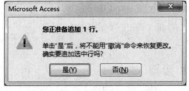

图 4-67 输入语句后的 SQL 视图　　　图 4-68　Access 提示对话框　　　图 4-69　插入记录运行结果

2. UPDATE 语句

UPDATE 语句用于实现数据的更新功能。语句基本格式为：

```
UPDATE  <表名>
SET  <字段名 1>=<表达式 1> [,<字段名 2>=<表达式 2>]…
[WHERE  <条件>];
```

命令说明：

① <表名>：指要更新数据的表的名称。

② <字段名>=<表达式>：用表达式值替代对应字段的值，并且一次可以修改多个字段。

③ WHERE <条件>：指定被更新记录字段值所满足的条件；如果不使用 WHERE 子句，则更新全部记录。

例 4-24　将"教师"表中"教师编号"为"96011"的教师的工作时间改为：1992-2-26。操作步骤如下。

（1）使用上面所述方法打开 SQL 视图，并在 SQL 视图的空白区域输入如下语句。

```
UPDATE  教师  SET  工作时间= #1992-2-26#
WHERE  教师编号="96011";
```

注意　日期数据要用"#"号括起来。

（2）单击"结果"组中的"运行"按钮，弹出数据更新提示框，单击"是"按钮。

（3）用数据表视图打开"教师"表，可以看到教师表中教师编号为"96011"的教师记录中的"工作时间"字段值已改为"1992-2-26"。

3. DELETE 语句

DELETE 语句用于实现数据的删除功能。其语句格式是：

```
DELETE  FROM  <表名>
[WHERE  <条件> ];
```

命令说明：

① FROM<表名>：指定要删除数据的表的名称。

② WHERE <条件>：指定被删除的记录应满足的条件，如果不使用 WHERE 子句，则删除该表中的全部记录。

例 4-25 将"教师"表中教师编号为"98014"的记录删除。

要删除教师编号为"98014"的记录，可在 SQL 视图中输入如下语句，并运行该查询。

```
DELETE  *  FROM 教师
WHERE 教师编号="98014";
```

操作步骤与上述相似，这里不再赘述。

4.7.4　使用 SELECT 语句

SELECT 语句是 SQL 语言中功能强大、使用灵活的语句之一，它能够实现数据的选择、投影和连接运算，并能够完成筛选字段、分类汇总、排序和多数据源数据组合等具体操作。SELECT 语句的一般格式为：

```
SELECT  [ALL|DISTINCT|TOP n]  *|<字段列表>
FROM  <表名 1>  [,<表名 2>]…
[WHERE  <条件表达式>]
[GROUP BY  <字段名>  [HAVING  <条件表达式>]]
[ORDER BY  <字段名>  [ASC|DESC]];
```

命令说明：

① ALL：查询结果是满足条件的全部记录，默认值为 ALL。

② DISTINCT：查询结果是不包含重复行的所有记录。

③ TOP n：查询结果是前 n 条记录，其中 n 为整数。

④ *：查询结果是整个记录，即包括所有的字段。

⑤ <字段列表>：使用","将各项分开，这些项可以是字段、常数或系统内部的函数。

⑥ FROM <表名>：说明查询的数据源，可以是单个表，也可以是多个表。

⑦ WHERE <条件表达式>：说明查询的条件，其中的条件表达式可以是关系表达式，也可以是逻辑表达式。查询结果是表中满足<条件表达式>的记录集。

⑧ GROUP BY <字段名>：用于对查询结果进行分组，查询结果是按<字段名>分组的记录集。

⑨ HAVING：必须跟随 GROUP BY 使用，用来限定分组必须满足的条件。

⑩ ORDER BY <字段名>：用于对查询结果进行排序。查询结果是按某一字段值排序。

⑪ ASC：必须跟随 ORDER BY 使用，查询结果按某一字段值升序排列。

⑫ DESC：必须跟随 ORDER BY 使用，查询结果按某一字段值降序排列。

1. 简单查询

这里将数据来自一个表，并且只进行记录检索的查询作为简单查询。

<1> 查找表中所有记录和所有字段

例 4-26 查找并显示"教师"表中所有记录的全部信息。

操作步骤如下。

（1）打开 SQL 视图，在 SQL 视图空白区域输入如下 SQL 语句。

```
SELECT * FROM 教师;
```

SELECT 语句中的"*"表示显示全部字段。

（2）单击"结果"组中的"运行"按钮，切换到数据表视图，查询结果如图 4-70 所示。

教师编号	姓名	性别	工作时间	政治面目	学历	职称	系别	电话号码	个人信息
95010	张乐	女	1998/11/10	团员	大学本科	助教	经济	010-65976444	⓾(2)
95011	赵希明	女	1997/1/25	群众	研究生	副教授	经济	010-65976451	⓾(0)
95012	李小平	男	1997/5/19	党员	研究生	讲师	经济	010-65976452	⓾(0)
95013	李历宁	男	1989/10/29	党员	大学本科	讲师	经济	010-65976453	⓾(0)
96010	张爽	男	1997/7/8	群众	大学本科	教授	经济	010-65976454	⓾(0)
96011	张进明	男	1992/2/26	团员	大学本科	副教授	经济	010-65976455	⓾(0)
96012	邵林	女	1993/1/25	群众	研究生	副教授	数学	010-65976544	⓾(0)

记录 第 1 项(共 43 项) 无筛选器 搜索

图 4-70 查询结果

<2> 查找表中所有记录的指定字段

例 4-27 查找并显示"教师"表中"姓名""性别""工作时间"和"系别"4 个字段。

操作步骤如下。

（1）打开 SQL 视图，并在 SQL 视图的空白区域输入如下语句。

```
SELECT 姓名,性别,工作时间,系别 FROM 教师;
```

由于查询中只显示指定字段，因此需要在字段列表中一一列出需要显示的字段名称，字段名称之间使用","分隔。

（2）单击"结果"组中的"运行"按钮，切换到数据表视图，查询结果如图 4-71 所示。

（3）单击"结果"组中的"视图"按钮，切换到设计视图，如图 4-72 所示，可以看到 SQL 语句的设计含义。

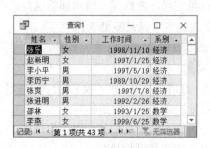

图 4-71 查询结果

图 4-72 设计视图

<3> 查找表中满足条件的记录

例 4-28 查找 1992 年参加工作的男教师，并显示"姓名""性别""学历""职称""系别"和"电话号码"6 个字段。

```
SELECT 姓名, 性别, 学历, 职称, 系别, 电话号码
FROM 教师
WHERE 性别="男" AND YEAR([工作时间])=1992;
```

例 4-29　查找具有高级职称的教师，并显示"姓名"和"职称"字段。

```
SELECT 姓名, 职称
FROM 教师
WHERE 职称 IN("教授","副教授");
```

4-4　例 4-29

也可以将此例 WHERE 后的条件写为：职称="教授" OR 职称="副教授"。显然，使用 IN 书写条件更为简洁，还可以避免逻辑错误。

2．使用 TOP 限定要返回的记录数

TOP 关键字在 SQL 语句中用来限制返回结果集中的记录数。

例 4-30　仅显示年龄排在前 5 位的学生"姓名"和"年龄"。

```
SELECT TOP 5 姓名, 年龄
FROM 学生
```

注意

　　　　　TOP 不在相同值间做选择。如果指定年龄排在前 5 位的记录，但第 5、第 6、第 7 个学生的年龄相同，则查询将显示 7 个记录。

3．重命名输出项

在创建查询时，有时输出项的名称不直观。SQL 提供了 AS 关键字，可对字段重新命名。

例 4-31　计算每名教师的工龄，并显示"姓名"和"工龄"字段。

```
SELECT 姓名, Round((Date()-[工作时间])/365,0) AS 工龄
FROM 教师;
```

由于查询中需计算的工龄字段不在"教师"表中，因此需要增加"工龄"字段，并使用 AS 子句为其命名。

4．分组统计

使用 GROUP BY 子句，可以实现按某个字段进行分组统计的操作。

例 4-32　计算各类职称的教师人数，显示字段名称为"各类职称人数"。

```
SELECT Count(教师编号) AS 各类职称人数
FROM 教师
GROUP BY 职称;
```

由于查询中需要按职称分类统计人数，因此使用了 GROUP BY 子句，并用 AS 子句定义了统计结果的字段名称。AS 后面的"各类职称人数"为新的字段名称。

有时根据实际查询要求，需要显示符合某些条件的分组统计结果。这时应使用 GROUP BY 和 HAVING 子句配合完成。

　　例 4-33　计算每名学生的平均考试成绩，并显示平均考试成绩超过 85 分学生的"学生编号"和"平均成绩"字段。

4-5　例 4-33

```
SELECT 学生编号, Avg(考试成绩) AS 平均成绩
FROM 选课成绩
GROUP BY 学生编号
HAVING Avg(选课成绩.考试成绩)>85;
```

由于查询中要求显示符合某个条件的分组统计结果，因此使用了 HAVING 子句。HAVING 子句通常在 GROUP BY 子句之后，其作用是限定分组检索条件，即在 GROUP BY 分组统计这些记录后，HAVING 将显示那些经过 GROUP BY 子句分组并满足 HAVING 子句中条件的记录。

5．将两个或两个以上表连接在一起

上面所述查询的数据源均来自一个表，而在实际应用中，许多查询是要将多个表的数据组合起来，也就是说，查询的数据源来自多个表。

例 4-34 查找学生的选课情况，并显示"学生编号""姓名""课程编号"和"考试成绩"。

```
SELECT  学生.学生编号, 学生.姓名, 选课成绩.课程编号, 选课成绩.考试成绩
FROM  学生,选课成绩
WHERE 学生.学生编号 = 选课成绩.学生编号;
```

由于此查询数据源来自"学生"和"选课成绩"两个表，因此在 FROM 子句中列出了两个表的名称，同时使用 WHERE 子句指定连接表的条件。

在涉及两表的查询中，应在所用字段的字段名称前加上表名，并且使用"."分开。

SQL 语言的核心是查询命令 SELECT，它不仅可以实现各类查询，还能进行统计、结果排序等操作。SELECT 语句的功能非常强大，这里只介绍了最简单、最常用的几种用法，对于 SELECT 语句更为复杂的用法，可参考 SQL 查询的帮助信息，这里不再介绍。

4.7.5 SQL 特定查询

通过 SQL 语句不仅可以实现前文所述的各种查询操作，还可以实现在 Access 查询设计视图中不能实现的查询，如联合查询、传递查询、数据定义查询等，这 3 种查询与子查询一起称为 SQL 特定查询。其中，联合查询、传递查询、数据定义查询不能在查询"设计视图"中创建，必须直接在 SQL 视图中输入 SQL 语句。对于子查询，要在查询"设计网格"的"字段"行或"条件"行中输入 SQL 语句，或直接在 SQL 视图中输入 SQL 语句。本节将重点介绍联合查询、数据定义查询和子查询。

1．联合查询

对于多个相似的表或选择查询，当希望将它们返回的所有数据一起作为一个合并的集合查看时，便可以使用联合查询。创建联合查询时，可以使用 WHERE 子句进行条件筛选。

联合查询的命令格式为：

```
SELECT <字段列表>
FROM <表名 1>  [,<表名 2>]…
[WHERE  <条件表达式 1>]
UNION [ALL]
SELECT <字段列表>
FROM <表名 a>  [,<表名 b>]…
[WHERE  <条件表达式 2>];
```

命令说明：

① FROM<表名>：说明查询的数据源，可以是单个表，也可以是多个表。

② WHERE<条件表达式>：说明查询的条件，其中的条件表达式可以是关系表达式，也可以是逻辑表达式。查询结果是表中满足<条件表达式>的记录集。

③ UNION：是指合并的意思，指示将 UNION 前后的 SELECT 语句结果合并。

④ ALL：指合并所有记录。如果不需要返回重复记录，只使用带有 UNION 的 SELECT 语句；如果需要返回重复记录，应使用带有 UNION ALL 的 SELECT 语句。

⑤ 联合查询中合并的选择查询必须具有相同的输出字段数、采用相同的顺序并包含相同或兼容的数据类型。

例 4-35 显示"90 分及以上学生情况"表中所有记录和"学生选课成绩"查询中 70 分以下的记录，显示内容为"学生编号""姓名""总评成绩"3 个字段。

（1）打开查询设计视图。

（2）单击"查询类型"组上的"联合"按钮🞐，弹出 SQL 视图。

（3）在 SQL 视图空白区域输入如下命令。输入命令后的 SQL 视图如图 4-73 所示。

```
SELECT 学生编号,姓名,考试成绩 FROM 学生选课成绩 WHERE 考试成绩<70
UNION
SELECT 学生编号,姓名,考试成绩 FROM 90 分及以上学生情况;
```

（4）保存查询，并命名为"合并显示成绩"。查询结果如图 4-74 所示。

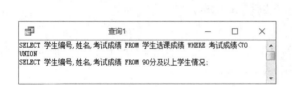

图 4-73　输入命令后的 SQL 视图

图 4-74　查询结果

2. 数据定义查询

数据定义查询与其他查询不同，可用于直接创建、删除或更改表，或者在当前数据库中创建索引。在数据定义查询中要输入 SQL 语句，每个数据定义查询只能由一个数据定义语句组成。常用的数据定义语句如表 4-16 所示。

表 4-16　　　　　　　　　　　　常用的数据定义语句

SQL 语句	功　能
CREATE TABLE	创建表
ALTER TABLE	在已有表中添加新字段或约束
DROP　TABLE	从数据库中删除表，或者从字段和字段组中删除索引

<1> CREATE 语句

CREATE TABLE 语句用于建立基本表。语句基本格式为：

```
CREATE  TABLE  <表名>(<字段名 1> <数据类型> [字段级完整性约束条件]
                [, <字段名 2> <数据类型> [字段级完整性约束条件]] …)
                [,<表级完整性约束条件>];
```

命令说明：

① <表名>：指需要定义的表的名称。

② <字段名>：指定义表中一个或多个字段的名称。

③ <数据类型>：指字段的数据类型。要求，每个字段必须定义字段名称和数据类型。

④ [字段级完整性约束条件]：指定义相关字段的约束条件，包括主键约束（Primary Key）、数据唯一约束（Unique）、空值约束（Not Null 或 Null）和完整性约束（Check）等。

例 4-36 使用 CREATE TABLE 语句创建"学生信息"表。"学生信息"表结构如表 4-17 所示。

表 4-17　　　　　　　　　　　　　学生信息表结构

字 段 名 称	数 据 类 型	说　明	字 段 名 称	数 据 类 型	说　明
姓名 ID	数字	主键	家庭住址	短文本	
姓名	短文本		联系电话	短文本	
性别	短文本		备注	长文本	
出生日期	日期/时间				

操作步骤如下。

（1）打开查询设计视图。

（2）单击"查询类型"组上的"数据定义"按钮 ，弹出 SQL 视图。

（3）在 SQL 视图空白区域输入如下 SQL 语句。

```
CREATE  TABLE  学生信息 (学生 ID SMALLINT,姓名 CHAR(4),性别 CHAR(1),
出生日期 DATE,家庭住址 CHAR(20),联系电话 CHAR(8),
备注 MEMO,Primary Key (学生 ID));
```

其中，SMALLINT 表示数字型（整型），CHAR 表示短文本型，DATE 表示日期/时间型，MEMO 为长文本型。输入语句后的 SQL 视图如图 4-75 所示。

（4）保存查询，并命名为"创建新表"。

（5）单击"结果"组中的"运行"按钮，这时在导航窗格的"表"组中可以看到新建的"学生信息"表。在设计视图中打开"学生信息"表，表结构如图 4-76 所示。

图 4-75　输入语句后的 SQL 视图

图 4-76　"学生信息"表结构

<2> ALTER 语句

ALTER 语句用于修改表的结构。语句基本格式为：

```
ALTER  TABLE  <表名>
       [ADD  <新字段名>  <数据类型>  [字段级完整性约束条件]]
       [DROP  <完整性约束名>]
       [ALTER  <字段名>  <数据类型>];
```

命令说明：

① <表名>：指需要修改结构的表的名称。

② ADD 子句：用于增加新字段和该字段的完整性约束。

③ DROP 子句：用于删除指定的字段和完整性约束。

④ ALTER 子句：用于修改原有字段属性，包括字段名称、数据类型等。

例 4-37　将"学生信息"表中"学生 ID"字段的数据类型改为短文本型，字段大小为 10。

在 SQL 视图中输入如下语句，并运行该查询，即可修改"学生 ID"字段的数据类型。

```
ALTER  TABLE  学生信息  ALTER 学生 ID CHAR(10);
```

使用 ALTER 语句对表结构进行修改时，一次只能添加、修改或删除一个字段。

<3> DROP 语句

DROP 语句用于删除不需要的表、索引或视图。语句基本格式为：

```
DROP  TABLE  <表名>;
```

命令说明：

① <表名>：指要删除的表的名称。

② 表一旦被删除，表中数据以及在此表基础上建立的索引等都将自动删除，并且无法恢复。

例 4-38　将"学生信息"表删除。

在 SQL 视图中输入如下语句，并运行该查询，即可删除"学生信息"表。

```
DROP  TABLE  学生信息;
```

删除一个表是将表结构和表中记录一起删除。

3．子查询

在对 Access 表中字段进行查询时，可以利用子查询的结果进行进一步的查询。例如，通过子查询作为查询的条件来测试某些结果的存在性，查找主查询中等于、小于或大于子查询返回值的值。但是不能将子查询作为单独的一个查询，必须与其他查询相配合。

例 4-39　查找并显示"学生"表中高于平均年龄的学生记录。

（1）打开查询设计视图，并将"学生"表添加到设计视图窗口上方。

（2）单击"学生"字段列表中的"*"，将其拖到字段行的第 1 列中。

（3）双击"学生"表中的"年龄"字段，将其添加到"设计网格"中字段行的第 2 列。取消"显示"行复选框的勾选。

（4）在第 2 列字段的"条件"单元格中输入：>(SELECT AVG([年龄]) FROM [学生])，如图 4-77 所示。

图 4-77　设置子查询

子查询的 SELECT 语句不能定义联合查询或交叉表查询。

4.8　已建查询的编辑和使用

创建查询后，如果对其中的设计不满意，或因情况发生变化，使得所建查询不能满足需要，可以在设计视图中对其进行修改。如果需要也可以对查询进行一些相关操作。例如，通过运行查询获得查询结果，依据某个字段排列查询中的记录等。

4.8.1　运行已创建的查询

创建查询时，在查询设计视图下可以通过"查询工具/设计"选项卡的"结果"组中的"运行"按钮或"视图"按钮浏览查询结果。创建查询后，可以通过以下两种方法实现。

方法 1：在导航窗格中，右键单击要运行的查询，然后从弹出的快捷菜单中选择"打开"命令。

方法 2：在导航窗格中，直接双击要运行的查询。

4.8.2　编辑查询中的字段

编辑字段主要包括添加字段、删除字段、移动字段和更改字段名称等。

1．添加字段

添加字段一般有以下几种方式。

（1）添加在设计网格"字段"行最后一列。以设计视图方式打开要修改的查询，双击要添加的字段即可。

（2）添加在某字段前。在设计网格上方字段列表中选择要添加的字段，并按住鼠标左键不放，将其拖放到该字段的位置上，或者单击"查询设置"组中的"插入列"按钮，然后单击"字段"行该列单元格右侧下拉箭头按钮，从弹出的下拉列表中选择要添加的字段。

（3）一次添加多个字段。按住 Ctrl 键并单击要添加的字段，然后将它们拖放到"设计网格"中。

（4）添加表中所有字段。在设计视图上方，双击该表的标题栏，选中所有字段，并将光标放到字段列表中的任意一个位置，按下鼠标左键拖动鼠标到"设计网格"中的第 1 个空白列上，然后释放鼠标左键。或将鼠标放到设计视图上方字段列表的星号"*"上，并按住鼠标左键拖动鼠标到"设计网格"中的第 1 个空白列上，然后释放鼠标左键。

2．删除字段

以设计视图方式打开要删除字段的查询，选中要删除字段所在的列，然后使用以下 3 种方法完成删除。

方法 1：按 Delete 键。

方法 2：用鼠标右键单击所选列，从弹出的快捷菜单中选择"剪切"命令。

方法 3：单击"查询工具/设计"选项卡，然后单击"查询设置"组中的"删除列"按钮⊠。

3．移动字段

在设计查询时，字段的排列顺序非常重要，它影响数据的排序和分组。Access 在排序查询结果时，首先按照"设计网格"中排列最靠前的字段排序，然后再按下一个字段排序。可以根据排序和分组的需要，移动字段来改变字段的顺序。

用设计视图打开要修改的查询，单击要移动字段对应的字段选择器，然后按住鼠标左键不放，将鼠标指针移动至新的位置。如果要将字段移到某一字段的左侧，则将鼠标指针移动到该列，当松开鼠标左键时，Access 将把被移动的字段移到光标所在列的左侧。

4.8.3　编辑查询中的数据源

在已建查询的设计视图上方，每个表或查询的字段列表中都列出了可以添加到"设计网格"上的所有字段。但是，如果在列出的字段中，没有所要的字段，就需要将该字段所属的表或查询添加到设计视图中；反之，如果所列表或查询没有用了，可以将其删除。

1．添加表或查询

用设计视图打开所要修改的查询，单击"查询工具/设计"选项卡，然后单击"查询设置"组中的"显示表"按钮▦，弹出"显示表"对话框，在"显示表"对话框中，双击需要添加的表或查询；或右键单击设计视图上方空白区域，从弹出的快捷菜单中选择"显示表"命令，弹出"显示表"对话框，在"显示表"对话框中，双击需要添加的表或查询。

2．删除表或查询

打开要修改查询的设计视图；右键单击要删除的表或查询字段列表的标题栏，从弹出的快捷菜单中选择"删除表"命令；或单击要删除的表或查询，然后按 Delete 键。

习　题　4

一、问答题

1．什么是查询？查询与筛选的主要区别是什么？

2．使用查询的目的是什么？查询具有哪些功能？

3．查询有几种？它们的区别是什么？

4．什么是总计查询？总计项有哪些？如何使用这些总计项？

5．什么是联合查询？其作用是什么？

二、选择题

1．Access 支持的查询类型是（　　）。

A．选择查询、参数查询、操作查询、SQL 查询和交叉表查询

B．基本查询、选择查询、参数查询、SQL 查询和操作查询

C．多表查询、单表查询、参数查询、操作查询和交叉表查询

D．选择查询、统计查询、参数查询、SQL 查询和操作查询

2．在表中查找符合条件的记录，应使用的查询是（　　）。

A．总计查询　　　　B．更新查询　　　　C．选择查询　　　　D．生成表查询

3．如果数值函数 INT（数值表达式）中，数值表达式为正，则返回的是数值表达式值的（　　）。

A．绝对值　　　　B．整数部分值　　　　C．符号值　　　　D．小数部分值

4．条件“Between 10 And 90”的含义是（　　）。

A．数值 10～90 的数字，且包含 10 和 90

B．数值 10～90 的数字，不包含 10 和 90

C．数值 10 和 90 这两个数字之外的数字

D．数值为 10 和 90 这两个数字

5．在创建交叉表查询时，行标题字段的值显示在交叉表上的位置是（　　）。

A．第 1 行　　　　B．上面若干行　　　　C．第 1 列　　　　D．左侧若干列

6．在 Access 中已建立了“教师”表，表中有“教师编号”“姓名”“性别”“职称”和“奖金”等字段。执行如下 SQL 命令：

```
SELECT  职称, Avg（奖金） FROM 教师 GROUP BY 职称;
```

其结果是（　　）。

A．计算奖金的平均值，并显示职称

B．计算奖金的平均值，并显示职称和奖金的平均值

C．计算各类职称奖金的平均值，并显示职称

D．计算各类职称奖金的平均值，并显示职称和奖金的平均值

7．以下关于 INSERT 语句的叙述中，正确的是（　　）。

A．用于插入记录　　　　　　　　　　B．用于更新记录

C．用于删除记录　　　　　　　　　　D．用于选择记录

8．在查询设计视图中（　　）。

A．只能添加查询　　　　　　　　　　B．可以添加数据表，也可以添加查询

C．只能添加数据表　　　　　　　　　D．可以添加数据表，不可以添加查询

9．假设某数据表中有一个“姓名”字段，查找姓李的记录的条件是（　　）。

A．NOT "李*"　　　B．Like "李"　　　C．Left([姓名],1) = "李"　　　D．"李"

10．图 4-78 所示的是查询设计视图的“设计网格”部分，从此部分所示内容中判断欲创建的查询是（　　）。

A．删除查询　　　　B．生成表查询　　　　C．选择查询　　　　D．更新查询

图 4-78　查询设计视图的“设计网格”

三、填空题

1．创建分组统计查询时，总计项应选择_____。

2．查询有 5 种：_____、交叉表查询、_____、操作查询和 SQL 查询。

3．若希望使用一个或多个字段的值进行计算，需要在查询设计视图的"设计网格"中添加_____字段。

4．书写查询条件时，日期常量值应使用_____符号括起来。

5．SQL 特定查询包括_____、传递查询、_____和子查询 4 种。

实　验　4

一、实验目的

1．掌握 Access 的操作环境。

2．了解查询的基本概念和种类。

3．理解查询条件的含义和组成，掌握条件的书写方法。

4．熟悉查询设计视图的使用方法。

5．掌握各种查询的创建和设计方法。

6．掌握使用查询实现计算的方法。

二、实验内容

以实验 3 创建的数据库中相关表为数据源，按题目要求创建以下查询。

1．查找所有雇员的售书情况，并按数量从大到小顺序显示雇员姓名、书籍名称、出版社名称、定价、订购日期、数量和售出单价。查询名为"Q1"。

2．查找定价大于等于 15 并且小于等于 20 元的图书，显示书籍名称、作者名和出版社名称。查询名为"Q2"。

3．查找 1 月出生的雇员，并显示姓名、书籍名称、数量。查询名为"Q3"。

4．计算每类书籍的平均定价，并显示"类别"和"平均定价"。要求平均定价保留两位小数，查询名为"Q4"。

5．计算每名雇员的奖金，并显示"姓名"和"奖金额"。查询名为"Q5"。

$$奖金额＝每名雇员的销售金额合计数 × 0.005$$

6．查找低于本类图书平均定价的图书，并显示书籍名称、类别、定价、作者名、出版社名称。查询名为"Q6"。

7．计算雇员的总销售额占图书大厦总销售额的百分比，并找出超过 20%的雇员，显示其姓名。查询名为"Q7"。

8．计算并显示每名雇员销售的各类图书的总金额，显示时行标题为"姓名"，列标题为"类别"。查询名为"Q8"。

9．按雇员号查找某个雇员，并显示雇员的姓名、性别、出生日期和职务。查询名为"Q9"。当运行该查询时，提示框中应显示"请输入雇员号："。

10．计算"计算机"类每本图书的销售额，并将计算结果放入新表中，表中字段名称包括"类别""书籍名称"和"销售额"，表名为"销售额"。查询名为"Q10"。

11．删除第 10 题所建"销售额"表中销售额小于 1000 元的记录。查询名为"Q11"。

12．将"客户"表中"经济贸易大学"的单位名称改为"首都经济贸易大学"。查询名为"Q12"。

13．计算非"计算机"类每本书的销售额，并将它们添加到已建的"销售额"表中。查询名为"Q13"。

14．利用子查询，统计并显示该公司有销售业绩的雇员人数，显示标题为"有销售业绩的雇员人数"。查询名为"Q14"。

三、实验要求

1．创建查询，运行并查看结果。

2．保存上机操作结果。

3．记录上机时出现的问题及解决方法。

4．编写上机报告，报告内容包括如下。

（1）实验内容：实验题目与要求。

（2）分析与思考：实验过程、实验中遇到的问题及解决办法，实验的心得与体会。

第 5 章 窗体的设计和应用

窗体是 Access 的重要对象。窗体作为控制应用程序运行的界面,将整个系统的对象组织起来,从而形成一个功能完整、风格统一的应用系统。窗体设计的好坏决定了用户对该系统的直观印象。本章将详细介绍窗体的操作,包括窗体的概念和作用、窗体的组成和结构、窗体的创建和美化等。

5.1 窗体概述

窗体本身并不存储数据,但用窗体可以使数据库中数据的输入、修改和查看变得十分直观、容易,使数据显示的格式更加灵活、方便。窗体可以包含各种控件,通过这些控件可以打开报表或其他窗体、执行宏或 VBA 编写的代码程序。在一个数据库应用程序开发完成后,对数据库的所有操作都可以通过窗体这个界面来实现。因此窗体也是一个系统的组织者。

5.1.1 窗体的概念和作用

窗体是应用程序和用户之间的接口,是创建数据库应用系统最基本的对象。用户通过使用窗体实现数据维护、控制应用程序的流程。具体包括以下几个方面。

(1)数据的显示与编辑:窗体最基本的功能是显示与编辑数据,它可以同时显示来自多个数据表中的数据,可以通过窗体对数据表中的数据进行添加、删除和修改。窗体中数据显示的格式相对于数据表更加自由、灵活。

(2)数据的输入:可以为数据库中的每一个数据表设计相应的窗体作为数据输入界面,通过设置绑定字段的控件的相关属性,加快数据输入的速度,提高输入的准确率。

(3)信息的显示和数据的打印:在窗体中可以显示一些警告或解释的信息。此外,窗体也可以打印数据库中的数据。

(4)控制应用程序流程:Access 的窗体可以与函数、过程相结合,编写宏或 VBA 代码完成各种复杂的功能,控制程序执行的流程。

5.1.2 窗体的视图

Access 窗体有 4 种视图,分别是设计视图、窗体视图、布局视图和数据表视图。

(1)设计视图:用来创建和修改窗体的窗口,在数据库应用系统开发期,它是用户的工作台,用户可以调整窗体的版面布局,在窗体中加入控件、设置数据来源等。

（2）窗体视图：是最终面向用户的视图，设计过程中用来查看窗体运行的效果。

（3）布局视图：用于修改窗体布局，它的界面与窗体视图几乎一样，区别在于在布局视图中可以移动控件的位置，调整控件的大小。

（4）数据表视图：以数据表的形式显示表、窗体、查询中的数据，它的显示效果类似表对象的数据表视图，可用于编辑字段、添加和删除数据、查找数据等。

窗体的 4 种视图分别如图 5-1（a）～图 5-1（d）所示。

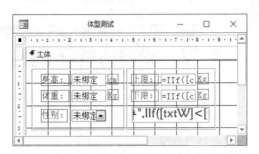
（a）设计视图

（b）窗体视图

（c）布局视图

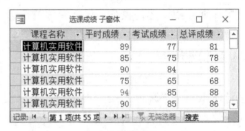
（d）数据表视图

图 5-1　窗体的 4 种视图

单击"开始"选项卡，单击"视图"组中的"视图"按钮下方的下拉箭头按钮，从弹出的下拉菜单中选择相应的视图命令，即可实现窗体视图之间的切换。

5.1.3　窗体的类型

按功能可以将窗体划分为数据操作窗体、应用控制窗体和信息交互窗体 3 种类型。

1. 数据操作窗体

数据操作窗体主要用来对表或查询进行显示、浏览、输入、修改等操作，如图 5-2 所示。

根据数据组织和表现形式的不同，数据操作窗体分为单窗体、数据表窗体、分割窗体、多项目窗体等。

2. 应用控制窗体

应用控制窗体主要用来操作、控制程序的

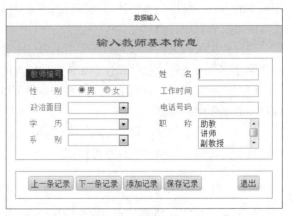
图 5-2　数据操作窗体

运行，它是通过命令按钮、选项按钮等控件对象来响应用户请求的，如图 5-3 所示。

图 5-3　应用控制窗体

3. 信息交互窗体

信息交互窗体可以是用户定义的，也可以是系统自动产生的。由用户定义的各种信息交互窗体可以接受用户输入、显示系统运行结果等，如图 5-4 所示；由系统自动产生的信息交互窗体通常显示各种警告、提示信息，如数据输入违反验证规则时弹出的警告，如图 5-5 所示。

图 5-4　用户定义的信息交互窗体　　　　图 5-5　系统自动产生的信息交互窗体

5.2　窗体的创建

创建窗体有两种途径：一种是在窗体的设计视图下创建，另一种是使用 Access 提供的各种向导快速创建。数据操作窗体一般都能由向导创建，但这类窗体的版式是既定的，因此经常需要转到设计视图进行调整和修改。应用控制窗体和信息交互窗体只能在设计视图下手动创建。

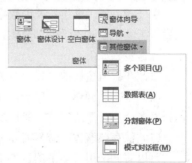

在 Access 2016 的"创建"选项卡的"窗体"组中，单击"其他窗体"按钮，在弹出的下拉列表中，可以看到系统提供的创建窗体的各种方式，如图 5-6 所示。

"窗体"组中，各按钮功能如下。

- 窗体：利用当前打开（或选定）的数据源（表或者查询）自动创建窗体。
- 窗体设计：进入窗体的"设计视图"。

图 5-6　创建窗体的各种方式

139

- 空白窗体：创建一个空白窗体，可以直接从字段列表中添加绑定型控件或其他非绑定型控件。
- 窗体向导：通过提供的向导，建立基于多个数据源的不同样式的窗体。
- 其他窗体：包含有多个项目，利用当前打开（或选定）的数据源创建窗体。其中，"多个项目"选项创建显示多条记录的窗体；"数据表"选项是利用当前打开（或选定）的数据源创建数据表窗体；"分割窗体"选项创建分割窗体，两个窗体内分别显示当前记录和全部记录；"模式对话框"选项创建带命令按钮的对话框窗体。

5.2.1 快速创建窗体

Access 提供了多种方法，可以快速创建窗体。基本步骤都是先打开（或选定）一个表或者查询，然后选用某个创建窗体的工具来创建窗体。

1. 使用"窗体"工具创建窗体

使用"窗体"工具可以创建显示单条记录的窗体。如果选定的表有关联的子表，"窗体"工具还会在主窗体中自动生成一个子窗体，子窗体显示主窗体中当前记录关联的子表中的数据。

例 5-1 以"学生"表为数据源，使用"窗体"工具，创建"学生"窗体。

操作步骤如下。

（1）在导航窗格的"表"对象下，打开（或选定）"学生"表。

（2）单击"创建"选项卡下"窗体"组中的"窗体"按钮，系统自动生成图 5-7 所示的窗体。

（3）保存该窗体。命名窗体名称为"学生（单记录式）"。

可以看到，在生成的主窗体下方有一个子窗体，显示了与"学生"表关联的子表"选课成绩"表的数据，且是主窗体中当前记录关联的子表中的相关记录。

2. 使用"多个项目"工具创建多个项目窗体

使用"多个项目"工具可以创建显示多条记录的窗体，能够满足快速浏览数据表中所有记录的需要。

例 5-2 以"学生"表为数据源，使用"多个项目"工具，创建"学生"窗体。

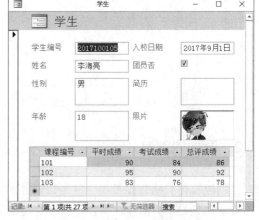

图 5-7 用"窗体"工具生成的窗体

操作步骤如下。

（1）在导航窗格的"表"对象下，打开（或选定）"学生"表。

（2）单击"创建"选项卡，在"窗体"组中单击"其他窗体"按钮，在弹出的下拉列表中选择"多个项目"选项，系统自动生成图 5-8 所示的窗体。

（3）保存该窗体。命名窗体名称为"学生（多记录式）"。

可以看到，用"多个项目"生成的窗体中，"OLE 对象"数据类型的字段可以在表格中正常显示。

图 5-8 用"多个项目"工具生成的窗体

3．使用"数据表"工具创建数据表窗体

数据表窗体中的每条记录是以行和列的格式进行显示。可以使用"数据表"工具创建数据表窗体。

例 5-3 以"学生"表为数据源，使用"数据表"工具，创建"学生"窗体。

操作步骤如下。

（1）在导航窗格的"表"对象下，打开（或选定）"学生"表。

（2）单击"创建"选项卡，在"窗体"组中单击"其他窗体"按钮，在弹出的下拉列表中选择"数据表"项，系统自动生成图 5-9 所示的窗体。

学生编号	姓名	性别	年龄	入校日期	团员否	简历	照片
2017100105	李海亮	男	18	2017年9月1日	☑		Bitmap Image
2017100106	李元	女	23	2017年9月1日	☑		Bitmap Image
2017100107	井江	女	19	2017年9月1日	☑		Bitmap Image
2017100201	冯伟	女	20	2017年9月1日	☑		
2017100202	王朋	男	21	2017年9月1日	☑		
2017100203	丛古	女	21	2017年9月1日	☐		

记录：第 1 项（共 27 项） 无筛选器 搜索

图 5-9 用"数据表"工具生成的窗体

（3）保存该窗体。命名窗体名称为"学生（数据表式）"。

4．使用"分割窗体"工具创建分割窗体

使用"分割窗体"工具可以创建同时显示单条和多条记录的分割窗体。

例 5-4 以"学生"表为数据源，使用"分割窗体"工具，创建"学生"窗体。

操作步骤如下。

（1）在导航窗格的"表"对象下，打开（或选定）"学生"表。

（2）单击"创建"选项卡，在"窗体"组中单击"其他窗体"按钮，从弹出的下拉列表中选择"分割窗体"项，系统自动生成图 5-10 所示的窗体。

（3）保存该窗体。命名窗体名称为"学生（分割式）"。

分割窗体有上下两个窗口，上窗口以纵栏方式显示当前记录，下窗口带有导航条，以数据表形式显示所有记录。从下窗口中选择的当前记录会同步显示在上窗口中，可以在任一窗口中编辑数据。

窗体创建后，系统显示的是窗体的布局视图，在这个视图下可以调整窗体布局。

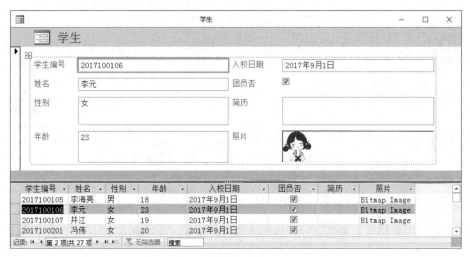

图 5-10　用"分割窗体"工具生成的窗体

5.2.2　创建"模式对话框"窗体

"模式对话框"窗体是一种信息交互窗体，带有"确定"功能和"取消"功能两个命令按钮。这类窗体的特点是它的运行方式是独占的，在退出窗体（单击"确定"或"取消"按钮）之前不能打开或操作其他的数据库对象。

例 5-5　创建一个图 5-11 所示的"模式对话框"窗体。

操作步骤如下。

（1）单击"创建"选项卡，单击"窗体"组中的"其他窗体"按钮，在弹出的下拉列表中选择"模式对话框"项，系统自动生成"模式对话框"窗体，并以设计视图方式打开。

图 5-11　用"模式对话框"工具生成的窗体

（2）可根据需要调整控件布局、显示区域、窗体大小等。

（2）保存该窗体。窗体名称为"模式对话框"。

5.2.3　使用"空白窗体"创建窗体

使用"空白窗体"按钮创建窗体是在布局视图中创建的，这种"空白"就像一种白纸。在所建的"空白窗体"中，可以根据需要从同时打开的用于窗体数据源的字段列表中，将字段拖到窗体上，从而完成创建窗体的工作。

例 5-6　用"空白窗体"工具创建显示学生编号、姓名、年龄和照片的窗体。

操作步骤如下。

（1）单击"创建"选项卡，在"窗体"组中单击"空白窗体"按钮□，创建一个空白窗体，同时打开"字段列表"对话框。

（2）单击"字段列表"对话框中的"显示所有表"链接，单击"学生"表左侧的"+"，展开"学生"表所包含的字段，如图 5-12 所示。

（3）依次双击"学生"表中的"学生编号""姓名""年龄"和"照片"字段。这些字段被添加到空白窗体中，且立即显示"学生"表中的第 1 条记录。同时"字段列表"对话框的布局从一个窗格变为两个小窗格，分别是："可用于此视图的字段"和"相关表中的可用字段"，如图 5-13 所示。

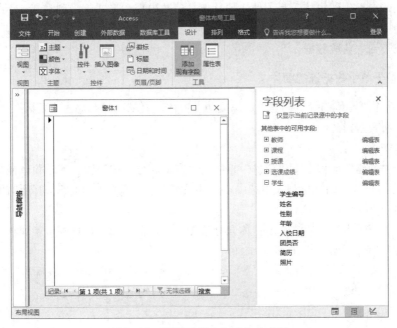

图 5-12　查看"学生"表包含字段

（4）关闭"字段列表"对话框，调整控件布局，保存该窗体，窗体名称为"学生（空白窗体）"。生成窗体，如图 5-14 所示。

图 5-13　添加字段后的"空白窗体"和"字段列表"对话框　　图 5-14　用"空白窗体"
创建窗体

一般来说，当要创建的窗体只需要显示数据表中的某些字段时，用"空白窗体"创建很方便。

5.2.4　使用向导创建窗体

系统提供的自动创建窗体工具方便快捷，但是多数内容和形式都受到限制，不能满足更为复杂的要求。使用"窗体向导"可以更灵活、全面地控制数据来源和窗体格式，因为"窗体向导"能从多个表或查询中获取数据。

1．创建基于单个数据源的窗体

例 5-7　使用"窗体向导"创建"选课成绩"窗体，要求窗体布局为"表格"，窗体显示"选课成绩"表的所有字段。

操作步骤如下。

（1）单击"创建"选项卡下"窗体"组中的"窗体向导"按钮🗔，启动窗体向导。

（2）在"表/查询"的下拉列表中选中"选课成绩"表，单击 ⏩ 按钮选择所有字段，选定字段结果如图 5-15 所示。

（3）单击"下一步"按钮，弹出窗体向导第 2 个对话框，该对话框提供了 4 种布局形式。本例选择"表格"形式，如图 5-16 所示。

图 5-15　选定字段结果

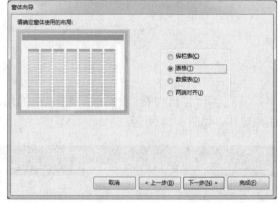

图 5-16　选择布局

（4）单击"下一步"按钮，弹出窗体向导第 3 个对话框，为窗体指定标题（亦是窗体对象的名称）框。这里指定窗体标题为"选课成绩"，如图 5-17 所示。

（5）单击"完成"按钮，保存该窗体。用"窗体向导"生成的窗体如图 5-18 所示。

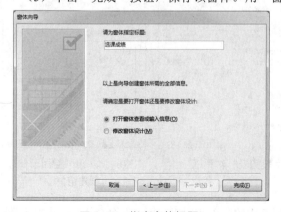

图 5-17　指定窗体标题

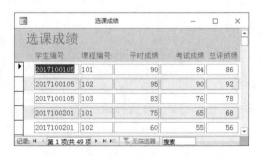

图 5-18　用"窗体向导"生成的窗体

2. 创建基于多个数据源的窗体

使用"窗体向导"创建窗体更重要的应用是创建涉及多个数据源的窗体，也称此类窗体为主/子窗体。在向导的第 1 个对话框中，"表/查询"下拉列表中包含了当前数据库中所有的表和查询，用户可以自由地将不同表或查询中的字段添加到"选定字段"列表框中。如果这些不同数据源之间的数据存在关联，那么就可以创建带有子窗体的窗体。

例 5-8　使用"窗体向导"创建窗体，显示所有学生的"学生编号""姓名""课程名称"和"成绩"。窗体名为"学生选课成绩"。

操作步骤如下。

（1）单击"创建"选项卡，单击"窗体"组中的"窗体向导"按钮，启动窗体向导。

（2）在"表/查询"下拉列表中，选择"学生"表，添加"学生编号""姓名"字段到"选定字段"列表中；选择"课程"表，添加"课程名称"字段到"选定字段"列表中；选择"选课成绩"表，添加所有的成绩字段到"选定字段"列表中，结果如图 5-19 所示。

（3）单击"下一步"按钮，在该对话框中确定查看数据的方式。这里选择"通过 学生"查看数据的方式。单击"带有子窗体的窗体"单选按钮，如图 5-20 所示。

图 5-19　选定字段结果　　　　图 5-20　选择查看数据的方式及子窗体显示方式

（4）单击"下一步"按钮，在弹出的对话框中确定子窗体使用的布局为"数据表"形式，如图 5-21 所示。

（5）单击"下一步"按钮，在弹出的对话框中指定窗体标题及子窗体标题，如图 5-22 所示。

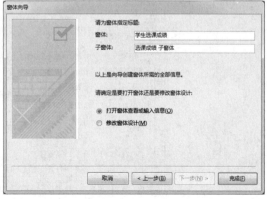

图 5-21　确定子窗体使用的布局　　　　图 5-22　指定窗体及子窗体标题

（6）单击"完成"按钮，保存该窗体。基于多表的窗体创建结果如图 5-23 所示。

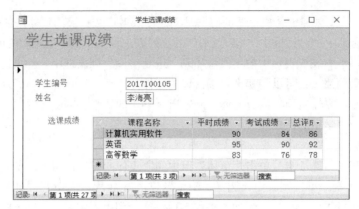

图 5-23　基于多表的窗体创建结果

在使用向导创建窗体时有一个重要的步骤："确定查看数据的方式"，同时"确定子表窗体的形式"。

在上例中，当显示的数据取自多个数据源，且这多个数据源之间存在主从关系时，则选择不同查看数据的方式会产生不同结构的窗体。"学生"表相对于"选课成绩"表是主表（学生表中的一条记录对应选课成绩表中的多条记录），因此选择从"学生"表查看数据可以创建带子窗体的窗体，子窗体中显示子表的数据。图 5-23 所示的是嵌入式子窗体；如果上例的第（3）步中选择"链接窗体"单选按钮，则创建的是链接式子窗体，如图 5-24 所示。

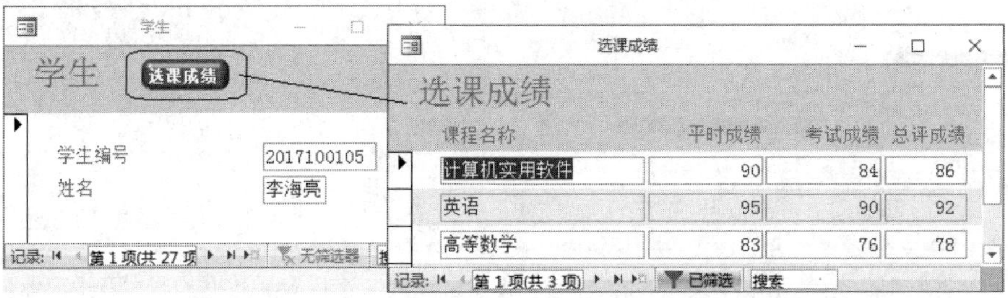

图 5-24　链接式子窗体

如果选择从子表查看数据，则生成一个独立的窗体，在窗体中显示多个数据源连接后产生的所有记录。假如在上例中第 3 步选择"通过 选课成绩"查看数据，则创建的窗体如图 5-25 所示。

图 5-25　从子表看数据创建的窗体

5.3 窗体的设计

不管使用何种方法创建窗体，都可以切换到设计视图下修改，当然也可以利用"窗体设计"工具直接在窗体设计视图下通过添加控件完成窗体的创建。在设计视图下创建窗体时，用户可以完全控制窗体的布局，设置它们的格式直到达到满意的效果。

5.3.1 窗体设计视图

单击"创建"选项卡，在"窗体"组中单击"窗体设计"按钮，进入窗体设计视图。

1．窗体的组成和结构

在设计视图下，窗体由 5 个节组成，分别为主体、窗体页眉、页面页眉、页面页脚和窗体页脚，如图 5-26 所示。

默认情况下，打开窗体设计视图时只显示主体节。用鼠标右键单击主体节的空白区域，在弹出的快捷菜单中选择"页面页眉/页脚"命令和"窗体页眉/页脚"命令，可以显示出其他 4 个节。

如果将窗体的设计视图比作画布，主体就是画布上的中央区域，是浓墨重彩的地方，而且是不能被隐藏的；页眉、页脚则是画布上题跋、落款的地方，在设计视图下可以被隐藏。其中，页面页眉/页脚中的内容在打印时才会显示。

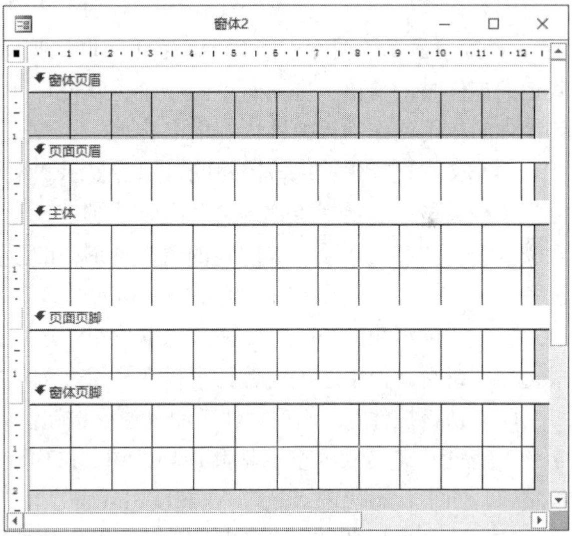

关于窗体中各节说明如下。

（1）窗体页眉：位于窗体顶部，常用来显示窗体的标题和使用说明、放置命令按钮等。此区域的内容是静态的，不会随着窗体垂直滚动条的调节而滚动，在窗体打印时只会出现在首页。

（2）页面页眉：用来显示标题、徽标、字段名称等信息。

（3）主体：是窗体最重要的部分，每一

图 5-26 窗体的组成

个窗体都必须有一个主体，是打开窗体设计视图时系统默认打开的节。主体是数据、记录的显示区，窗体上的控件也主要在主体节上设置。

（4）页面页脚：和页面页眉位置相对、性质相仿，用来设置窗体在打印时每一页底部要显示的内容，如日期、页码等。

（5）窗体页脚：和窗体页眉位置相对，位于窗体底部，该区域的内容也是静态的，不随垂直滚动条的调节而滚动，经常用来放置各种汇总信息，如"平均成绩""总人数"等；也可以像窗体页眉一样，放置命令按钮和说明信息。

窗体各个节的宽度和高度可以调整，简单的方式是手动调整，还可以在窗体的"属性表"对话框中定义。

用鼠标右键单击主体节的空白区域，在弹出的快捷菜单中选择"标尺"命令和"网格"命令，可在设计视图中显示出标尺和网格，以方便设定控件位置。

2．窗体设计工具

"窗体设计工具"面板是随着进入窗体设计视图自动展现的，其下有 3 个选项卡，分别是"设计""排列"和"格式"。在"设计"选项卡下有窗体设计需要的控件工具，集成了窗体设计一些基本控件，如图 5-27 所示。

常用控件说明如下。

（1）选择对象控件：该按钮弹起时，表明"控件"组中已有控件被选中，窗体上鼠标的箭头变成十字光标，此时可在窗体上生成被选中的控件；按 Esc 键或者单击该按钮可使该按钮按下，鼠标光标变回箭头形状，此时可做选择窗体上的控件或设置属性等操作。

图 5-27　窗体设计基本控件

（2）控件向导：用于打开或关闭"控件向导"。按"使用控件向导"按钮，可在创建新控件时启动"控件向导"，方便新建控件的属性设置等。系统默认"控件向导"是选中的。

（3）标签控件：当需要在窗体上显示一些说明性文字时，通常使用标签控件（也叫独立标签）。标签不显示数据库中的数据，它不关联数据源中的字段，即没有"控件来源"属性。在创建其他的控件时，窗体上会同时产生一个标签控件（称为附加标签）附加到该控件左侧，用以说明该控件的作用或作为该控件内容的名称。

（4）文本框控件：该控件既可用于显示和编辑字段数据，也可以接收用户的输入。文本框分为 3 种类型：绑定（也称结合）型、非绑定（也称非结合）型和计算型。绑定型文本框绑定到表或查询中的字段，显示被绑定的表或查询中的字段的值；非绑定型文本框和表或查询中的数据没关系，用来显示提示信息或接收用户输入的数据等；计算型文本框用来显示表达式的计算结果。

（5）选项组控件：主要和复选框按钮、选项按钮或切换按钮等双态控件结合起来使用，组成选项按钮组。使用选项组控件可以在一组并列项中选定其中一项，实现多选一。

（6）切换控件、选项按钮和复选框按钮：这是 3 个双态控件，都能用来显示表或查询中的"是/否"值。对于复选框和选项按钮，选中状态代表"是"，非选中状态代表"否"；对于切换按钮，凹下状态代表"是"，凸起状态代表"否"。

（7）组合框控件和列表框控件：组合框控件和列表框控件在功能上十分相似。组合框控件可看做是列表框控件和文本框控件的结合。这两种控件多用于当输入或显示的数据来自一组固定的数据或某个表或查询的字段时。

（8）选项卡控件：当窗体中的内容无法在一页中全部显示时，使用选项卡进行分页，每一页上可以有一个分类标签。

（9）图像控件：用来在窗体中显示图片。由于图片并非 OLE 对象，所以一旦将图片添加到窗体或报表中，便不能被编辑。

（10）ActiveX 控件：是由系统提供的可重用的软件组件。使用 ActiveX 控件，可以很快地在窗体中创建具有特殊功能的控件。

3．字段列表

数据操作类窗体都是基于某一个表或查询建立起来的，因此窗体内控件显示的是表或查询中的字段值。当要在窗体中建立绑定型控件时，从"字段列表"窗口中创建是最便捷的。在"窗体设计工具/设计"选项卡中，单击"工具"组中的"添加现有字段"按钮，即可显示"字段列表"对话框，单击"显示所有表"链接，显示出该数据库中的所有数据表，如图 5-28 左图所示。单击表名称左侧的"+"，可以展开该表所包含的字段，如图 5-28 右图所示。

在创建窗体时，如果需要在窗体内使用一个控件来显示字段列表中某字段值，则可以将该字段拖到窗体内，窗体会根据

图 5-28　字段列表

字段的数据类型自动创建相应类型的控件，并与此字段关联。例如，拖到窗体内的字段是文本型，将创建一个文本框显示此字段值。

只有当窗体绑定了数据源后，"字段列表"才有效。

5.3.2　属性设计

窗体和窗体上控件都有自己的属性集合，这些属性决定了控件的外观、它所关联的字段，以及对鼠标或键盘事件的响应。

1. 属性表

在窗体设计视图下，窗体和窗体上控件的属性都可以在属性表中设定。在"窗体设计工具/设计"选项卡中，单击"工具"组中的"属性表"按钮，或在窗体中单击鼠标右键并从弹出的快捷菜单中选择"属性"命令，可打开属性表，还可以双击控件本身打开该控件的属性表。属性表如图 5-29 所示。

"属性表"对话框上方的下拉列表是当前窗体上所有对象的列表，可从中选择要设置属性的对象，也可以直接在窗体上用鼠标单击选中对象，列表框相应显示被选中对象的控件名称。

"属性表"对话框包含 5 个选项卡，分别是格式、数据、事件、其他和全部。其中，"格式"选项卡包含窗体或控件的外观类属性；"数据"选项卡包含与数据源、数据操作相关的属性；"事件"选项卡包含窗体或当前控件能够响应的事件；"其他"选项卡包含"名称""制表位"等其他属性。

选项卡下方左侧显示属性名称，右侧是属性值。

图 5-29　属性表

2. 窗体的基本属性

窗体也是一个控件对象，只不过不是从"控件"组中创建的，而是在初建窗体时由系统创建

的，它是一个容器类控件。窗体也有自己的属性集合。例如，可以设置用户右键单击窗体时的效果、窗体的颜色、窗体的数据来源，以及是否可以在窗体上编辑数据等。

图 5-30　窗体选定器

双击"窗体选定器"可以打开窗体的属性表，如图 5-30 所示。窗体选定器是窗体上水平标尺和垂直标尺交叉处的灰色方框的矩形块，单击它可选定窗体，双击它可选定窗体并打开窗体的属性表。

窗体的基本属性及说明如表 5-1 所示。

表 5-1　　　　　　　　　　　　　　窗体的基本属性及说明

属　　性	说　　明
记录源	指定窗体的数据来源，可以是表或查询的名称。如果指定了记录源，则可打开"字段列表"，根据系统定义的字段映射规则，用鼠标把字段列表上的字段拖放到窗体上创建绑定字段的控件
标题	整个窗体的标题，显示在窗体的标题栏上
默认视图	指定窗体打开后的视图方式，有"单个窗体""连续窗体""数据表"和"数据透视表"。其中，"单个窗体"是一次只显示一条记录，而"连续窗体"一次可显示多条记录
记录选定器	显示/隐藏记录选择器
导航按钮	显示/隐藏导航按钮
分隔线	窗体各节之间的分隔线条，可设置是否显示分隔线
弹出方式	弹出式窗体的特点是该窗体不管是否为当前窗体，都会置其他窗体之上

5.3.3　常用控件的使用

在设计视图中设计窗体时，需要用到各种控件。下面就常用的控件做详细介绍。

1．控件的基本操作

（1）向窗体中添加控件

向窗体中添加控件有两种方式："控件"组中的"控件向导"选中的状态（系统默认的状态）和"控件向导"非选中的状态。如果处于非选中状态，单击"设计"选项卡的"控件"组中的"文本框"按钮 ；将鼠标光标移至窗体上，此时鼠标光标变为"+"号（标示新建控件的左上角位置）。按下鼠标左键，向右下方拖曳鼠标光标，窗体上将出现一个方框，当所画方框达到合适大小（新建控件的大小）时，松开鼠标左键，即在窗体上新建了一个文本框控件。

也可在鼠标光标变为"+"号时，直接在窗体的适当位置单击鼠标左键来创建控件，这样创建的控件尺寸是系统预设的。除了标签控件，系统会自动为每一个新建的控件创建一个关联的标签控件，被关联的标签作为控件的标题或说明，如图 5-31 所示。左侧是系统自动创建的关联的标签，右侧是新建的文本框控件。如果"控件向导"处于选中状态，在建立文本框控件时将同时启动"文本框向导"，向导可帮助用户设置文本框中数据的显示格式，确定光标在文本框中时（获得焦点）是否启动中文输入法、指定文本框的名称等。

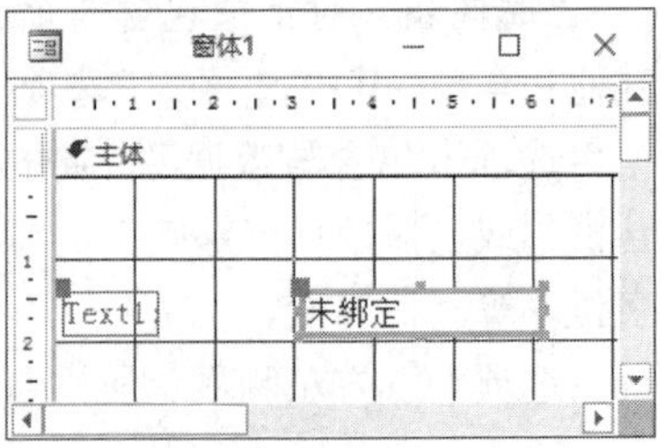

图 5-31　向窗体中添加控件

（2）选择控件

如果选择某个控件，可将鼠标光标放在该控件上，当鼠标光标变为箭头形状（如 ）时，单击鼠标左键，被选中的控件四周会出现 8 个控制点，如图 5-31 所示。如果选择多个控件，可按住 Shift 键或 Ctrl 键，然后逐一单击需要选择的控件。单击 Ctrl+A 组合键，可以选择窗体上的所有控件。

（3）改变控件大小

选中窗体上的控件，控件四周会出现 8 个控制点，当鼠标光标靠近任意控制点变成双向箭头时，就可以按下鼠标左键并拖曳，以调整控件大小，如图 5-32 所示。

（4）调整控件位置

控件的移动有两种不同的形式：控件和其关联的标签联动移动和单个控件的独立移动。选中控件后，用鼠标左键按住控件四周的任意位置（除了控件的左上角这个位置），可以移动控件及其关联的标签，控件和其关联的标签同步联动，如图 5-33 所示；如果只是要移动单个控件，需要将鼠标光标移到可独立移动控件的左上控制点，此时按下鼠标左键可独立拖动该控件到需要的位置，如图 5-34 所示。

图 5-32　改变控件大小　　　　图 5-33　控件联动移动　　　　图 5-34　控件独立移动

2．标签

标签控件主要用来在窗体上显示文本，用作提示和说明。它没有数据源，只要将需要显示的字符赋值给标签的"标题"属性即可。标签的常用属性及说明如表 5-2 所示。

表 5-2　　　　　　　　　　　　标签的常用属性及说明

属　　性	说　　明
标题	指定标签的标题，即需要显示的文本
前景色	字体的颜色，可单击属性框右侧的 … 按钮启动颜色面板来选择
文本对齐	指定标题文本在控件中显示时的对齐方式
字体	指定用何种字体显示文本，默认宋体
可见性	指定标签是否可见，默认"是"
背景样式	指定标签的背景是否透明，当标签设定为透明时，可以显示标签后面的内容

例 5-9　在"学生（单记录式）"窗体的页眉节处，添加一个标签控件，显示"学生基本情况浏览"，如图 5-35 所示。

操作步骤如下。

（1）在导航窗格的"窗体"对象下，右键单击"学生（单记录式）"窗体对象，在弹出的快捷菜单中选择"设计视图"命令，进入窗体的设计视图。

（2）在窗体页眉节中，将现有控件对象删除，然后添加标签控件，直接在标签中输入文字"学生基本情况浏览"。

（3）选中标签，打开属性表，单击"格式"

图 5-35　用标签控件显示标题

选项卡。

（4）将"字号"属性设为 26，"字体名称"属性设为"隶书"。

（5）调整标签控件的大小到能够完全显示标题的内容，移动标签到适当的位置。切换到窗体视图，保存该窗体。

3．文本框

文本框控件一般与内存变量或字段变量相关联，用于输入或编辑变量或字段的值。文本框最重要的属性是"控件来源"属性。若设置文本框控件的"控件来源"属性为已有的内存变量名或由窗体的"记录源"属性指定的数据表中的字段名称，则在窗体视图下对文本框内容的编辑不仅会回送给内存变量或字段，还会保存在文本框的"默认值"属性中。文本框的常用属性及说明如表 5-3 所示。

表 5-3　　　　　　　　　　　文本框的常用属性及说明

属　　性	说　　明
控件来源	设定文本框的数据来源，非空则为绑定型控件
文本对齐	指定文本框的内容是采用左对齐、右对齐、居中还是分散对齐
输入掩码	创建字段的输入模板，规定数据输入的格式
默认值	用于保存文本框中的值，它的初值可决定文本框中值的数据类型
有效性规则	规定输入数据的值域，违反的话不允许录入
有效性文本	输入的数据违反有效性规则时，屏幕上弹出的提示性文字
是否锁定	指定文本框是否只读，"否"的话可读写，"是"为只读。默认"否"

下面 3 个示例分别说明绑定型文本框、计算型文本框和非绑定型文本框的应用。

例 5-10　设在"学生"表中增加了"E-mail"字段，在已建"学生（空白窗体）"窗体上添加文本框控件，以显示"E-mail"字段的值。

操作步骤如下。

（1）在"导航窗格"的"窗体"对象下，打开"学生（空白窗体）"窗体，切换到窗体设计视图。

（2）单击"窗体设计工具/设计"选项卡下"工具"组中的"添加现有字段"按钮，打开字段列表，如图 5-36 所示。

（3）从字段列表中拖动"E-mail"字段到窗体上的适当位置，释放鼠标左键。系统自动创建了一个带标签的文本框控件。

（4）调整窗体布局，保存该窗体。修改后的窗体如图 5-37 所示。

图 5-36　字段列表

图 5-37　修改后的窗体

该文本框控件与"E-mail"字段自动绑定，可从属性表中看到该文本框控件的"控件来源"

属性被设置为"E-mail"字段。

当然，也可以从"窗体设计工具/设计"选项卡的"控件"组中，将文本框控件添加到窗体上，并在属性表中设置该控件的"控件来源"属性为"E-mail"，来显示"E-mail"字段。

例 5-11 在"学生"表中，"学生编号"字段的第 5、6 位编码代表该生所在的院系，已知该两位代码是 10、11、12 时分别表示管理工程学院、统计学院、工商管理学院。修改例 5-10 中的窗体，在不改变"学生"表结构的情况下，试用计算型文本框控件在窗体上显示院系信息。

5-1 例 5-11

操作步骤如下。

（1）在"导航窗格"的"窗体"对象下，打开"学生（空白窗体）"窗体，切换到窗体设计视图。

（2）双击窗体选定器打开窗体的属性表，在"数据"选项卡下设置"记录源"属性为"学生"表。（之前该窗体记录源只包含"学生编号""姓名""年龄""E-mail"和"照片"5 个字段。）

（3）从"控件"组中向窗体上添加文本框控件，调整新建控件的位置。

（4）选中被关联的标签控件，把标签的"标题"属性改为"所在院系"。

（5）选中新建的文本框，直接在控件中输入表达式：

=IIf(Mid([学生编号],5,2)="10","管理工程学院",IIf(Mid([学生编号],5,2)="11","统计学院",IIf(Mid([学生编号],5,2)="12","工商管理学院","不确定")));

或者在属性表的"数据"选项卡中，单击"控件来源"属性右侧的■按钮，启动表达式生成器，在左上方空白区域输入表达式，如图 5-38 所示。

（6）保存窗体。切换到窗体视图，修改后的窗体如图 5-39 所示。

图 5-38 表达式生成器

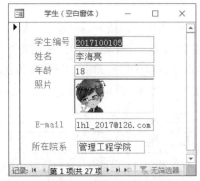

图 5-39 修改后的窗体

该例是利用计算型控件显示表达式的运算结果。表达式总是以等号开始，由函数、字段变量、常量和运算符等组成。

例 5-12 创建一个"系统登录"窗体，要求输入用户名和口令。

操作步骤如下。

（1）在"导航窗格"的"窗体"对象下，打开在例 5-5 中创建的"模式对话框"窗体，切换到窗体设计视图。

（2）在窗体上创建第 1 个文本框作为用户输入用户名的控件。修改其关联标签的"标题"属性为"用户名"。

（3）在窗体上创建第 2 个文本框作为输入口令的控件。修改其关联标签的"标题"属性为"密码"。因其具有保密性，因此设定该文本框的"输入掩码"属性为"密码"，如图 5-40 所示。

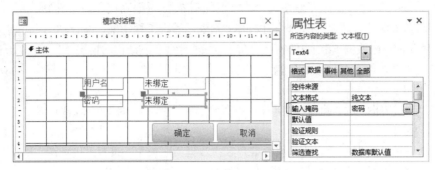

图 5-40　添加文本框控件并设置输入掩码属性

（4）单击"文件"选项卡，单击左窗格中的"另存为"命令，然后单击右窗格中的"对象另存为"→"另存为"按钮，将该窗体另存为"系统登录"，并切换到窗体视图，如图 5-41 所示。

本例中创建的两个文本框控件为非绑定型控件。与绑定型控件不同，非绑定型控件与表

图 5-41　"系统登录"窗体

或查询无关。线、矩形、命令按钮、标签等控件均是非绑定型控件。添加非绑定型控件只能从"控件"组中选择。

4．组合框与列表框

使用组合框或列表框控件可以让用户直接在列表中选择所需数据，提高了数据输入的速度和准确率。这两种控件的形式和功能相似，其不同之处在于：在形式上，组合框多了一个下拉箭头，单击下拉箭头后会弹出一个下拉列表，而一般选项较少且窗体空间足够时可选用列表框控件；在功能上，前者可读写，后者只读。组合框的常用属性及说明如表 5-4 所示。

表 5-4　　　　　　　　　　　　　　组合框的常用属性及说明

属　　性	说　　明
控件来源	设定组合框的数据来源，非空的话则为绑定型控件
行来源类型	与"行来源"属性一同使用，使用该属性可以指定行来源的类型（"表/查询""值列表"或"字段列表"）
行来源	如果设为"表/查询"，则指定表、查询或 SQL 语句的名称；如果设为"值列表"，则指定列表的输入项（多项之间以分号隔开）；如果设为"字段列表"，则指定表或查询的名称
绑定列	指定哪一列与"控件来源"属性中指定的基础字段绑定。当在列表中选择一项时，该列中的数据将存储在字段中。如果隐藏了该列，则该数据可能会与列表上显示的数据有所不同
限于列表	确定组合框是接受输入的任何文本，还是只接受与列表中的值匹配的文本。如果想允许将用户输入的新值添加到列表中，可将该属性设为"否"
是否锁定	指定组合框是否只读，"否"的话可读写，"是"为只读，默认"否"

例 5-13　在"学生（单记录式）"窗体中，将绑定"性别"字段的文本框更换为组合框，以方便用户输入数据时选择。

操作步骤如下。

（1）打开"学生（单记录式）"窗体，切换到设计视图。

（2）选中窗体上的绑定"性别"字段的文本框控件，按 Delete 键，即删除了"性别"字段文本框控件及其关联的标签控件。

（3）选择"控件"组中的组合框按钮，在同一位置创建组合框控件，系统弹出"组合框向导"第 1 个对话框。

（4）确定组合框获取其数值的方式，即选定组合框的数据来源。这里选择"自行键入所需的值"单选按钮，如图 5-42 所示。

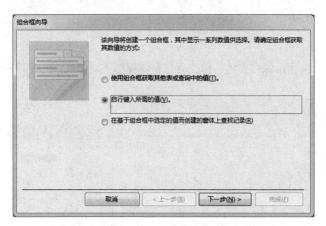

图 5-42　确定组合框获取其数值的方式

（5）单击"下一步"按钮，在弹出的对话框中输入组合框中要显示的值，如图 5-43 所示。

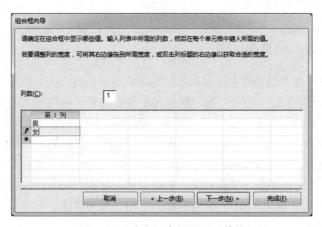

图 5-43　确定组合框要显示的值

（6）单击"下一步"按钮，在弹出的对话框中指定绑定到该组合框的字段。这里选择"将该数值保存在这个字段中"单选按钮，在其右侧的下拉列表中选择"性别"字段，如图 5-44 所示。

（7）单击"下一步"按钮，在弹出的对话框中为指定组合框的标签即为关联的标签指定标题。在"请为组合框指定标签"文本框中输入"性别"，如图 5-45 所示。

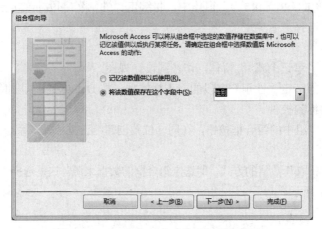

图 5-44　指定组合框被绑定的字段

（8）单击"完成"按钮，保存窗体。修改后在窗体视图下对"性别"字段的操作如图 5-46 所示。

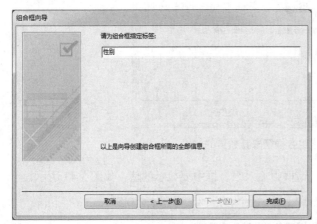

图 5-45　为组合框指定标签　　　　　　　　　图 5-46　组合框的应用

实际应用中，有时要求组合框中选取的值和实际被存储的值不同。例如，在"学生"表中，"团员否"字段的数据类型是"是/否"型，数据表中保存的是"-1"或"0"，当要求在窗体上显示该字段的组合框控件显示"是"或"否"时，在上例应用向导的第（5）步中须指定列数为 2（系统默认为 1，参见图 5-43），如图 5-47 所示。在随后的步骤中指定第 1 列作为显示的值，第 2 列作为数据表中保存的值。还可以使用鼠标将第 2 列的列宽调整为 0，这样会在窗体运行时组合框的下拉列表中只有第 1 列的数据，实际存储的值被隐藏，如图 5-48 所示。

　　例 5-14　在"学生（单记录式）"窗体基础上，增加查询功能。要求可以根据学生编号，实现对学生选课成绩的查询。

　　操作步骤如下。

（1）打开"学生（单记录式）"窗体，切换到设计视图。

（2）删除绑定"学生编号"字段的文本框及相关标签，删除窗体页眉节中的标签。

（3）在窗体页眉节创建组合框控件，在弹出的"组合框向导"对话框中选择"在基于组合框中选定的值而创建的窗体上查找记录"单选按钮，如图 5-49 所示。

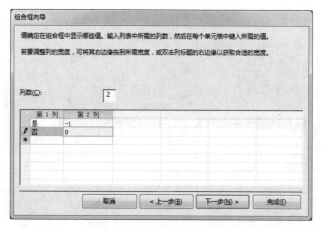

图 5-47　确定组合框中要显示值及绑定字段保存的值

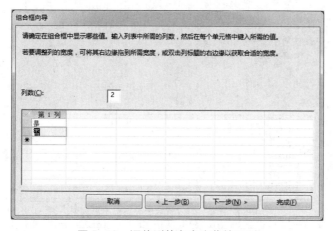

图 5-48　调整列的宽度隐藏第 2 列

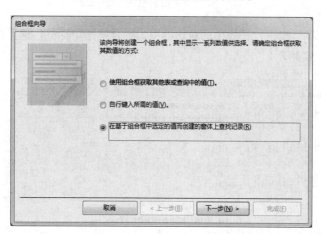

图 5-49　确定组合框获取其数值的方式

（4）单击"下一步"按钮，在弹出的对话框中确定组合框中要显示其值的字段，这里将"学生编号"字段从"可用字段"列表框移到"选定字段"列表框中，如图 5-50 所示。

（5）单击"下一步"按钮，在弹出的对话框中调整列的宽度，如图 5-51 所示。

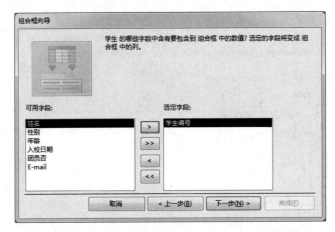

图 5-50 选定的字段作为组合框下拉列表的数据集

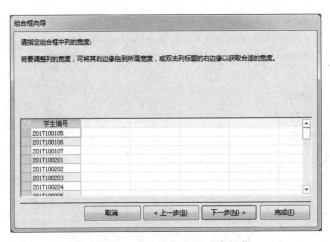

图 5-51 调整组合框中列的宽度

（6）单击"下一步"按钮，在弹出的对话框中为组合框指定标签，这里指定标签为"请输入学生编号："，如图 5-52 所示。

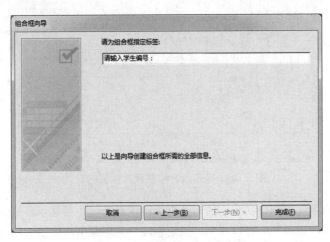

图 5-52 为组合框指定标签

（7）单击"完成"按钮。

（8）适当调整窗体上控件的大小和布局。

（9）将该窗体另存为"选课成绩查询"。

运行该窗体，可以看到在窗体中增加了一个组合框，当单击该组合框右侧向下箭头时，会弹出下拉列表，该下拉列表就是"学生"表中"学生编号"字段值的集合，从中选择一个值或者直接在组合框中输入一个值，即可实现依据"学生编号"对成绩的查询，如图 5-53 所示。

例 5-15　创建一个图 5-54 所示的"体型测试"窗体，当用户输入身高、体重和性别后，系统会给出体重上限值和体重下限值，同时给出体型的测试结果。测试结果的确定规则是：

① 体重上限：男性，(身高–100)×1.1；女性，(身高–105)×1.1。

② 体重下限：男性，(身高–100)×0.9；女性，(身高–105)×0.9。

③ 体型判断：体重大于体重上限，体型偏胖；体重小于体重下限，体型偏瘦；介于上限和下限之间，体型适中。

5-2　例 5-15

图 5-53　用组合框控件实现查询

图 5-54　"体型测试"窗体

操作步骤如下。

（1）新建一个窗体，在窗体的相应位置创建 5 个文本框控件和 4 个标签控件。前 2 个文本框分别保存输入的身高值和体重值；第 3 个和第 4 个文本框分别显示计算得出的体重上限值和体重下限值；第 5 个文本框显示体型的判断结果。4 个标签分别显示"cm""kg""kg"和"kg"。

（2）将 4 个文本框的关联标签的"标题"属性分别设置为"身高：""体重：""体重上限："和"体重下限："；将 4 个文本框的"名称"属性分别设置为"txtH""txtW""txtMax"和"txtMin"。4 个标签控件的"标题"属性分别设置为"cm""kg""kg"和"kg"。

（3）在窗体左侧下方适当位置创建一个组合框。组合框中指定输入的值为"男"和"女"，组合框指定标签的名称为"性别"。将组合框的"名称"属性设置为"ComS"。

（4）将名称为"txtMax"的"控件来源"属性设置为：=IIf([comS]="男",([txtH]-100)*1.1,Iif([comS]="女",([txtH]-105)*1.1,""))；将名称为"txtMin"的"控件来源"属性设置为：=IIf([comS]="男",([txtH]-100)*.9,IIf([comS]="女",([txtH]-105)*.9,""))。

（5）将名称为"txtH"和"txtW"的"默认值"属性设置为 0，"格式"属性设置为"常规数字"。

（6）删除第 5 个文本框的关联标签。将文本框的"默认值"属性设置为""""（空字符串），

"字体名称"属性设置为"华文新魏"，"字号"属性设置为"16"，"文本对齐"属性设置为"居中"。

将"控件来源"属性设置为：=IIf([txtW]>[txtMax],"体形偏胖",IIf([txtW]<[txtMin],"体形偏瘦","体形适中"))。

关于对象的引用方法将在第 8 章中详细介绍。

（7）按图 5-54 所示窗体，在窗体相应位置上添加两个矩形框。

（8）按表 5-5 所示内容设置窗体的属性。

表 5-5　　　　　　　　　　　　　　　　　　"窗体"属性

属 性 名 称	属 性 值	属 性 名 称	属 性 值	属 性 名 称	属 性 值
标题	体型测试	记录选择器	否	分割线	否
滚动条	两者均无	导航按钮	否	最大最小化按钮	无

（9）保存该窗体。

5．命令按钮

命令按钮主要用来控制应用程序的流程或者执行某个操作。命令按钮通过响应各种用户事件，触发系统执行 Access 的宏或者 VBA 程序完成某一操作，这些将在后续章节中介绍。这里主要介绍使用命令按钮向导创建命令按钮的方法。命令按钮的常用属性及说明如表 5-6 所示。

表 5-6　　　　　　　　　　　　　　　命令按钮的常用属性及说明

属　性	说　明
标题	指定按钮上显示的文本
图片	当以图片作为命令按钮的标题时，指定图形文件所在位置
可用	指定命令按钮是否可用。"是"为可用，"否"为不可用
可见	指定是否隐藏命令按钮
默认	指定当命令按钮得到焦点时是否可用 Enter 键代替单击"确定"按钮
取消	指定当命令按钮得到焦点时是否可用 Enter 键代替单击"取消"按钮

例 5-16　在例 5-11 修改过的"学生（空白窗体）"窗体中，用命令按钮实现记录导航条的功能。

操作步骤如下。

（1）打开"学生（空白窗体）"窗体，切换到设计视图。

（2）双击窗体选定器，打开窗体的"属性表"对话框，并设置窗体与记录导航相关的属性，设置结果如图 5-55 所示，其他属性为缺省值。

（3）右键单击"主体"节空白处，从弹出的快捷菜单中执行"窗体页眉/窗体页脚"命令，添加"窗体页眉/窗体页脚"节。

（4）在窗体页脚节中创建一个命令按钮，在弹出的"命令按钮向导"第 1 个对话框的"类别"列表框中，选择"记录导航"选项，在"操作"列表框中选择"转至第 1 项记录"选项，如图 5-56 所示。

5-3　例 5-16

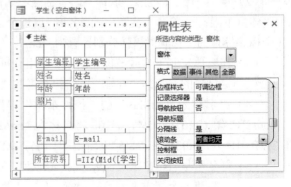

图 5-55　窗体属性设置结果

160

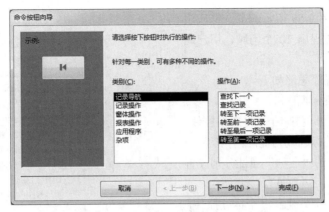

图 5-56　确定命令按钮的执行功能

（5）单击"下一步"按钮。在弹出的对话框中指定命令按钮上显示的内容，这里选择"图片"，该对话框左侧是命令按钮的预览，如图 5-57 所示。

（6）单击"下一步"按钮，在弹出的对话框中指定命令按钮的名称，这里使用默认值。

（7）单击"完成"按钮。使用相同方法创建其他 3 个命令按钮。

（8）调整 4 个命令按钮的布局，保存该窗体。添加命令按钮后的窗体运行效果如图 5-58 所示。

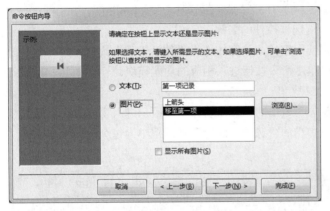

图 5-57　确定命令按钮的样式

图 5-58　添加命令按钮后的窗体运行效果

6. 复选框、选项按钮、切换按钮和选项组

复选框、选项按钮和切换按钮都可以用于多选操作，它们功能相似，形式不同。当这 3 种控件和选项组控件结合起来使用时，可实现单选操作。复选框的常用属性及说明如表 5-7 所示。

表 5-7　　　　　　　　　　　　复选框的常用属性及说明

属　　性	说　　明
控件来源	设定复选框的数据来源。非空的话则为绑定型控件，一般绑定是/否型字段
是否锁定	"是"为锁定，不可改变其值；"否"为不锁定，系统默认
默认值	"-1"为选中；"0"为非选
可用	指定复选框是否可用，系统默认"是"

例 5-17　创建图 5-59 所示的复选框应用窗体。关于上网经历提出 10 个问题，用户通过选中复选框作答。

创建此窗体的操作思路如下。

（1）打开窗体设计视图。

（2）在窗体的右部创建 10 个复选框控件，把关联的标签控件的标题改为提问的内容。并将 10 个复选框控件的"名称"属性分别设置为"C0""C1""C2"…"C9"。

（3）在窗体的左上方建立一个标签控件，显示提示信息"如果您的得分高于 7 分，就有"网虫"的嫌疑了"。

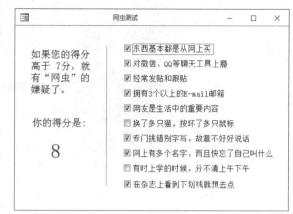

图 5-59　复选框应用窗体

（4）在窗体的左下方建立一个文本框控件，显示用户已选复选框的计数。将该文本框控件的关联标签"标题"属性设置为"你的得分是："，将文本框的"字号"属性设置为"20"。关键的"控件来源"属性设置如下：

```
=-([C0].[Value]+[C1].[Value]+[C2].[Value]+[C3].[Value]+[C4].[Value]+[C5].[Value]+[C6].[Value]+[C7].[Value]+[C8].[Value]+[C9].[Value])
```

计算表达式中，C0～C9 分别是 10 个复选框控件的名称。

例 5-18　创建图 5-60 所示的选项组应用窗体。该窗体作为"教学管理"数据库的"学生管理"功能模块，共有 3 个选项，用户可以单击命令按钮进入相应的功能模块。

操作步骤如下。

（1）在"创建"选项卡下，单击"窗体"组中的"窗体设计"按钮，进入窗体的设计视图。

（2）在窗体中部创建选项组控件，在弹出的"选项组向导"对话框中为每个选项指定标签，如图 5-61 所示。

图 5-60　选项组应用窗体

图 5-61　为每个选项指定标签

（3）单击"下一步"按钮。在弹出的对话框中确定默认选项，如图 5-62 所示。

（4）单击"下一步"按钮。在弹出的对话框中为每个选项赋值，即该选项被选中时选项组控件的值，如图 5-63 所示。

（5）单击"下一步"按钮。在弹出的对话框中确定选项组内使用的控件类型及样式，可以是复选框、选项按钮或切换按钮。这里选择"切换按钮"，如图 5-64 所示，窗口左部是效果预览。

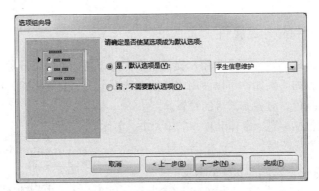

图 5-62 确定默认选项

图 5-63 为每个选项赋值

图 5-64 确定选项的控件类型及样式

（6）单击"下一步"按钮。在弹出的对话框中指定选项组的标题为"学生管理"。

（7）单击"完成"按钮。保存该窗体，窗体名称为"学生管理模块"。

选项组含有一个组框和组框所包含的一组复选框（或者选项按钮、切换按钮）。如果选项组绑定到某个字段，则只有选项组本身绑定到此字段，而不是选项组内的复选框（或者选项按钮、切换按钮）。可为每个复选框、选项按钮或切换按钮的"选项值"属性设置相应的数字。

5.4 窗体的美化

窗体的基本功能设计完成之后，要对窗体上的控件及窗体本身的一些格式属性进行设定，使窗体界面看起来更加友好，布局更加合理，使用更加方便。窗体的美化是窗体设计最后的点睛之笔。

5.4.1 设置控件的格式属性

Access 在创建诱人的用户界面上为用户提供了很大的方便，可以将各种效果添加到特定的控件上，以达到美化的目的。例如，可以使用"开始"选项卡上"文本格式"组中的按钮，完成对控件中文本的字体、颜色、对齐方式等的设置。

控件的格式属性包括标题、字体名称、字体大小、字体粗细、前景颜色、背景颜色等。

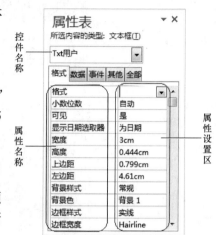

图 5-65 控件属性表

1. 使用属性表设置控件的"格式"属性

以文本框控件为例。在控件的属性表中，单击"格式"选项卡，可进行控件外观或显示格式的设置，如图 5-65 所示。

2. 使用"格式"选项卡命令设置控件的"格式"属性

在窗体设计视图下，单击"窗体设计工具/格式"选项卡，可弹出相关的"格式"设置命令功能区，如图 5-66 所示。该功能区除了包含字体、对齐方式、颜色等的设置外，还可以设置数字的样式、日期时间的样式等。

图 5-66 "格式"功能区

5.4.2 设置窗体的格式属性

窗体的格式属性包括默认视图、滚动条、记录选择器、导航按钮、分隔线、自动居中、控制框、最大化/最小化按钮、关闭按钮、边框样式等。这些属性都可以在窗体的"属性"对话框中设置。在窗体设计视图下双击窗体选择器按钮，可打开窗体的属性表。

除此之外，还可以通过一些特殊的修饰手段来达到美化窗体的目的。

1. 应用条件格式

条件格式允许用户编辑基于输入值的字段格式。例如，可以用不同的颜色显示同一个字段在不同值域范围的值，最多可以添加 50 个条件格式。

例 5-19 修改例 5-7 创建的"选课成绩"窗体（见图 5-18），应用条件格式，使窗体中分数字段的值能用不同颜色的加粗字体显示。60 分以下（不含60 分）用红色表示，60～89 分用蓝色表示，90 分（含 90 分）以上用绿色表示。

操作步骤如下。

（1）打开要修改的"选课成绩"窗体的设计视图，选定任一文本框控件，单击"窗体设计工具"栏下的"格式"选项卡，单击"控件格式"组中的"条件格式"按钮，弹出"条件格式规则管理器"对话框，如图 5-67 所示。

5-4 例 5-19

图 5-67　条件格式规则管理器

（2）在该对话框顶部的下拉列表中选择"平时成绩"字段，单击其下"新建规则"按钮，弹出"新建格式规则"对话框。设置字段值小于 60 时，数据格式为"红色"且"加粗"，如图 5-68 所示。单击"确定"按钮。

图 5-68　设置条件格式

（3）重复同样步骤，设置字段值介于 60~89 之间和字段值大于等于 90 的条件格式，平时成绩设置结果如图 5-69 所示；同理，设置"考试成绩"和"总评成绩"的条件格式。

图 5-69　平时成绩设置结果

（4）切换到窗体视图。设置完条件格式后的窗体运行效果如图 5-70 所示。

格式刷（  ）同样也可以用来复制条件格式。

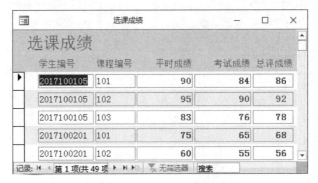

图 5-70　设置完条件格式后的窗体运行效果

2. 为窗体添加状态栏

为了使界面更加友好，需要为窗体中的一些数据字段添加帮助信息，也就是在状态栏中显示提示信息。要添加状态栏，只需选中要添加帮助的字段控件，在属性表的"其他"选项卡中的"状态栏文字"属性中输入帮助信息。保存所做的操作后，在窗体视图下当焦点落在指定控件上时，状态栏中就会显示出帮助信息。

3. 使用背景位图

如果希望更进一步美化窗体，可以给窗体加入背景位图，或使用"图像"控件在窗体上添加用于修饰的图片。在使用背景位图时，应设置窗体有关图片的相关属性，如表 5-8 所示。

表 5-8　　　　　　　　　　　窗体有关图片的相关属性

属　　性	说　　明
图片类型	选择嵌入或链接
图片缩放模式	选择剪裁、拉伸、缩放
图片对齐方式	选择左上、右上、左下、右下、窗体中心等
图片平铺	选择是（位图较小时）或否（位图较大时）

5.4.3　应用"主题"

关于窗体的修饰和美化，有一种快捷方式，即应用"主题"。"主题"可以更改数据库的整体设计，包括"颜色""字体"和"背景"等。也可以预定义自己风格的主题样式，添加到"主题"库中。如果将一个 Office 主题设置为数据库的默认主题，当添加一个新对象（如窗体或报表）时，Access 会自动使用默认主题。

Access 2016 中的主题是被所有组件（如 Word、Excel、Powerpoint、Access 等）共享的。如果更改或修改了一个 Office 主题，所有使用该主题的项目都会被自动更新。

在窗体的"设计视图"或"布局视图"下，单击"窗体设计工具/设计"选项卡下"主题"组中的"主题"按钮，弹出图 5-71 所示的 Office 2016"主题"集合，选中其中的一项，即为当前数据库对象应用被选中的"主题"。

图 5-71　Office 2016 "主题" 集合

5.4.4　调整控件的布局

在窗体的最后布局阶段，需要调整控件的大小，排列或对齐控件，以使界面有序、美观。
Access 2016 在布局视图下暗含了一个控件布局。控件布局就像一个表格，包含行、列和单元格，允许灵活放置控件。

1．将控件分组

在窗体设计视图或布局视图下，按住 Ctrl 键或 Shift 键，选择要组合的多个控件，然后单击 "窗体设计工具" 中的 "排列" 选项卡，单击 "表" 组中的 "堆积" 按钮▦，则选中的多个控件就被组合成一组。可将分组的控件作为一个单元对待，可以同时移动控件或改变其大小。

2．取消控件分组

如果希望单独调整窗体上的某个控件，可以取消控件分组。方法是在窗体设计视图或布局视图下，选择分组的控件，然后单击 "窗体设计工具" 中的 "排列" 选项卡，单击 "表" 组中的 "删除布局" 按钮▦。

3．调整行或列的大小

在要调整大小的行或列中选择一个控件，如果要重新调整多个行或列，则按住 Ctrl 键或者 Shift 键后在每个要调整的行或列中选择一个控件。将指针放在某一选定单元格的边缘上，然后单击并拖动该边缘直到该单元格的大小符合需要。

4．从布局中删除控件

选择要删除的控件，然后按 Delete 键，Access 将删除该控件。如果存在与该控件关联的标签，Access 将同时删除该标签。从布局中删除控件不会删除布局中的基础行或列。

5．从布局中删除行或列

右键单击要删除的行或列中的任一控件，在弹出的快捷菜单上选择 "删除行" 或 "删除列"，系统将删除该行或列，包括该行或列中包含的所有控件。

6. 在布局中插入行或列

当控件被选中，单击"排列"选项卡，然后单击图 5-72 所示的按钮，可以轻松地在上方或在下方插入行，在左侧或在右侧插入列。

图 5-72 插入行和插入列按钮

7. 拆分控件所占空间

可将布局中的任何控件所占空间（单元格）垂直或水平拆分为两个更小的空间（单元格）。如果要拆分的单元格包含控件，则该控件将被移动到拆分后的两个单元格中的左边单元格（如果水平拆分）或上边单元格（如果垂直拆分）中。选择要拆分的单元格（一次只能拆分一个单元格），在"排列"选项卡上的"合并/拆分"组中，单击"垂直拆分"或"水平拆分"。

8. 合并单元格

若要为控件腾出更多空间，可将任何数量的连续空单元格合并到一起。或者，也可以将包含控件的单元格与其他连续的空单元格合并。但是，无法合并两个已包含控件的单元格。

按 Shift 键或 Ctrl 键，同时选中要合并的单元格。在"排列"选项卡上的"合并/拆分"组中，单击"合并"按钮。

习 题 5

一、问答题

1. 简述窗体的作用及组成。
2. 在创建主/子窗体、基于多表创建窗体时应注意哪些问题？
3. 标签控件与文本框控件的区别是什么？
4. 在选项组控件中可以由哪些控件组成？
5. 简述复选框控件、切换按钮控件、选项按钮控件三者的区别。

二、选择题

1. 以下有关窗体页眉/页脚和页面页眉/页脚的叙述中，正确的是（　　）。
   A. 窗体中包含窗体页眉/页脚和页面页眉/页脚几个区
   B. 打印时窗体页眉/页脚只出现在第 1 页的顶部/底部
   C. 在窗体视图中，页面页眉/页脚只出现在第 1 页的顶部/底部
   D. 页面页眉出现在窗体的第 1 页上，页面页脚出现在窗体的最后一页上
2. Access 中，允许用户在运行时输入数据的控件是（　　）。
   A. 文本框　　　　B. 标签　　　　　　C. 列表框　　　　D. 绑定对象框
3. 窗体和窗体上的每一个对象都有自己独特的对话框，该对话框是（　　）。
   A. 字段　　　　　B. 属性表　　　　　C. 节　　　　　　D. 工具栏
4. 有一种窗体，它的运行方式是独占的，在退出窗体之前不能打开或操作其他的数据库对象。这种窗体是（　　）。

  A．模式对话框窗体　　　　　　　　B．空白窗体

  C．数据操作窗体　　　　　　　　　D．导航窗体

5．用来显示与窗体关联的表或查询中字段值的控件类型是（　　）。

  A．绑定型　　　　B．计算型　　　　C．关联型　　　　D．非绑定型

6．打开属性表，可以更改属性的对象是（　　）。

  A．窗体上单独的控件　　　　　　　B．整个窗体

  C．窗体节，如主体或窗体页眉　　　　D．以上全部

7．新建一个窗体，要使其标题栏显示的标题为"输入数据"，应设置窗体的（　　）。

  A．名称属性　　　B．标题属性　　　C．菜单栏属性　　　D．工具栏属性

8．以下不能创建主/子窗体的方法是（　　）。

  A．窗体向导　　　B．子窗体控件　　　C．鼠标拖动　　　D．字段模板

9．为了在"窗体视图"下显示窗体时，不显示导航按钮，应将窗体的"导航按钮"属性值设置为（　　）。

  A．是　　　　　B．否　　　　　C．有　　　　　D．无

10．以下术语中，用来描述与列表框或组合框相关联的列表，其值与表或查询没有建立关联的是（　　）。

  A．选项列表　　　B．字段列表　　　C．输入列表　　　D．值列表

三、填空题

1．Access 的窗体共有 4 种视图，分别是_____、_____、_____和_____。

2．使用"空白窗体"工具可以创建窗体。可以在窗体的当前视图下，通过从_____中拖动表的各个字段到窗体中创建专业的窗体。

3．控件的类型可以分为绑定型、非绑定型与计算型。绑定型控件主要用于显示、输入、更新数据表中的字段；非绑定型控件与表或查询中的字段数据_____关系，主要用来显示提示信息或接收用户输入的数据等；计算型控件用于显示表达式的计算结果。

4．窗体的数据来源可以是_____或_____。

5．窗体是数据库中用户和应用程序之间的界面，用户对数据库的_____都可以通过窗体来完成。

实　验　5

一、实验目的

1．熟悉 Access 窗体设计的操作环境。

2．了解窗体的基本概念和种类。

3．学会自动创建窗体和用向导创建窗体的方法。

4．学会在设计视图下创建窗体，熟悉窗体设计视图的使用。

5．建立属性的概念，熟悉属性表对话框。

6．掌握常用控件的使用。

二、实验内容

以实验 3 和实验 4 创建的数据库中相关表和查询为数据源，按题目要求完成以下操作。

1．以"订单"表为数据源，使用"窗体"工具创建窗体，保存为"F1"。

2．以"订单明细"表为数据源，使用"数据表"工具创建窗体，保存为"F2"。

3．以"客户"表为数据源，使用"窗体"工具创建窗体，并删除子窗体，保存为"F3"。

4．以"书籍"表为数据源，使用"多个项目"工具创建窗体，保存为"F4"。

5．以"雇员"表为数据源，创建分割窗体，并在窗体中创建 4 个命令按钮，用作记录导航，命令按钮上显示图片，保存为"F5"。

6．以实验 4 所建查询"Q5"为数据源，用"图表"控件创建图 5-73 所示的"雇员奖金额统计"图表窗体，显示每名雇员奖金额统计，窗体名为"F6"。

7．创建图 5-74 所示的"图书销售管理系统开始界面"窗体，窗体名为"F7"。其中，"进入系统"和"退出系统"两个命令按钮暂无任何功能。可将"首都经济贸易大学××学院"改为自己所在院系名。

说明：窗体中的图片自行拟定。

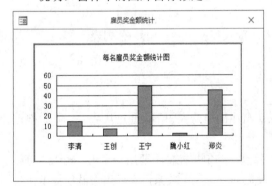

图 5-73　"雇员奖金额统计"窗体　　　　图 5-74　"图书销售管理系统开始界面"窗体

8．以实验 4 所建"Q1"查询为数据源，创建图 5-75 所示"雇员销售金额统计"窗体，保存为"F8"。其中，销售金额=数量*售出单价。

要求：

（1）"销售金额"标签上显示文字为红色、加粗；"退出"按钮显示文字为蓝色、倾斜、加粗，有下划线。

（2）每个按钮可以实现相应功能，单击"退出"按钮，关闭窗体。

图 5-75　"雇员销售金额统计"窗体

9. 复制 F1 窗体，并将其保存为 F9。按照图 5-76 所示的"订单明细查询"窗体对 F9 窗体进行修改，将窗体功能改为单击"订单号："组合框，从中选择一个订单号，可在订单明细子窗体中显示出该订单相应的明细信息。

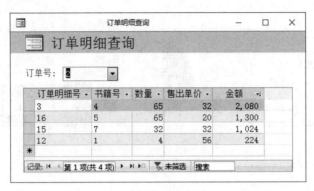

图 5-76 "订单明细查询"窗体

三、实验要求

1. 建立窗体，运行并查看结果。
2. 保存上机操作结果。
3. 记录上机时出现的问题及解决方法。
4. 编写上机报告，报告内容包括如下。
（1）实验内容：实验题目与要求。
（2）分析与思考：实验过程、实验中遇到的问题及解决办法，实验的心得与体会。

第 **6** 章 报表的创建和使用

学习完窗体，再学报表就会觉得很容易。报表和窗体类似，其数据来源于数据表或查询。窗体的特点是便于浏览和输入数据，报表的特点是便于打印和输出数据。报表能够按照所希望的详细程度概括和显示数据，并且几乎可以用任何格式查看和打印数据。用户可以在报表中添加多级汇总、图片和图形。本章介绍报表的特性，如何创建报表，用多种功能美化报表。

6.1 报表简介

报表是 Access 数据库的对象，创建报表就是为了显示和打印数据。报表的功能包括呈现格式化的数据；分组组织数据，进行数据汇总；报表之中包含子报表及图表；打印输出标签、订单和信封等多种样式；可以进行计数、求平均、求和等统计计算；在报表中嵌入图像或图片来丰富数据显示的内容等。

6.1.1 报表的视图

在 Access 中，报表有 4 种视图，分别是报表视图、设计视图、打印预览视图和布局视图。

当从导航窗格双击一个报表对象打开报表时，进入的是报表的报表视图。单击"视图"组中的"视图"按钮下拉箭头按钮，弹出下拉菜单，如图 6-1 所示。可以选择相应的菜单项实现不同视图间的切换。

（1）报表视图：是指报表设计完成后，最终被打印的视图。报表视图不仅可以观察打印效果，还可以检查打印输出的全部数据，如图 6-2 所示。在报表视图中可以对报表应用高级筛选，以筛选所需要的信息。

（2）打印预览视图：在打印预览视图中，可以查看显示在报表上的每页数据，也可以查看报表版面的设置和打印的效果，如图 6-3 所示。在打印预览视图中，鼠标指针通常以放大镜方式显示，单击鼠标就可以改变版面的显示大小。

图 6-1　视图下拉菜单

（3）布局视图：在布局视图中，可以在显示数据的情况下，调整报表的布局。它的界面与报表视图几乎一样，区别在于在布局视图中可以移动控件的位置，调整控件的大小，还可以删除控件，如图 6-4 所示。

（4）设计视图：报表的工作视图，用于编辑和修改报表，如图 6-5 所示。

图 6-2　报表视图

图 6-3　打印预览视图

图 6-4　布局视图

图 6-5　设计视图

6.1.2　报表的组成

在 Access 中，报表的组成与窗体的组成相似，也是由报表页眉、页面页眉、主体、页面页脚和报表页脚 5 部分组成。每个报表包含一个主体节用来显示数据，还可以增加其他的节来放置其他信息。页面页眉节和页面页脚节出现在打印的每页报表上。页面页眉中一般放置标签控件显示描述性的文字，或用图像控件显示图像，页面页脚通常用于显示日期和页数。在报表中也可以添加报表页眉节和报表页脚节，报表页眉只出现在报表的第 1 页上，报表页脚只出现在报表的最后一页。

区别于窗体的组成，报表结构还可以有组页眉节/组页脚节。当指定报表的记录源属性后，可以增加某个字段的组页眉/组页脚，在组页眉中一般显示分组字段的值或其他说明信息，在组页脚中一般显示在该字段的分组前提下的各种分类汇总信息，如图 6-6 所示。

创建新的报表时，空的报表包含 3 个节：页面页眉节、页面页脚节和主体节。页面页眉/页脚节和报表页眉/页脚节可以通过设计视图下的右键菜单打开或关闭。

图 6-6　报表中的组页眉/组页脚节

6.1.3　报表的类型

报表的形式多样，除了常见的表格式报表外，还有纵栏式报表、图表报表和标签报表。

1．表格式报表

表格式报表是以整齐的行、列形式显示记录数据，通常一行显示一条记录，一页显示多行记录。这种报表数据的字段标题不是在每页的主体节中显示，而是在页面页眉节显示。

2．纵栏式报表

纵栏式报表（也称窗体报表），一般是在一页中主体节内显示一条或多条记录，而且以垂直方式显示。纵栏式报表数据的字段标题与字段数据一起在每页的主体节区内显示。

3．图表报表

图表报表是指包含图表显示的报表类型。报表中使用图表，可以更直观地表现数据之间的关系。

4．标签报表

标签报表是一种特殊类型的报表。在实际应用中，可以用标签报表做标签、名片和各种各样的通知、传单、信封等。

6.2　报表的创建

创建报表与创建窗体非常类似。报表和窗体都是使用控件来组织和显示数据的，因此在第 5

章中介绍过的创建窗体的许多技巧也适用于创建报表。一旦创建了一个报表，就能够在报表中添加控件（包括创建计算型控件）、修改报表的样式等。

创建报表的几种方法如图 6-7 所示。其中：

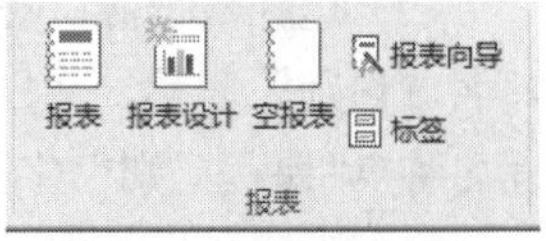

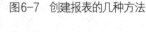

图6-7　创建报表的几种方法

- 报表：利用当前打开的数据表或查询自动创建报表。
- 报表设计：在报表设计视图中，通过添加各种控件创建报表。
- 空报表：创建一个空白报表，通过从“字段列表”中向报表上添加字段来创建报表。
- 报表向导：启动报表向导，可以循着向导既定的步骤，按照向导的提示创建报表。
- 标签：也是一种报表向导，只不过创建的是标签形式的报表，适合打印输出标签、名片和各种各样的通知、传单、信封等。

6.2.1　使用“报表”工具创建报表

如果要创建的报表来自单一表或查询，且没有分组统计要求，可以使用“报表”工具来创建。

例 6-1　使用“报表”工具创建报表，显示输出所有教师的信息。

操作步骤如下。

（1）选中导航窗格下的“教师”表。

（2）单击“创建”选项卡下“报表”组中的“报表”按钮，Access 自动创建包含“教师”表中所有数据项的报表，并在布局视图中显示。

（3）保存报表，报表名称为“教师基本信息”，切换到报表视图，如图 6-8 所示。

教师基本信息

教师　2020年4月12日 15:16:54

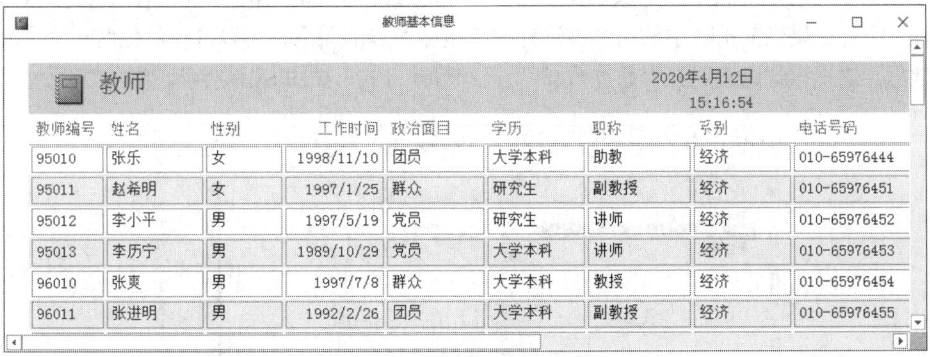

教师编号	姓名	性别	工作时间	政治面目	学历	职称	系别	电话号码
95010	张乐	女	1998/11/10	团员	大学本科	助教	经济	010-65976444
95011	赵希明	女	1997/1/25	群众	研究生	副教授	经济	010-65976451
95012	李小平	男	1997/5/19	党员	研究生	讲师	经济	010-65976452
95013	李历宁	男	1989/10/29	党员	大学本科	讲师	经济	010-65976453
96010	张爽	男	1997/7/8	群众	大学本科	教授	经济	010-65976454
96011	张进明	男	1992/2/26	团员	大学本科	副教授	经济	010-65976455

图 6-8　“教师基本信息”报表

使用“报表”工具创建的报表，实际上就是窗体的布局视图。

6.2.2　使用“报表向导”创建报表

使用“报表向导”创建报表时，向导会提示用户选择数据源、字段、版面及所需的格式，根据用户的选择创建报表。在向导提示的步骤中，用户可以从多个数据源中选择字段（被选择的多个数据源之间须先建立关联），可以设置数据的排序和分组，产生各种汇总数据，还可以生成带有子报表的报表。

例 6-2　使用“报表向导”创建报表，显示输出所有教师所授的课程信息，包括教师的“姓名”“性别”“职称”“系列”、所授“课程名称”及“课程类别”等字段。

操作步骤如下。

（1）单击"创建"选项卡下"报表"组中的"报表向导"按钮，打开"报表向导"对话框。

（2）选择数据源。在"表/查询"下拉列表中，选择"教师"表，将"可用字段"列表框中的姓名、性别、职称、系别等字段添加到"选定字段"列表框中；同样操作将"课程"表中的"课程名称""课程类别"字段添加到"选定字段"列表框中，如图 6-9 所示。单击"下一步"按钮。

图 6-9　从多个数据源中选定字段

（3）确定查看数据的方式。当选定的字段来自多个数据源时，"报表向导"才会有这个步骤。如果数据源之间是一对多的关系，一般选择从"一"方的表（也就是主表）查看数据，如"教师"表之于"课程"表；如果当前报表中的两个被选择的表是多对多的关系，可以选择从任何一个"多"方的表查看数据。这里根据题意选择"通过 教师"查看数据方式，如图 6-10 所示。单击"下一步"按钮。

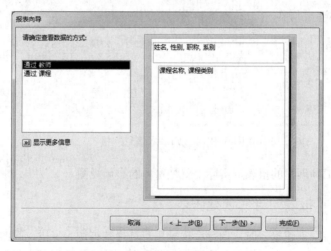

图 6-10　确定查看数据的方式

（4）确定是否添加分组字段。需要说明的是，是否需要分组是由用户根据数据源中的记录结构及报表的具体要求决定。如果数据来自单一的数据源，如"授课"表，由于每个教师讲授课程的门数不一样，若对报表数据不加处理，难以保证同一个教师编号的记录相邻，这时需要使用"教师编号"建立分组，才能在报表输出中方便查阅每个教师的授课内容。在该报表中，由于输出数据来自多个数据源，已经选择了查看数据的方式，实际是确立了一种分组形式，即按"教师"表中"姓名+性别+职称+系别"组合字段分组，所以不需再做选择。直接单击"下一步"按钮。

（5）确定数据的排序方式。最多可以选择 4 个字段对记录进行排序。注意，此排序是在分组前提下的排序，因此可选的字段只有课程名称和课程类别。这里选择按"课程类别"进行排序。单击"下一步"按钮。

（6）确定报表的布局方式。这里选择"递阶"方式。还可以选择是纵向打印还是横向打印，左边的预览框中可看到布局的效果。单击"下一步"按钮。

（7）为报表指定标题，选择报表完成后的视图。这里指定报表的标题为"教师授课安排"，该标题既指定了报表页眉中标签控件的标题属性，也是报表对象的名称。选择"预览报表"，单击"完成"按钮。"教师授课安排"报表的打印预览效果如图 6-11 所示。

图 6-11 "教师授课安排"报表的打印预览效果

6.2.3 使用"空报表"工具创建报表

使用"空报表"创建报表类似于用"空白窗体"创建窗体，都是在启动"空报表"或"空白窗体"后，Access 会自动打开"字段列表"对话框，用户可以直接从"字段列表"向设计界面上拖动字段创建绑定型的控件，如此可以快捷地创建一个功能完备的报表。

例 6-3 创建一个报表，在报表中能打印输出所有的学生编号、姓名、选修的课程、该课程的学分及总评成绩，使输出的记录能按学生编号的升序排列。

操作步骤如下。

（1）单击"创建"选项卡，单击"报表"组中的"空报表"按钮□，弹出一个空白报表，并在屏幕右侧自动打开"字段列表"对话框。可以看到，当前是在"布局视图"下。

（2）在"字段列表"中单击"显示所有表"链接，展开所有表；单击"学生表"前的"+"号，展开"学生"表的所有字段，分别双击其中的"学生编号""姓名"字段，将其添加到报表上。

（3）使用相同操作，将"选课成绩"表中的"总评成绩"添加到报表中；将"课程"表中的"课程名称"和"学分"字段添加到报表中。注意，在添加一个新表中的字段时，最好新的表和上一个表有直接的关联。

（4）通过在布局视图上拖动控件的方式交换“课程名称”控件和“总评成绩”控件的前后顺序，并调整所有控件的宽度使其刚好完全显示。

（5）右键单击“学生编号”控件的任意位置，在弹出的快捷菜单中选择“升序”。

（6）保存报表，报表名称为“学生总评成绩清单”，如图 6-12 所示。

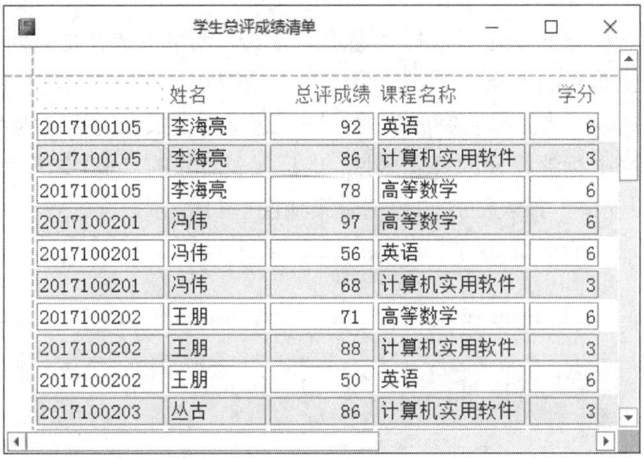

	姓名	总评成绩	课程名称	学分
2017100105	李海亮	92	英语	6
2017100105	李海亮	86	计算机实用软件	3
2017100105	李海亮	78	高等数学	6
2017100201	冯伟	97	高等数学	6
2017100201	冯伟	56	英语	6
2017100201	冯伟	68	计算机实用软件	3
2017100202	王朋	71	高等数学	6
2017100202	王朋	88	计算机实用软件	3
2017100202	王朋	50	英语	6
2017100203	丛古	86	计算机实用软件	3

图 6-12 “学生总评成绩清单”报表

从“字段列表”向报表上添加控件，既可以用“双击”的方式，也可以直接拖动字段。

6.2.4 创建图表报表

在报表中除了可以打印输出数据外，还可以输出图表报表。

用 Access 提供的“图表向导”可以创建图表报表。“图表向导”的功能十分强大，它提供了多达 20 种的图表形式供用户选择。

应用“图表向导”只能处理单一数据源的数据，如果需要从多个数据源中获取数据，需先创建一个基于多个数据源的查询，再在“图表向导”中选择此查询作为数据源创建图表报表。

例 6-4 创建一个图表报表，显示各门课程的平均成绩。

操作步骤如下。

（1）新建一个查询，显示课程名称和总评成绩，并命名为“各门课程成绩”。创建查询的 SQL 语句如下：

```
SELECT 课程.课程名称, 选课成绩.总评成绩
FROM 课程 INNER JOIN 选课成绩 ON 课程.课程编号 = 选课成绩.课程编号;
```

（2）在“创建”选项卡下，单击“报表”组中的“报表设计”按钮，进入报表的设计视图。

（3）选择数据源。在“报表设计工具/设计”选项卡下，单击“控件”组中的“图表”控件，在报表的主体节画出一个预备显示图表区域的矩形框，弹出“图表向导”对话框，单击“查询”单选按钮，选定“查询.各门课程成绩”选项，如图 6-13 所示。单击“下一步”按钮。

（4）选择用于图表的字段。将“可用字段”列表框中的课程名称和总评成绩字段添加到“用于图表的字段”列表框中，如图 6-14 所示。单击“下一步”按钮。

（5）选择图表类型。这里选择“柱形图”，如图 6-15 所示。单击“下一步”按钮。

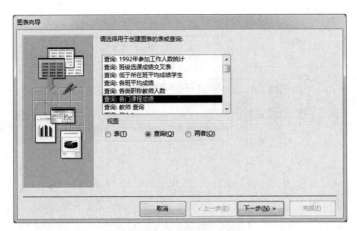

图 6-13 选择数据源

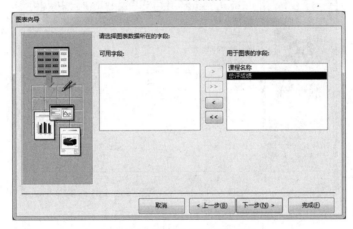

图 6-14 选择用于图表的字段

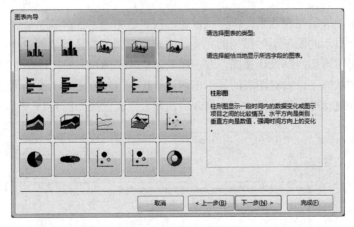

图 6-15 选择图表类型

（6）指定图表的布局方式。将字段按钮分别拖动到对话框左侧的示例图表中，双击"总评成绩合计"按钮弹出"汇总"对话框，选择"平均值"选项，如图 6-16 所示。然后单击"确定"按钮。此时单击左上方的"预览图表"按钮可预览图表。单击"下一步"按钮。

（7）指定图表标题为"各科成绩总评"，选定"否，不显示图例"单选按钮，如图 6-17 所示。单击"完成"按钮。

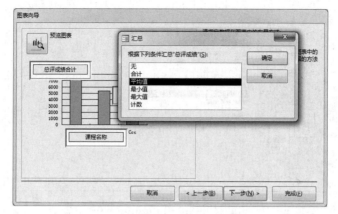

图 6-16　指定图表的布局方式

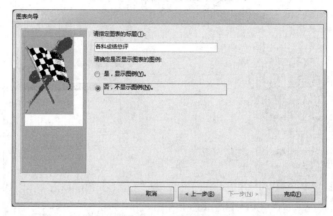

图 6-17　指定图表标题

（8）此时在设计视图下生成了图表报表。单击"设计"选项卡下左端的"视图"按钮，切换到报表视图，查看生成的图表效果。保存该报表，报表名称为"各科成绩总评"。

通常情况下，显示的图表不如预期的完美，这是由于图表的显示范围过小，使得有些数据无法完全显示。此时可再切换到设计视图，双击图表，进入"图例显示"的状态，如图 6-18 所示。在"图例显示"的状态下可以对图表的显示范围进行扩大，或双击任一要编辑修改的对象（如任一柱状图形）打开对话框进行编辑修改。修改后的图表报表效果如图 6-19 所示。

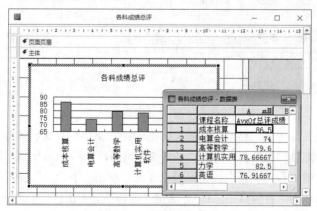

图 6-18　图表报表效果

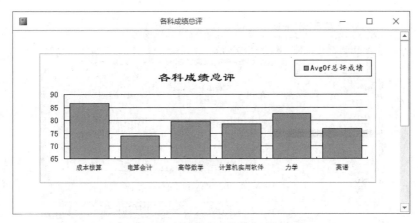

图 6-19 修改后的图表效果

6.2.5 创建标签报表

标签报表是利用标签向导提取数据库中表或者查询中的字段的值，制作规格统一的标签，可以应用到信封封面内容的打印、名片的制作等。在打印标签报表时甚至可以直接使用带有背胶的打印纸，这样就可以将打印好的标签直接贴在设备或者货品上。

创建标签报表使用"标签"工具▤。"标签"向导的功能十分强大，不但支持标准型号的标签，也可以自定义尺寸制作标签。

例 6-5 为"学生"表中的每个同学制作一个奥运志愿者的标牌，包括如下项目：序号（暂用学号代替）、姓名、年龄和所属学校。

6-1 例 6-5

操作步骤如下。

（1）选中导航窗格中"表"对象下的"学生"表。

（2）在"创建"选项卡下，单击"报表"组中的"标签"按钮，弹出"标签向导"对话框。

（3）选择标签型号。这里选择"型号 C2244"。"横标签号"列中的"2"表示横向打印的标签个数是 2。单击"下一步"按钮。

（4）选择标签字体和大小。这里设置标签格式属性如下：

字体：华文楷体；字号：16；文本粗细：正常；文本颜色：黑。

单击"下一步"按钮。

（5）设计原型标签。单击鼠标左键使光标定位在原型标签的任意行首，再用空格键定位光标横向的位置。可以在其中输入文本，也可以从"可用字段"列表框中选择所需字段，无论哪种形式都是在标签的相应位置创建了一个文本框控件显示输入的文本或被绑定的字段。在此方式下，回车换行、复制、粘贴这些编辑功能都有效。根据题意设计的原型标签如图 6-20 所示。单击"下一步"按钮。

（6）选择排序字段。这里选择按"学生编号"排序。单击"下一步"按钮。

（7）指定标签名称。这里指定标签名称为"奥运志愿者标牌"。单击"完成"按钮。标签打印预览效果如图 6-21 所示。

（8）切换到报表设计视图，编辑内容和调整格式。选中第 1 个文本框控件，将其"字号"属性改为 20；选中显示学生编号的文本框控件，将其"控件来源"属性改为：="编号:" & [学生编号]；选中显示姓名和年龄的文本框控件，将其"控件来源"属性改为=[姓名] & "   " & [年龄] & "岁"。标签设计结果如图 6-22 所示。

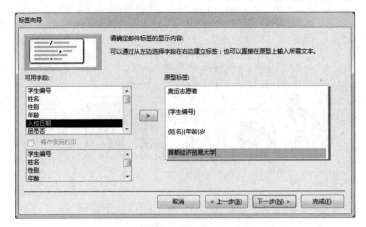

图 6-20　根据题意设计的原型标签

图 6-21　标签打印预览效果

（9）切换到打印预览视图，可见到修改后的标签打印预览效果如图 6-23 所示。

图 6-22　标签设计结果

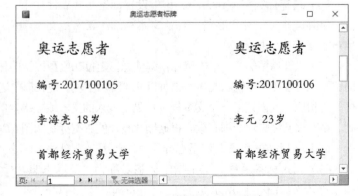

图 6-23　修改后的标签打印预览效果

6.2.6　将窗体另存为报表

在 Access 中，窗体和报表有很多相似的地方，窗体的很多特点都适用于报表，各种窗体的操作也适用于报表。在 Access 中，可以将窗体另存为报表来快速创建报表。

例 6-6　将例 5-7 中创建的"选课成绩"窗体另存为报表。

操作步骤如下。

（1）在导航窗格中，双击"窗体"对象下的"选课成绩"窗体。

（2）单击"文件"选项卡，在左侧窗格中单击"另存为"选项，在"文件类型"组中选择"对象另存为"选项，然后选择右侧的"将对象另存为"选项，如图 6-24 所示。

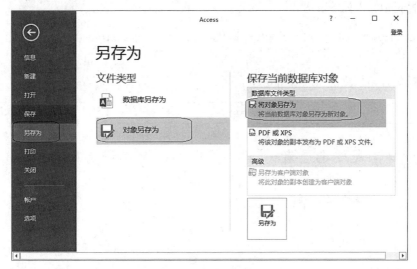

图 6-24　设置对象另存为

（3）单击下方的"另存为"按钮，弹出"另存为"对话框，在"保存类型"中选择"报表"，在"将'选课成绩'另存为"文本框中输入对象名"选课成绩报表"，如图 6-25 所示。

（4）单击"确定"按钮，即可另存为报表。从导航窗格中，可以看到刚刚创建的"选课成绩报表"报表对象，双击打开它即可看到创建的效果。

图 6-25　设置保存类型和对象名

6.3　报表中的计算

在报表的实际应用中，除了显示和打印原始数据，还经常需要包含各种计算用做数据分析，得出一些统计汇总的数据用作决策。报表的高级应用包括在报表中使用计算型控件，对报表中的数据进行排序、分组、统计汇总等。

6.3.1　使用计算型控件

在第 5 章中介绍了如何向窗体中加入计算型控件。报表中也能加入计算型控件用作计算，在报表中显示数据。与窗体一样，通过向文本框中输入表达式，可以在报表中创建计算型控件。可以直接在文本框中输入表达式，也可以从"属性表"对话框中启用表达式生成器来设置其"控件来源"属性。

例 6-7　学生的名字多为两个字或 3 个字，在制作标签时关于姓名内容的部分就不能等宽显示。修改例 6-5 中创建的标签报表，使两个字的姓名能和 3 个字的姓名等宽显示，使标签打印更加整齐、美观。

6-2　例 6-7

操作步骤如下。

（1）打开"奥运志愿者标牌"报表，切换到报表的设计视图。

（2）选中显示姓名和年龄的文本框控件，可以直接在该文本框中输入，也可在属性表的"控件来源"属性框中输入如下表达式：

=IIf(Len(Trim([姓名]))<3,Left(Trim[姓名],1) & "　" & Right(Trim([姓名]),1) & "　" & [年龄] & "岁",Trim([姓名]) & "　" & [年龄] & "岁")

（3）切换到打印预览视图，如图 6-26 所示。

图 6-26　使用计算型控件改变数据显示效果

6.3.2　报表中的统计运算

在报表中应用统计运算是通过在报表中添加计算型控件实现的。统计运算包括求总计、计数、求平均值等。一般把这种计算型控件放在组页脚节或报表页脚节，以便对每个分组或整个报表的记录进行统计汇总。

例 6-8　创建一个表格式报表，使其能打印输出所有学生总评成绩等相关信息，输出字段包括学生编号、姓名、课程名称、学分和总评成绩，按学生编号的升序排列，并能在报表尾部显示所有记录的平均成绩、参加考试人次、不及格人次和不及格比率。

6-3　例 6-8

操作步骤如下。

（1）单击"创建"选项卡下"报表"组中的"报表向导"按钮，进入"报表向导"对话框。选定报表上所需的字段，如图 6-27 所示。单击"下一步"按钮。

（2）确定查看数据的方式。这里选择"通过 选课成绩"选项，如图 6-28 所示。单击"下一步"按钮。

（3）确定是否添加分组级别。这里不进行进一步的分组，直接单击"下一步"按钮。

（4）确定记录所用的排序次序，按"学生编号"排序，如图 6-29 所示。单击"下一步"按钮。

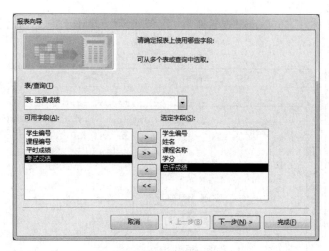

图 6-27 选定字段

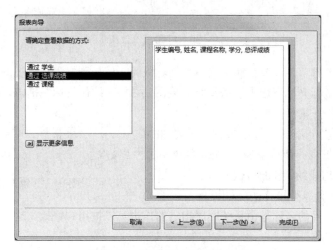

图 6-28 确定查看数据的方式

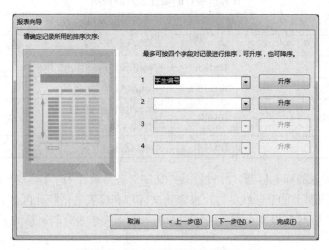

图 6-29 确定记录所用的排序次序

（5）确定报表的布局方式。这里选择"表格"，单击"下一步"按钮。

（6）指定报表名称。这里指定报表名称为"选课成绩"。单击"完成"按钮。打印预览效果如图 6-30 所示。

图 6-30　打印预览效果

（7）展开报表页脚节。该节在默认状态下是隐藏的。切换到报表设计视图，用鼠标对准报表页脚栏的底边，当鼠标光标变成十字箭头时（见图 6-31），按住鼠标左键向下拉，直到所需的报表页脚节的高度时松开鼠标左键。

（8）在报表页脚节添加计算型控件。共添加 4 个文本框控件作为报表的计算型控件，每个控件分别用于计算和显示平均成绩、参加考试人次、不及格人次和不及格率。4 个计算型控件的属性设置及说明如

图 6-31　展开报表页脚节

表 6-1 所示。其中控件的名称是由系统顺序指定的，也可以被用户修改。这里可以把计算型控件的名称理解为变量名称。

表 6-1　　　　　　　　　　　　计算型控件的属性设置及说明

控件类型	关联标签属性设置		文 本 框 属 性 设 置			
	标题	文字对齐	名　称	控 件 来 源	格式	文字对齐
文本框	平均成绩：	右	Text13	=Avg([总评成绩])	标准（两位小数）	左
文本框	参加考试人次：	右	Text15	=Count(*)		左
文本框	不及格人次：	右	Text17	=Sum(IIf([总评成绩]<60,1,0))		左
文本框	不及格率：	右	Text19	=[text17]/[text15]	百分比	左

（9）修改 4 个关联的标签标题，并设置其"文字对齐"属性为"右"，如表 6-1 所示。

（10）添加报表页脚节的分隔线。为使报表正文区域和报表数据统计区域有一个界线，用"控件"组中的"直线"控件在报表页脚节的顶部添加一条直线作为分隔。修改后的报表设计视图如图 6-32 所示。

（11）切换到打印预览视图，查看增加了统计计算后的报表打印预览效果，如图 6-33 所示。

图 6-32　修改后的报表设计视图

图 6-33　增加了统计计算后的报表打印预览效果

6.3.3　报表的排序和分组

在利用向导创建报表时，有一个步骤就是设置报表中的记录排序，最多可以对 4 个字段进行排序，且参加排序的只能是字段，不能是表达式。

在创建报表过程中，除了对整个报表的记录进行排序、统计汇总外，还经常需要在某些分组前提下对每个分组进行统计汇总，即分类汇总。

以数据源的某个或多个特征（字段）分组，可使具有共同特征的相关记录形成一个集合，在显示或打印报表时，它们将集中在一起。对分组产生的每个集合，可以设置计算汇总等信息，一个报表最多可以对 10 个字段或表达式进行分组。

分组后的报表设计视图下，增加了"组页眉"和"组页脚"节。一般在组页眉中显示和输出用于分组的字段的值；组页脚用于添加计算型控件，实现对同组记录的数据汇总、显示和输出。不同组的数据可以设置成显示或打印在同一页上，也可以显示或打印在不同页上。

例 6-9　修改上例报表，使之能够显示打印每个学生的全部成绩的总评（全部成绩的平均值）和已选课程的总学分。对总评在 80 分以上的学生，在姓名旁显示"奖学金获得者"。

操作步骤如下。

（1）打开上例"选课成绩"报表，切换到报表设计视图。

（2）在报表页眉节修改原标签的标题为"总评成绩清单"，将报表的标题属性也改为：总评成绩清单。

6-4　例 6-9

（3）单击"设计"选项卡，单击"分组和汇总"组中的"分组和排序"按钮，打开"分组、排序和汇总"面板。

（4）单击"分组、排序和汇总"面板中的"添加组"按钮 添加组，从弹出的字段列表中选择"学生编号"，即确定了按"学生编号"进行分组的分组方式。

（5）单击"分组、排序和汇总"中 分组形式 学生编号 ▼ 升序 ▼，行右侧的"更多"按钮 更多▶，在展开的分组属性面板上将"无页眉节"改为"有页眉节"，将"无页脚节"改为"有页脚节"。这时可看到设计视图中增加了"学生编号页眉"节和"学生编号页脚"节。

（6）在分组属性面板上，单击"无汇总"右侧下拉箭头按钮，在"汇总方式"选择"学分"，

187

在"类型"选择"合计"，选中"在组页脚中显示小计"复选框，如图 6-34 所示。

图 6-34　设置分组与排序

（7）使用相同方法，设置"总评成绩"的平均值为汇总项，并显示在"学生编号页脚"节中。这时可看到在"学生编号页脚"节里新添了显示总学分和显示总评成绩平均值的两个计算型文本框控件。

（8）在"学生编号页脚"节中添加两个标签显示"已选课程的总学分："和"总评："，作为两个计算型控件的说明。

（9）把主体节中的显示"学生编号"和"姓名"的控件拖到垂直方向的"学生编号页眉"节中。在显示"姓名"的控件旁添加文本框控件，用作满足条件时显示"奖学金获得者"，删除其关联标签。文本框控件的属性设置及说明如表 6-2 所示。

表 6-2　　　　　　　　　　　　　　文本框控件的属性设置及说明

控件类型	属 性 设 置			
	名称	控件来源	倾斜字体	边框样式
文本框	Text24	=IIf(Avg([总评成绩])>=80,"奖学金获得者","")	是	透明

（10）在组页脚的底部添加一条直线，作为组间的分隔线，增加了分组节的报表设计视图如图 6-35 所示。

（11）切换到"打印预览"视图，查看应用了分组后的打印预览效果，如图 6-36 所示。

图 6-35　增加了分组节的报表设计视图

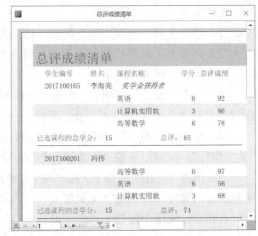

图 6-36　应用了分组后的打印预览效果

（12）把当前报表另存为"总评成绩清单"。

6.4 报表的美化

报表的美化是报表设计的善后工作。大方、美观的报表更具表现力，其易读性更高。美化报表的手段有应用系统提供的"主题"功能、添加背景图片、更改文本的字体字号、用分页符控件强制分页等。

6.4.1 应用"主题"

Access 提供了几十种各种风格的主题。用户还可以把自定义的"主题"添加到 Access 的"主题"库中。

例 6-10 使用"主题"改变报表的格式。

操作步骤如下。

（1）在设计视图或布局视图下打开要应用主题的报表。

（2）单击"设计"选项卡下"主题"组中的"主题"按钮，展开所有的主题样式。

（3）当鼠标光标置于某个主题之上时，能看到应用到报表上的效果，如图 6-37 所示。

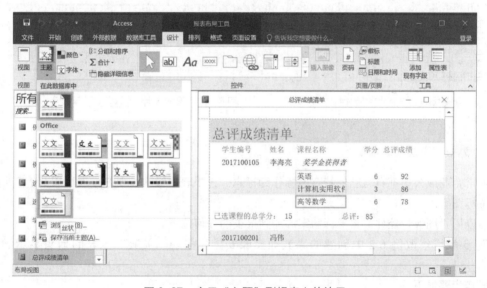

图 6-37 应用"主题"到报表上的效果

（4）选择喜欢的主题，保存报表。

6.4.2 添加背景图案

有时为了使报表打印效果更活泼、有趣，可以考虑给报表添加背景图案来增强效果，还可以在报表页眉节添加图像控件来显示图标，用作 Logo。

1. 为报表添加背景

例 6-11 为例 6-9 中创建的"总评成绩清单"报表添加背景图片。

操作步骤如下。

（1）打开"总评成绩清单"报表，切换到报表设计视图。

（2）单击"设计"选项卡上"工具"组中的"属性表"按钮，或者双击报表左上角的"报表选择器"按钮▣，打开报表的"属性表"对话框。

（3）在"属性表"对话框中选择"格式"选项卡，设置报表对象的格式属性如图 6-38 所示。

（4）切换到报表的打印预览视图显示报表，显示效果如图 6-39 所示。

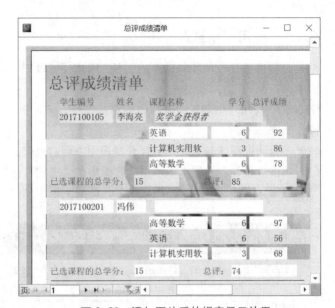

图 6-38　设置报表对象的格式属性　　　　　图 6-39　添加图片后的报表显示效果

2．为报表页眉节添加徽标

通常企业或公司都有自己的特定徽标作为标志。在报表中经常需要在报表页眉节的左侧添加一个徽标图案。

可以用"图像"控件，将徽标图案添加到报表的任何位置。

例 6-12　修改例 6-2 中创建的"教师授课安排"报表，使其在报表的抬头显示学校的徽标。

操作步骤如下。

（1）准备好作为徽标的图像文件。

（2）打开要修改的报表，切换到报表设计视图。

（3）单击"控件"组中的"图像"按钮，在报表页眉节的左部创建图像控件。

（4）在随后弹出的"插入图片"对话框中选定要插入的图像文件。

（5）调整图像控件和标题（标签控件）到合适的位置。切换到打印预览视图，查看修改后的报表打印效果，如图 6-40 所示。

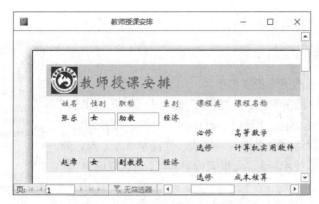

图 6-40 修改后的报表打印效果

6.4.3 使用分页符强制分页

报表打印时的换页是由"页面设置"的参数和报表的版面布局决定的，内容满一页后，才会换页打印。实际上在报表设计中，可以在某一节中使用分页控制符来标志需要另起一页的位置，即强制换页。例如，如果需要单独将报表标题打印在一页上，可以在报表页眉中显示标题的最后一个控件之后或下一页的第 1 个控件之前设置一个分页符。

在报表中添加分页符的操作步骤如下。

（1）在报表设计视图下，单击"设计"选项卡上"控件"组中的"插入分页符"按钮。

（2）在报表中需要设置分页符的水平位置单击鼠标左键。注意，将分页符设置在某个控件之上或之下，以免拆分了控件中的数据。Access 将分页符以短虚线标志在报表的左边界上。

如果要将报表中的每个记录或分组记录均另起一页，可以通过设置主体节或组页眉、组页脚的强制分页属性实现。

6.4.4 添加日期和时间

在用"报表"和"报表向导"生成的报表中，系统自动在报表页脚节处生成显示日期和页码的文本框控件。如果是自定义生成的报表，可以通过系统提供的"日期和时间"对话框为报表添加日期和时间。

在报表中添加日期和时间的操作步骤如下。

（1）在报表的设计视图下，单击"设计"选项卡上"页眉/页脚"组中的"日期和时间"按钮，弹出"日期和时间"对话框，如图 6-41 所示。

（2）在对话框中，选择是否显示"日期"或"时间"及其显示的格式，单击"确定"按钮。

新生成的显示"日期"和"时间"的两个文本框位置在报表页眉节的右上角，可以调整它们的位置到需要的地方，如调整到报表页脚节。

图 6-41 "日期和时间"对话框

除了通过从上述的对话框中添加日期和时间，还可以在报表中添加一个文本框，将其控件来源属性设置为日期或时间的表达式。如设置为：=Date( )或=Time( )等。显示日期或时间的文本框控件可以放置在报表的任意

191

位置，一般习惯放置在报表页脚节。

6.4.5　添加页码

在报表中添加页码的操作步骤如下。

（1）在报表的设计视图下，单击"设计"选项卡上"页眉/页脚"组中的"页码"按钮，弹出"页码"对话框，如图 6-42 所示。

（2）在"页码"对话框中选择页码格式、位置和对齐方式。如果打算在报表的首页只显示标题、无报表内容的话，则取消选中"首页显示页码"复选框。

"对齐方式"包含的选项及含义如表 6-3 所示。

图 6-42　"页码"对话框

表 6-3　　　　　　　　　　　　　"对齐方式"包含的选项及含义

选　项	含　义
左	在左页边距显示页码
中	在左右页边距的正中显示页码
内	在左右页边距之间显示页码，奇数页显示在左侧，偶数页显示在右侧
外	在左右页边距之间显示页码，奇数页显示在右侧，偶数页显示在左侧

习　题　6

一、问答题

1. Access 报表的结构是什么？都由哪几部分组成？

2. 报表页眉与页面页眉的区别是什么？

3. 在报表中计算汇总信息的常用方法有哪些？每个方法的特点是什么？

4. 哪些控件可以创建计算字段？创建计算字段的方法有哪些？

5. 美化报表可以从哪些方面入手？

二、选择题

1. 报表显示数据的主要区域是（　　）。

　　A．报表页眉　　　　B．页面页眉　　　　C．主体　　　　　　D．报表页脚

2. 将报表与某一数据表或查询绑定起来的报表属性是（　　）。

　　A．记录源　　　　　B．筛选　　　　　　C．控件来源　　　　D．打开

3. 提示用户输入相关的数据源、字段和报表版面格式等信息来创建报表的工具是（　　）。

　　A．报表设计　　　　B．报表向导　　　　C．图表向导　　　　D．标签向导

4. 以下关于报表定义的叙述中，正确的是（　　）。

　　A．主要用于对数据库中的数据进行分组、计算、汇总和打印输出

　　B．主要用于对数据库中的数据进行输入、分组、汇总和打印输出

　　C．主要用于对数据库中的数据进行输入、计算、汇总和打印输出

　　D．主要用于对数据库中的数据进行输入、计算、分组和打印输出

5．若要一次性更改报表中所有文本的字体、字号及线条粗细等外观属性，应使用的是（　　）。

　　A．自动套用　　　　B．主题　　　　　　C．自定义　　　　　　D．图表

6．可以更直观地表示出数据之间关系的报表是（　　）。

　　A．纵栏式报表　　　B．表格式报表　　　C．图表报表　　　　　D．标签报表

7．如果设置报表上某个文本框的控件来源属性为"=3*5+2"，则打开报表视图时，该文本框显示信息是（　　）。

　　A．17　　　　　　　B．3*5+2　　　　　C．未绑定　　　　　　D．出错

8．报表输出不可缺少的是（　　）。

　　A．主体内容　　　　B．页面页眉内容　　C．页面页脚内容　　　D．没有不可缺少的部分

9．要在报表每一页顶部都输出信息，需要设置（　　）。

　　A．报表页眉　　　　B．报表页脚　　　　C．页面页眉　　　　　D．页面页脚

10．以下叙述中，错误的是（　　）。

　　A．报表页眉中的任何内容都只能在报表的开始处打印一次

　　B．想在每一页上都打印标题，可以将标题移到页面页眉中

　　C．在设计报表时，页面页眉和页面页脚只能同时添加

　　D．使用报表可以打印各种标签、发票、订单和信封等

三、填空题

1．在创建报表的过程中，可以控制数据输出的内容、输出对象的显示或打印格式，还可以在报表制作过程中，进行数据的_____。

2．报表标题一般放在_____中。

3．报表页眉的内容只在报表的_____打印输出。

4．计算型控件的"控件来源"属性一般设置为以_____开头的计算表达式。

5．在报表的视图中，能够预览显示结果，并且又能对控件进行调整的视图是_____。

实　验　6

一、实验目的

1．熟悉 Access 报表设计的操作环境。

2．了解报表的基本概念和种类。

3．学会用"报表"和报表向导创建报表。

4．掌握在设计视图下创建报表。

5．掌握报表中记录的排序与分组的方法，熟练运用报表设计中的各种统计汇总的技巧。

二、实验内容

打开"图书销售管理"数据库，并按题目要求完成以下操作。

1．以"订单"表为数据源，使用"报表"工具，创建"订单"报表。报表名为"R1"。

2．以"雇员"表为数据源，使用"空报表"工具，创建纵栏式报表。报表名为"R2"。

3．以"订单明细"表为数据源，使用"报表向导"工具，创建"订单明细"报表。报表名为"R3"。

4．以实验 4 所建查询"Q1"为数据源，输出显示所有书目信息，包括书籍名称、售出单价、数量和出版社名称，并按数量降序排序。调整报表中的控件，使其显示顺序为：书籍名称、售出单价、出版社名称和数量。报表名为"R4"。

5．在"R4"报表最后一页的下方输出总的售书金额。报表名为"R5"。

6．修改"R5"报表，以出版社名称进行分组，输出各出版社的售书金额。报表名为"R6"。

7．打印输出各类书籍的平均定价，并按平均定价降序排列，所建报表如图 6-43 所示。报表名为"R7"。

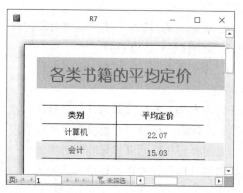

图 6-43　"各类书籍平均定价"报表

8．创建一个图 6-44 所示的图表报表，统计并显示所售的各出版社书籍的册数。报表名为"R8"。

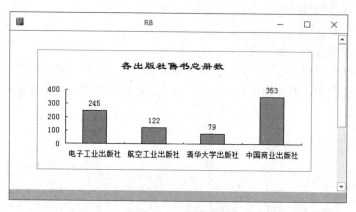

图 6-44　图表报表

9．使用向导创建一个客户标签报表，在设计视图中调整为信封的格式，并在每个标签的左下角添加公司的标志（公司标志自备）。报表名为"R9"。

三、实验要求

1．创建报表，查看打印预览效果。

2．记录上机时出现的问题及解决方法。

3．编写上机报告，报告内容包括如下。

（1）实验内容：实验题目与要求。

（2）分析与思考：实验过程、实验中遇到的问题及解决办法，实验的心得与体会。

第7章 宏的创建和使用

前面的章节已经介绍了 Access 的表、查询、窗体和报表等对象，使用这些对象可以实现对数据的组织、使用和输入/输出等操作。本章和下一章主要讨论 Access 数据库的自动处理问题，分别介绍 Access 中实现自动处理的两种方法：宏和 VBA 模块。

本章主要介绍如何使用宏实现自动处理功能。首先介绍 Access 中创建宏的工具——宏设计器，然后介绍独立宏的创建方法，以及在窗体和报表中创建嵌入宏的方法，最后介绍在数据表上创建数据宏的方法。

7.1 宏的基本概念和独立宏

宏是 Access 的对象之一。使用宏的目的是为了实现自动处理。在使用 Access 数据库的过程中，一些需要重复执行的复杂操作可以被定义成宏，以后只要直接执行宏就可以了。

7.1.1 宏的概念

1. 宏的定义

宏是能被自动执行的某种操作或操作的集合。通常在数据库和其应用程序中如果需要计算机自动执行某些操作，一般的方法是编程。但是这个方法对普通用户来说有些难度，因为需要花费大量的时间学习程序设计方可完成。

在 Access 中，提供了另外的解决方案，这就是宏。Access 系统将一些数据库使用过程中经常需要进行的操作预先定义成了宏操作。例如，打开和关闭表、查询、窗体和报表等对象，显示消息框，振铃，在记录集中筛选、定位等。用户在使用时只需将这些宏操作单独使用或按照要实现的功能进行组合，就可以实现指定功能的宏。在 Access 中可以在窗体、报表和表上创建宏，也可以创建不属于任何对象的独立的宏。

创建宏的过程十分简单。只要在宏设计器窗口中按照执行的逻辑顺序依次选定所需的宏操作，设置好相关的参数就可以了。整个设计过程不需编程，不需记住各种复杂的语法，即可实现某些特定的自动处理功能。而这些通常是要编程才能实现的。

图 7-1 给出了一个宏的示例。该宏用到了 3 个宏操作：注释（Comment）、显示消息框（MessageBox）和打开窗体（OpenForm）。执行这个宏时，首先出现一个有指定信息和图标的消息

框，如图 7-2 左图所示，同时扬声器会发出嘟嘟声；然后打开预先已有的窗体"教学管理系统主控界面"，如图 7-2 右图所示。

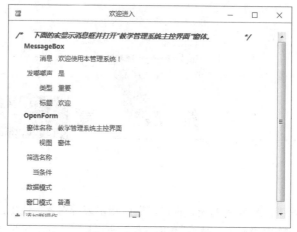

图 7-1 "欢迎进入"宏

图 7-2 "欢迎"消息框和"教学管理系统主控界面"窗体

在 Access 中按照宏所处的位置可以创建下面 3 种宏。

（1）独立宏：即宏对象，独立于其他对象，被显示在导航窗格的宏对象下。

（2）嵌入宏：指在窗体、报表或其中的控件上创建的宏，这类宏通常被嵌入所在的窗体或报表中，由这些对象或控件的有关事件触发，如按钮的 Click 事件。这类宏不会显示在导航窗格的宏对象下。

（3）数据宏：指在表上创建的宏，当向表中插入、删除和更新数据时将触发这类宏。这类宏不会显示在导航窗格的宏对象下。

2．Access 中的宏操作

宏中的基本操作叫宏操作，它们是由 Access 预先提供的，可以通过"操作目录"窗口了解 Access 的这些宏操作。下面介绍如何显示和使用"操作目录"窗口。

（1）单击"创建"选项卡上"宏与代码"组中的"宏"按钮，创建一个新宏。这时将自动打开宏设计器窗口，如图 7-3 所示。

（2）如果没有显示"操作目录"窗口，请单击"宏工具/设计"选项卡上"显示/隐藏"组中的"操作目录"按钮，屏幕右侧将显示"操作目录"窗口，如图 7-3 所示。

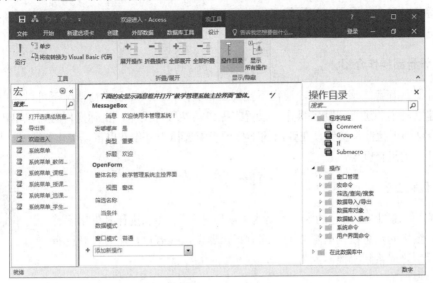

图 7-3 "宏设计器"和"操作目录"窗口

从图 7-3 所示的"操作目录"窗口中可以看到，Access 预先提供的宏操作分为两大类，即程序流程类和操作类。程序流程类主要完成程序的组织和流程控制。操作类主要实现对数据库的各种具体操作，进一步又可分为 8 小类。

（1）窗口管理类。

（2）宏命令类。

（3）筛选/查询/搜索类。

（4）数据导入/导出类。

（5）数据库对象类。

（6）数据输入操作类。

（7）系统命令类。

（8）用户界面命令类。

宏操作是创建宏的资源。学习创建宏的过程就是了解这些宏操作的具体用法，并将这些宏操作按照要实现的功能进行排列组合的过程。在创建宏的过程中，用户可以很方便地通过"操作目录"窗口搜索和添加所需的宏操作。

向宏设计器添加宏操作可以采用下面的方法。

方法 1：在"添加新操作"组合框的下拉列表中选择；

方法 2：在"操作目录"窗口双击要添加的宏操作；

方法 3：从"操作目录"窗口将要添加的宏操作拖曳到"宏设计器"窗口。

不是所有情况下都能使用所有的宏操作，有些宏操作只在特定情景下才可以使用。

7.1.2 创建独立宏

独立宏就是数据库中的宏对象，其独立于数据库的表、窗体、报表等其他对象，通常被显示在导航窗格的"宏"组下。如果在 Access 数据库的多个位置需要重复使用宏，可以创建独立宏，这样可以避免在多个位置重复相同的宏代码。

在 Access 中使用宏设计器创建宏。

1. 宏设计器操作介绍

宏设计器具有智能感知功能，通常下拉列表和操作目录只显示当前情况下可以使用的宏操作列表。创建宏时主要进行选择宏操作、设置宏操作的参数等操作。实际操作时可以单击"添加新操作"组合框的下拉箭头按钮，在弹出的下拉列表中选择宏操作，也可以将宏操作从"操作目录"拖到宏设计器的组合框中。

2. 创建独立宏

7-1　例 7-1

例 7-1　创建图 7-1 所示的宏，宏名为"欢迎进入"。要求执行时先出现有指定信息和图标的消息框（见图 7-2），同时扬声器发出嘟嘟声，然后打开已有的窗体"教学管理系统主控界面"。

操作步骤如下。

（1）单击"创建"选项卡上"宏与代码"组中的"宏"按钮，这时将自动打开宏设计器窗口。

（2）添加宏操作及设置操作参数。单击"添加新操作"组合框右侧的下拉箭头按钮，在下拉列表中选择 Comment 宏操作，或者从操作目录窗口将 Comment 宏操作拖动到组合框中，在其后出现的矩形框中输入"下面的宏显示欢迎消息框并打开"教学管理系统主控界面"窗体"。接下来方法同上，依次添加 MessageBox 和 OpenForm 两个宏操作，并设置参数，如表 7-1 所示。

表 7-1　　　　　　　　　　宏"欢迎进入"的宏操作及操作参数

宏　操　作	操　作　参　数
Comment	下面的宏显示欢迎消息框并打开"教学管理系统主控界面"窗体
MessageBox	消息：欢迎使用本管理系统！
	发嘟嘟声：是
	类型：重要
	标题：欢迎
OpenForm	窗体名称：教学管理系统主控界面
	视图：窗体
	窗口模式：普通

这里用到了 3 个基本宏操作：Comment、MessageBox 和 OpenForm。

- Comment：可用于在宏中提供说明性注释，以方便阅读者更好地理解宏。规定长度不能超过 1000 个字符，运行时计算机将跳过注释。
- MessageBox：作用是显示含有警告或提示信息的消息框。其中，参数"消息"用来指定消息框中显示的信息；参数"类型"用来指定信息前显示的图标的类型；参数"标题"用来指定消息框标题栏中显示的标题。
- OpenForm：作用是按指定的窗口模式和视图方式打开一个指定窗体。视图方式可以是"窗体""设计""打印预览"等。窗口模式可以是"普通""隐藏""图标"和"对话框"。

（3）单击"文件"选项卡的"保存"命令，将该宏命名为"欢迎进入"。

为宏添加注释是一个较好的选择，这样可以使阅读者更快地理解宏，也方便对宏的管理。

3．运行独立宏

有多种方法可以运行独立宏。

方法1：从导航窗格运行独立宏。双击导航窗格上宏列表中的宏名。

方法2：在其他宏中使用RunMacro宏操作调用已命名的独立宏。

方法3：设置在打开数据库时自动运行。如果要设置使得打开数据库时自动运行宏，只要在导航窗格的宏列表上右键单击要自动运行的宏，将宏名改为"autoexec"。在Access中宏名为"autoexec"的宏是一个特殊的宏，该宏在打开数据库时被自动运行。

方法4：在功能区的选项卡上添加按钮运行宏。操作步骤如下。

（1）单击"文件"选项卡，单击"选项"命令，打开"Access选项"对话框。在对话框左侧窗格中单击"自定义功能区"命令，显示结果如图7-4所示。

图7-4 显示结果

（2）单击右窗格右下方的"新建选项卡"按钮，新建一个自定义选项卡，同时创建了一个新建组。也可以选中某一个已存在的选项卡，然后单击"新建组"按钮创建一个新组。

（3）在右窗格左侧的"从下列位置选择命令"组合框的下拉列表中选择"宏"，此时其下方列表框中显示出当前数据库所有的独立宏。选中宏"欢迎进入"，并添加到右侧的新建组中。

另外，用鼠标右键单击新建的选项卡或新建的组，在弹出的快捷菜单中选择"重命名"命令，可以重新设置选项卡上按钮的图标和名称。

4．单步执行宏

已经创建的宏难免存在错误，因此快速而准确地定位发生错误的宏操作就是调试宏的关键。设置单步执行宏的操作步骤如下。

（1）打开已有宏的设计器窗口，单击"宏工具/设计"选项卡上"工具"组的"单步"按钮 三单步。

（2）单击"宏工具/设计"选项卡上"工具"组的"运行"按钮运行宏。

运行开始后，在每个宏操作运行前系统都先中断并显示对话框"单步执行宏"，如图 7-5 所示，单击"单步执行"按钮执行宏操作。执行时如果出错，则先给出错误信息，然后重新显示有关出错宏操作的对话框"单步执行宏"，并在其中给出错误号。否则，将进入下一个宏操作。

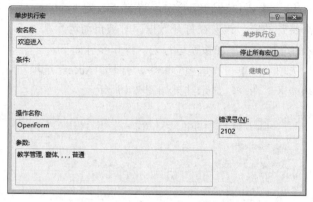

图 7-5 "单步执行宏"对话框

例如，在图 7-5 中如果 OpenForm 宏操作引用了一个不存在的窗体"教学管理"，则系统先提示"拼写有误或引用了一个不存在的窗体"，然后在"单步执行宏"对话框给出错误号 2102。

7.2 创建嵌入宏

在创建窗体和报表时，经常需要设置使计算机能自动完成某些动作。例如，打开窗体和报表的一些初始化操作，单击窗体中按钮等控件后完成的一系列动作等。在 Access 中要实现这类操作就要创建嵌入宏。

在 Access 中，附加到用户界面（UI）对象（如命令按钮、文本框、窗体和报表）的宏称为嵌入宏。这类宏被嵌入到所在的窗体、报表对象中，成为这些对象的一部分。因此在导航窗格的"宏"列表下不会显示嵌入宏。运行时通过触发窗体、报表和按钮等对象的事件（如加载 On Load 或单击 On Click）运行。

7.2.1 创建嵌入宏的一般过程

创建嵌入宏的操作步骤如下。

（1）在导航窗格中，右键单击将包含宏的窗体或报表，打开窗体或报表的"设计视图"。这时如果"属性表"对话框未显示，请按 Alt +Enter 组合键以显示它。

（2）在"属性表"对话框最顶端"所选内容的类型"列表框中选择要设置嵌入宏的控件或节。然后单击下方的"事件"选项卡，选择要嵌入宏的事件，单击该事件右侧的"生成器"按钮 ，在出现的"选择生成器"对话框中选择"宏生成器"，如图 7-6 所示。单击"确定"按钮之后，

Access 将打开宏设计器。

（3）使用前面所述方法，向宏中添加宏操作。

（4）关闭"宏设计器"，并保存宏。

一旦为该事件嵌入了宏，相应的属性栏会显示"[嵌入的宏]"。

7-2　例 7-2

例 7-2　修改第 5 章例 5-16 所建的"学生（空白窗体）"，为其添加查询功能。

这个窗体原来具有的功能是浏览学生信息，运行窗体时通过窗体下方的几个浏览按钮，可以逐个浏览相关信息。现在为其添加查询功能，使得可以按窗体上方输入的学号进行查询，如图 7-7 所示。

图 7-6　选择生成器

图 7-7　为例 5-16 学生信息窗体添加查询功能

操作步骤如下。

（1）修改窗体

① 打开要修改的"学生（空白窗体）"窗体的设计视图。

② 将窗体的"窗体页眉"部分加大，添加一个标签控件，设置其标题为"学生信息查询"，字体为"华文新魏"，字号为 24，前景色为"深色文本"。然后在标签下方添加一个矩形控件。

③ 在矩形控件上添加一个非绑定文本框，修改"名称"属性为"txt 学号"，相关标签的"标题"属性为"请输入要查询学生的编号："。

④ 在矩形控件上添加一个命令按钮，设置按钮的"标题"属性为"查询"，"名称"属性为"cmd 查询"。

（2）在"查询"按钮上创建嵌入宏

① 在"属性表"对话框顶端的下拉列表中选择按钮"cmd 查询"，在"属性"选项卡上选择"单击"事件，单击右侧的"生成器"按钮，在出现的"选择生成器"对话框中选择"宏生成器"打开宏设计器。

② 向宏中添加宏操作"GoToControl"，设置其"控件名称"参数为：学生编号。

③ 向宏中添加宏操作"FindRecord"，设置其"查找内容"参数为：= [txt 学号]，如表 7-2 所示。

表 7-2　　　　　　　"查询"按钮单击事件上的宏操作及操作参数

宏　操　作	操　作　参　数
GoToControl	控件名称：学生编号
FindRecord	查找内容：= [txt 学号]

这里可以使用表达式生成器输入参数"查找内容"。方法是先输入等号"="，这时行的右方就会显示"表达式生成器"按钮 ，单击该按钮就可以输入表达式了，如图 7-8 所示。

图 7-8 "查询"按钮单击事件上嵌入的宏

这里用到了两个基本宏命令：GoToControl 和 FindRecord。

- GoToControl：作用是将焦点移到窗体上指定的字段"学生编号"上，为执行下面的 FindRecord 宏命令做准备。

- FindRecord：作用是在当前窗体的数据集中查找符合条件的记录。参数"查找内容"为：= [txt 学号]，前提是已经将焦点移到了"学生编号"字段，所以通常 FindRecord 前都会使用 GoToControl 做铺垫。

二者合起来的意思就是在"学生编号"字段上查找[txt 学号]文本框中输入的学号。

④ 关闭宏设计器并保存宏。

（3）运行嵌入宏

单击"开始"选项卡上的"视图"按钮转到"窗体视图"，输入学号后单击"查询"按钮运行宏。

使用 FindRecord 只能找到符合条件的一条记录。如果要筛选出多个符合条件的记录，可以使用 ApplyFilter。

例 7-3 修改第 5 章例 5-7 所建窗体"选课成绩"，使其能够根据所选的课程编号筛选该门课程的所有成绩，如图 7-9 所示。

操作步骤如下。

（1）修改窗体"选课成绩"

用设计视图打开例 5-7 窗体"选课成绩"，

图 7-9 修改后的"选课成绩"窗体

在窗体页眉添加一个课程编号组合框和一个筛选按钮，然后按表 7-3 设置各个控件的属性。

表 7-3 "选课成绩"窗体中的控件及操作参数

控 件	操 作 参 数
组合框	名称：cbo 课程编号
	行来源类型：表/查询
	行来源：SELECT DISTINCT 选课成绩.课程编号 FROM 选课成绩;

控　　件	操　作　参　数
组合框的标签	标题：课程编号
按钮	名称：cmd 筛选
	标题：筛选

因为每门课都有多人选修，为了去掉列表中重复的课程号，组合框的"行来源"属性中"SELECT"后添加了"DISTINCT"。

（2）在"查询"按钮上创建嵌入宏

① 在"属性表"对话框中，选择按钮"cmd 筛选"，单击"属性"选项卡上"单击"事件右侧的"生成器"按钮，打开宏设计器。

② 向宏中添加宏操作"ApplyFilter"，并按照表 7-4 设置参数。

表 7-4　　　　　　　　　**"筛选"按钮单击事件上的宏操作及操作参数**

宏　操　作	操　作　参　数
ApplyFilter	当条件：[课程编号]=[Forms]![选课成绩].[cbo 课程编号]

这里用到了宏操作 ApplyFilter。

- ApplyFilter：作用是在窗体、报表或表上进行筛选。"当条件"参数为筛选的条件，相当于 SQL 中 SELECT 语句的 WHERE 条件；"筛选名称"参数可以是一个已经预先建好的查询。

③ 关闭宏设计器并保存宏。

（3）运行嵌入宏

单击"开始"选项卡上的"视图"按钮转到"窗体视图"，在组合框的下拉列表中选择要筛选的课程编号，单击"筛选"按钮，这时窗体下方的表格中显示该课程的所有成绩。

7.2.2　使用 If 宏操作控制程序流程

前面示例中的宏，在每次执行时，都是按照排列顺序依次无条件地执行每个宏操作，但在实际处理问题时，控制并不总是这样简单，往往需要对宏中的宏操作的执行流程进行控制，根据逻辑判断的结果决定执行哪些宏操作，不执行哪些宏操作。在 Access 中可以使用 If 宏操作控制程序流程。If 宏操作的基本框架如下。

```
If 条件 1 Then
    这里插入宏操作...
Else If 条件 2 Then
    这里插入宏操作...
...
Else If 条件 n Then
    这里插入宏操作...
Else
    这里插入宏操作...
End If
```

If 后的条件是一个表达式，其值为真 True 或假 False。运行时先自上向下寻找第 1 个满足（为True）的条件，然后执行其后的宏操作。如果所有的条件都不满足，则执行 Else 后面的宏操作。

可根据条件的多少使用 Else If，如果只有一个条件，则 Else If 可以省略。另外 If 操作是一个块操作，这意味着可以在每个可插入宏操作的地方插入多个宏操作构成操作块。

例 7-4 修改例 7-2 中的"学生信息查询"窗体，使其具备错误处理能力。

在图 7-7 所示的窗体中，操作时需要先在文本框中输入要查询的学号，然后单击按钮进行查询。实际操作时，如果没有输入学号直接单击查询按钮，则系统就会进入异常而导致中断。

7-3 例 7-4

解决的思路是，在原来的基础上增加判断功能。具体实现就是单击按钮后先判断文本框中是否为空，如果为空，提示"请输入查询信息！"；否则，进行正常查询。判断逻辑如下。

```
If 文本框为空 Then
    提示：请输入查询信息！
Else
    查询
End If
```

操作步骤如下。

（1）修改"查询"按钮单击事件上的宏

① 在导航窗格中，右击例 7-2 的"学生（空白窗体）"，进入设计视图。

② 在"属性表"对话框中，选择按钮"cmd 查询"，单击"单击"事件右侧的"生成器"按钮 ，打开宏设计器。

③ 向宏中增加一个宏操作 If，在 If 后的"条件表达式"中输入"IsNull([txt 学号])"。这里函数 IsNull() 的作用是判断括号内表达式的值是否为空值。如果是，则返回 True；否则返回 False。

④ 在 Then 后添加 MessageBox 宏操作，消息为"请输入查询信息！"，类型为"信息"。

⑤ 单击"添加 Else"增加 Else 块。按住 Ctrl 键，依次选中原有的两个宏操作 GoToControl 和 FindRecord，将操作块通过"下移"按钮 移到 Else 和 End If 之间。

⑥ 关闭宏设计器并保存宏。

修改后的宏，其宏操作及操作参数如表 7-5 所示。

表 7-5 　　　　　　　　　"查询"按钮单击事件上的宏操作及操作参数

块 操 作		宏 操 作	操 作 参 数
If　IsNull([txt 学号])	Then	MessageBox	消息：请输入查询信息！ 类型：信息
	Else	GoToControl	控件名称：学生编号
		FindRecord	查找内容：= [txt 学号]

（2）运行嵌入宏

重新运行窗体，不要向文本框中输入任何信息而直接单击"查询"按钮，这时出现消息框提示"请输入查询信息！"，如图 7-10 所示。向文本框中输入查询信息后结果正常。

例 7-5 修改例 5-12 所建"系统登录"窗体，为其添加密码验证功能，如图 7-11 所示。

第 5 章已经为这个窗体添加了各种控件，现在为其中的"确定"按钮添加密码验证功能。具体逻辑如下。

```
If 用户名和密码正确 Then
    关闭"系统登录"窗体
    显示"欢迎"消息框
```

```
      Else
          显示"用户名或密码错误!"消息框
          清空用户名文本框和密码文本框
          焦点移回"用户名"文本框
      End If
```

图 7-10　为"查询"按钮增加异常处理功能

图 7-11　修改后的"系统登录"窗体

假设这里的用户名为"cueb",密码为"1234"。操作步骤如下。

（1）为"确定"按钮的"单击"事件设置嵌入宏

① 用设计视图打开"系统登录"窗体。

② 将"用户名"文本框的"名称"属性设置为"txt 用户名",将密码文本框的"名称"属性设置为"txt 密码"。

③ 在"属性表"对话框中,选择"确定"按钮的"单击"事件,进入宏设计器。

④ 按照表 7-6 添加宏操作。

表 7-6　　　　　　　　　　　　"确定"按钮单击事件上的宏操作及操作参数

块 操 作		宏 操 作	操 作 参 数
If [txt 用户名]="cueb" And [txt 密码]="1234"	then	CloseWindow	不填,默认当前窗体
		MessageBox	消息:欢迎使用本教学管理系统!
			发嘟嘟声:是
			类型:重要
			标题:欢迎
	Else	MessageBox	消息:用户名或密码错误!
			发嘟嘟声:是
			类型:警告!
			标题:检验密码
		SetProperty	控件名称:txt 用户名

块　操　作		宏　操　作	操　作　参　数
If [txt 用户名]="cueb" And [txt 密码]="1234"	Else	SetProperty	属性：值
			值：不填
		SetProperty	控件名称：　txt 密码
			属性：值
			值：不填
		GoToControl	控件名称：txt 用户名

在本宏中，用到了下列宏操作。

- SetProperty：作用是设置窗体或报表上控件的属性。这里用来设置文本框的属性"值"，不填即为空值，即将文本框清空。
- CloseWindow：作用是关闭指定的数据库对象。本例为默认值，即当前窗口。

⑤ 关闭宏设计器并保存宏。

（2）运行嵌入宏

保存窗体后运行窗体，分别输入错误的和正确的用户名和密码进行测试，观察窗体的运行结果。

从上面的介绍可以看出，使用 If 可以为宏操作设置执行的条件，对宏的执行进行控制，从而创建功能更强的宏。

7.2.3　创建子宏

在 Access 中除了可以创建单个宏，还可以创建宏组。宏组由若干彼此相关的宏组成。例如，功能相关的一组操作，或同一个窗体上的若干操作。宏组中的每个宏由 Submacro 宏操作引导，有自己的宏名，也称为子宏。这样做的目的是方便对宏的管理和维护。

在创建宏时可使用 Submacro 宏操作添加子宏。该操作是一个块操作，添加 Submacro 块之后，可将已有宏从"操作目录"的"在此数据库中"拖曳到该块中，或直接添加新的宏操作。

　　　　子宏必须始终是宏组中最后的块，不能在子宏后面添加任何单独的操作，除非有更多子宏。

可以在 RunMacro 或 OnError 宏操作中通过名称调用子宏，调用时需要在宏名前加宏组名，形式为：宏组名.宏名。

下面示例中窗体的功能是导出"学生"表、"教师"表和"课程"表为 Excel 表。为了便于管理，由导出各表的宏组成一个宏组。

例 7-6　创建宏组，组名为"导出表"，并创建窗体"导出表"调用宏组中的子宏。

操作步骤如下。

（1）创建独立宏组"导出表"

① 单击功能区"创建"选项卡的按钮"宏"，打开宏设计器。

② 向宏中添加 Submacro 宏操作，设置第 1 个子宏的名为"导出学生表"。

③ 在块中添加 ExportWithFormatting 宏操作，其对象类型为"表"，对象名称为"学生"，输出格式为"Excel 工作簿(*.xlsx)"。

- ExportWithFormatting：作用是将指定数据库对象中的数据导出为 Excel 格式、Txt 格式等文件。

7-4　例 7-6

④ 按照表 7-7 添加另外两个 Submacro 宏操作。

表 7-7　　　　　　　　　　宏组"导出表"的宏操作及操作参数

块　操　作	操　作　参　数	宏　操　作	操　作　参　数
Submacro	宏名：导出学生表	ExportWithFormatting	对象类型：表 对象名称：学生 输出格式：Excel 工作簿（*.xlsx）
Submacro	宏名：导出教师表	ExportWithFormatting	对象类型：表 对象名称：教师 输出格式：Excel 工作簿（*.xlsx）
Submacro	宏名：导出课程表	ExportWithFormatting	对象类型：表 对象名称：课程 输出格式：Excel 工作簿（*.xlsx）

⑤ 关闭宏设计器并保存宏为"导出表"。

（2）创建窗体"导出表"

① 单击"创建"选项卡"窗体"组中的"窗体设计"按钮创建一个新窗体。

② 将"窗体设计工具/设计"选项卡"控件"组中的"选项组"控件，添加到窗体中，设置其名称为"fra 表"，其他属性参见表 7-8。

表 7-8　　　　　　　　　　窗体"导出表"中的控件及操作参数

控　　件	操　作　参　数
选项卡	名称：fra 表
	选项卡标签：请选择要导出的表：
	标签 1：学生
	标签 2：教师
	标签 3：课程
按钮	标题：确定

这里选项卡由 3 个单选钮组成。选项卡的值（=1、=2 或=3）分别代表了实际操作时对 3 个单选按钮的选择结果。

③ 添加一个按钮控件，其标题为"确定"。添加控件后的窗体如图 7-12 所示。

④ 按照表 7-9 在"确定"按钮的单击事件上创建嵌入宏。

RunMacro：作用是执行一个宏。

⑤ 关闭宏设计器，并保存宏。

（3）保存窗体为"导出表"

运行窗体后，在选项组上选择表并单击"确定"按钮，这时系统将弹出"输出到"对话框，如图 7-13 所示。

图 7-12　添加控件后的窗体

本例宏组中的宏，除了应用于窗体外，也可以在应用程序的其他地方被调用，这样避免了在多处重复书写宏操作，提高了应用程序的开发效率。

表 7-9　　　　　　　　　"确定"按钮单击事件上的宏操作及操作参数

块 操 作		宏 操 作	操 作 参 数
If	[fra 表]=1	RunMacro	宏名：导出表.导出学生表
Else If	[fra 表]=2	RunMacro	宏名：导出表.导出教师表
Else If	[fra 表]=3	RunMacro	宏名：导出表.导出课程表

图 7-13　"输出到"对话框

7.3　创建数据宏

数据宏类似于 Microsoft SQL Server 中的触发器，当对表中的数据进行插入、删除和修改时，可以调用数据宏进行相关的操作。例如，在"学生"表中删除某个学生的记录，则该学生的信息被自动写入到另一个表"取消学籍学生"中。或者也可以使用数据宏实施更复杂的数据完整性控制。有两种主要的数据宏类型：一种是由表事件触发的数据宏（也称"事件驱动的"数据宏），一种是为响应按名称调用而运行的数据宏（也称"已命名的"数据宏）。这里只介绍前一种数据宏的用法。

因为数据宏是建立在表对象上的，所以不会显示在导航窗格的"宏"列表下。必须使用表的数据表视图或表设计视图中的功能区命令才能创建、编辑、重命名和删除数据宏。

7.3.1　数据宏的一般操作方法

1．创建和编辑数据宏

操作步骤如下。

（1）在导航窗格中，双击要创建或编辑数据宏的表，进入表的数据表视图。

（2）在"表格工具/表"选项卡上，单击"前期事件"组或"后期事件"组中的相关按钮，在有关事件上创建数据宏。例如，在"更新后"事件中创建数据宏。

（3）向宏设计器中添加宏操作，方法同前。

（4）保存并关闭宏，回到数据表视图。

注意 如果在表的某个事件上设置了数据宏，这时功能区的"表格工具/表"选项卡的该事件按钮会突出显示，如图 7-15 中的"删除后"按钮。

2．删除数据宏

（1）在导航窗格中，双击要删除数据宏的表，打开数据表。

（2）单击"表格工具/表"选项卡的"已命名的宏"组上的"已命名的宏"，从弹出的下拉菜单中选择"重命名/删除宏"命令，打开"数据宏管理器"窗口，如图 7-14 所示。单击要删除的数据宏右方的"删除"命令。

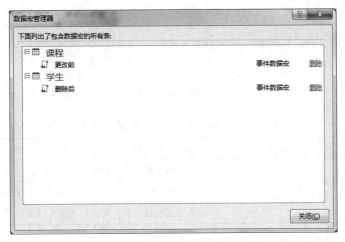

图 7-14 "数据宏管理器"窗口

这里的"数据宏管理器"是管理数据宏的工具，其中列出了当前数据库表中所有的数据宏。

7.3.2 创建删除数据时的数据宏

在实际操作中，如果删除了数据表中的某些记录，往往需要同时进行另外一些操作，这时可以在表的"删除前"或"删除后"事件中创建数据宏。如果在数据宏中要使用已删除字段的值，可以使用下列引用方式。

```
[Old].[字段名]
```

例如，当删除了"学生"表中的某个学生的记录时，需要将该学生的信息同时写入另一个表"取消学籍学生"中。下面的示例演示这一过程。

例 7-7 在"学生"表的"删除后"事件中创建数据宏，将被删除的学生信息写入"取消学籍学生"表中。操作步骤如下。

（1）创建一个新表"取消学籍学生"。可以从"学生"表复制，复制时选择"仅结构"。为了简化操作将其他字段删除，只保留"学生编号"和"姓名"两个字段。增加一个字段"变动日期"，类型为日期型。

7-5 例 7-7

（2）在"学生"表的"删除后"事件中创建数据宏

① 在导航窗格中，双击表"学生"，打开"学生"表。

② 单击"表格工具/表"选项卡的"后期事件"组中"删除后"按钮，打开宏设计器。

③ 按照表 7-10 向宏设计器添加宏操作，设置结果如图 7-15 所示。

图 7-15　"学生"表"删除后"事件中的数据宏设置结果

表 7-10　　　　　　　　"学生"表上"删除后"事件的宏操作及操作参数

块 操 作	操 作 参 数	宏 操 作	操 作 参 数	
CreateRecord	在所选对象中创建记录：取消学籍学生	SetField	名称：学生编号	值：[old].[学生编号]
		SetField	名称：姓名	值：[old].[姓名]
		SetField	名称：变动日期	值：Date()

这里用到了宏操作 CreateRecord 和 SetField。

- CreateRecord：在指定表中创建新记录，仅适用于数据宏。参数"在所选对象中创建记录"用于指定要在其中创建新记录的表，本例为"取消学籍学生"。CreateRecord 创建一个数据块，可在块中执行一系列操作。本例使用 SetField 为新记录的字段分配值。注意，这里使用[old].[学生编号]引用被删除的数据。

- SetField：可用于向字段分配值，仅适用于数据宏。参数名称（name）指要分配值的字段的名称，参数值（Value）是一个表达式，表达式的值就是分配给该字段的值。

打开"学生"表，删除其中的某个记录，关闭"学生"表。然后打开"取消学籍学生"表，可以看到被删除的学生信息已经写入该表中。

数据插入和数据更新时的数据宏的创建方法与上面介绍的方法类似，如果需要，读者可以参照上面的介绍自行完成。

习　题　7

一、问答题

1. 在 Access 中有哪些方法可以实现自动处理功能？

2．什么是宏？请简述创建独立宏的一般过程。

3．如果要用功能区上的选项卡按钮执行宏，应该如何做？

4．什么是嵌入宏？请说明嵌入宏与独立宏的区别。

5．数据宏是怎样被触发的？有什么用途？

二、选择题

1．以下关于宏的叙述中，错误的是（　　　）。

    A．宏是能被自动执行的某种操作或操作的集合

    B．构成宏的基本操作也叫宏操作

    C．运行宏的条件是有触发宏的事件发生

    D．嵌入在窗体或报表上的嵌入宏是在导航窗格上列出的宏对象

2．如果要对窗体上数据集的记录排序，应使用的宏操作是（　　　）。

    A．ApplyFilter　　　　B．FindRecord　　　　C．SetProperty　　　　D．ShowAllRecords

3．以下关于宏命令 MessageBox 的叙述中，错误的是（　　　）。

    A．可以在消息框给出提示或警告

    B．可以设置在显示消息框的同时扬声器发出嘟嘟声

    C．可以设置消息框中显示的按钮的数目

    D．可以设置消息框中显示的图标的类型

4．默认情况下，关于宏命令 FindRecord 的查找条件（　　　）。

    A．只能针对 1 个字段设置　　　　　　　B．可以针对 2 个字段设置

    C．可以针对 3 个字段设置　　　　　　　D．可以针对 4 个字段设置

5．以下关于在"宏设计器"上添加宏操作方法的叙述中，错误的是（　　　）。

    A．在"宏设计器"上组合框的下拉列表中单击要添加的宏操作

    B．从"操作目录"窗口，将要添加的宏操作拖到"宏设计器"上

    C．在"操作目录"窗口中，单击要添加的宏操作

    D．在"操作目录"窗口中，双击要添加的宏操作

6．以下关于 If…then…Else…End If 宏操作的叙述中，错误的是（　　　）。

    A．If…Else 之间及 Else…End If 之间可以插入多个宏操作

    B．If…Else 之间及 Else…End If 之间只能插入 1 个宏操作

    C．某些情况下可以简化为 If…then…End If 形式

    D．If 后是要测试的条件，它必须是一个计算结果为 True 或 False 的表达式

7．以下宏操作中，可以将表导出为 Excel 工作表的是（　　　）。

    A．SaveRecord　　　　　　　　　　　B．PrintObject

    C．OpenTable　　　　　　　　　　　　D．ExportWithFormatting

8．引用宏组"打开"中的宏"打开学生管理窗体"，正确的引用形式为（　　　）。

    A．打开->打开学生管理窗体　　　　　　B．打开.打开学生管理窗体

    C．打开!打开学生管理窗体　　　　　　　D．打开学生管理窗体.打开

9．若用宏操作 SetProperty 将窗体"系统登录"中的文本框"txt 密码"清空，该宏操作的"属性"参数应为"值"，其"值"参数最简设置为（　　　）。

    A．=""　　　　　　　　B．""　　　　　　　　C．=0　　　　　　　　D．不填

10. 有一个窗体"教师信息浏览"，其中，若要用宏操作 GoToControl 将焦点移到 "教师编号"字段上，则该宏操作的参数"控件名称"应设置为（　　）。

　　A．[Forms]![教师信息浏览]![教师编号]

　　B．[教师信息浏览]![教师编号]

　　C．[教师编号]! [教师信息浏览]!

　　D．教师编号

三、填空题

1．在 Access 中使用_____窗口创建宏。从_____窗口可以了解和添加当前可以使用的宏操作。

2．在设计宏时，应该先选择具体的操作，再设置其_____。

3．若要在宏中打开某个窗体，应该使用的宏操作是_____。

4．嵌入宏是嵌入在_____或_____中的宏。

5．当对数据表上的数据进行_____、_____或_____操作时，将触发其上的数据宏。

实 验 7

一、实验目的

1．了解有关宏的基本概念。

2．掌握独立宏的创建、运行方法。

3．掌握在窗体和报表上创建嵌入宏的方法。

4．掌握在数据表上创建数据宏的方法。

二、实验内容

打开"图书销售管理"数据库，并按题目要求完成以下操作。

1．创建独立宏 M1。要求运行时首先显示"欢迎"消息框，然后打开前面所建窗体 F7，最后最大化窗体 F7，如图 7-2 所示。

2．创建一个新选项卡"练习"，在该卡上创建新组"我的新宏"。将上题中所建的宏 M1 添加到组"我的新宏"上，并重新设置按钮的图标。

3．在实验 5 所建"F1"窗体基础上，按图 7-16 所示的格式和内容修改"F1"窗体，并添加查询功能。要求输入订单号后单击"查询"按钮，显示该订单及其订单明细的相关信息。

4．在实验 5 所建"F4"表格窗体基础上，添加查询功能。要求可以按"书籍号""书名""作者名"或"出版社名称"检索书籍表中的图书，如图 7-17 所示。

说明
　　当选择某一查询项，并输入该项具体值后，单击"检索"按钮，能够显示出相应的记录。

5．创建一个系统登录窗体，窗体名为"F10"。窗体功能是检查输入的用户名和密码。如果输入的用户名和密码正确，则打开第 5 章创建的"F1"窗体并关闭系统登录窗体；如果输入的用户名和密码不正确，那么先弹出"用户名或密码错误！请重新输入。"消息框，然后将用户名和密码两个文本框清空，并且焦点移回用户名文本框。

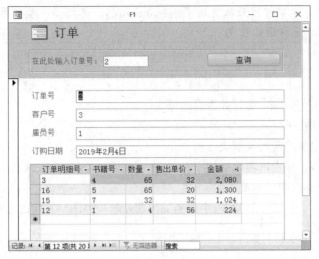

图7-16 修改后的"F1"窗体

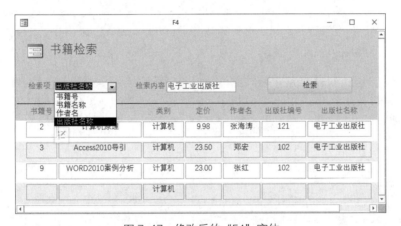

图7-17 修改后的"F4"窗体

注：用户名及密码自行拟定。

6. 完善实验5所建的"F7"窗体，为"进入系统"按钮创建一个宏，能够打开"F10"窗体；为"退出系统"按钮创建一个宏，能够关闭"F7"窗体，并在关闭窗体时弹出"再见"消息框，消息框格式如图7-18所示，并能发出嘟嘟声。

图7-18 "再见"消息框

7. 在表"书籍"的更新前事件上创建数据宏。当书籍涨价超过原来价格的30%时，显示"不能修改！"。

① 在字段名称前加[old]引用更新前的字段值。

② 使用宏操作 RaiseError。其作用是会引发 OnError 宏操作可以处理的异常，只能用于数据宏。这里可用来取消该事件和给出消息。参数错误号可为任意整数，如：1，错误描述可以是提示的信息。

三、实验要求

1. 完成题目要求的操作，运行并查看结果。

2. 保存上机操作结果。

3. 记录上机时出现的问题及解决方法。

4. 编写上机报告，报告内容包括如下。

（1）实验内容：实验题目与要求。

（2）分析与思考：实验过程、实验中遇到的问题及解决办法，实验的心得与体会。

第 8 章　Access 的编程工具 VBA

使用宏可以在 Access 数据库中实现一定的自动处理功能，但 Access 提供的宏操作都是一些预制的操作，范围有限。如果想开发功能更加灵活、复杂，能够满足不同要求的系统，解决的办法就是用 VBA 编程。很多 Access 数据库使用者都选择 VBA 作为开发工具。

事物总是具有两面性。使用宏方便简单、易于上手，但功能受限。使用 VBA 编程灵活，功能强大，但复杂、上手慢，不如宏容易学习和操作，更重要的是其安全性比宏差。

本章首先介绍 Access 的内置编程语言 VBA 的有关知识，包括 VBA 的基本语法与设计方法，然后介绍 Access 编程中的常用对象、数据库访问接口 ADO 的使用方法，最后介绍如何在 VBA 程序中用 ADO 访问 Access 数据库。

8.1　VBA 程序设计概述

VBA（Visual Basic for Application）是 Microsoft Office 内置的编程语言，是根据 Visual Basic 简化的宏语言。计算机的程序设计语言有很多，如 FORTRAN、COBOL、BASIC、Pascal、C、C++和 Java 等，它们各自具有不同的特点和不同的适用领域。其中，BASIC（Beginner's All-purpose Symbolic Instruction Code，初学者万用符号指令代码），最初是专门针对初学者而设计开发的程序设计语言，问世后得到了普遍的欢迎和广泛的使用。随着 Windows 的流行，Microsoft 公司开发了 Visual Basic 作为 Windows 环境下的应用程序开发工具，它是可视化的、面向对象的、采用事件驱动方式的高级程序设计语言，提供了开发 Windows 应用程序的最迅速、最简捷的方法。

VBA 则是根据 Visual Basic 简化的宏语言，其基本语法、词法与 Visual Basic 基本相同，因而具有简单、易学的特点。与 Visual Basic 不同的是，VBA 不是一个独立的开发工具，一般被嵌入到像 Word、Excel、Access 这样的宿主软件中，与其配套使用，从而实现在其中的程序开发功能。

8.1.1　VBA 编程环境

在 Office 中使用的 VBA 开发界面被称为 VBE（Visual Basic Editor），它具有编辑、调试和编译 Visual Basic 程序的功能，如图 8-1 所示。

图 8-1　VBE

有多种方法可以从 Access 数据库窗口切换到 VBE 环境。

方法 1：单击"创建"选项卡，在"宏与代码"组中单击"Visual Basic"，或者直接按 Alt+F11 组合键，或者单击"模块"，都将转到 VBE 环境。

方法 2：在设计窗体或报表时转到 VBE 环境，在后续介绍中将会用到这一方法。

VBE 包括菜单栏、工具栏，编程过程中所要用到的命令都可以在其中找到。此外，下方主要包括代码窗口、属性窗口和工程资源管理器窗口。另外，为了调试程序，还可以调出立即窗口、本地窗口和监视窗口。

下面主要介绍工具栏、工程资源管理器窗口、代码窗口、属性窗口和立即窗口。

1．工具栏

在 VBE 环境中包括标准、编辑、调试和用户窗体工具栏。一般除了标准工具栏总是被显示外，其他几个工具栏可以在用到时使用菜单"视图"→"工具栏"调出。

标准工具栏上常用的按钮及功能如表 8-1 所示。

表 8-1　　　　　　　　　　　　　　　标准工具栏上常用按钮及功能

按　　钮	名　　称	功　　能
▣	视图 Microsoft Access	切换到 Access 窗口
✂ ▾	插入模块	插入新的模块、类模块或过程
▶	运行子过程/用户窗体	如果光标在模块的过程内，则运行过程；如果窗体处于激活状态，则运行窗体；否则运行宏
❚❚	中断	中断正在运行的程序
■	重新设置	结束正在运行的程序

按　钮	名　称	说　明
	工程资源管理器	打开工程资源管理器窗口
	属性窗口	打开属性窗口
	对象浏览器	打开对象浏览器窗口

2．工程资源管理器窗口

工程资源管理器窗口用层次列表的形式给出了当前应用程序中的所有窗体、报表和 VBA 程序模块，因而通过该窗口可了解当前 VBA 应用程序的构成情况。

3．代码窗口

代码窗口主要用来显示、编辑模块中的程序代码。VBA 的程序模块由若干过程（Sub）或函数（Function）组成。每个过程或函数由 Sub/Function 开始，到 End Sub/ End Function 结束。在每个模块的开始是通用声明段。可以使用滚动条在代码窗口找到要编辑的过程或函数，也可以使用代码窗口上方的组合框实现在各个过程或函数之间的快速定位。操作步骤如下。

（1）在该窗口上方左侧的对象组合框中选定要编程的对象。

（2）在右侧过程组合框的下拉列表中选择该对象的某个过程。

使用代码窗口左下角的"过程视图"和"全模块视图"按钮，可以选择是只显示一个过程还是显示对象模块中的所有过程，如图 8-2 所示。

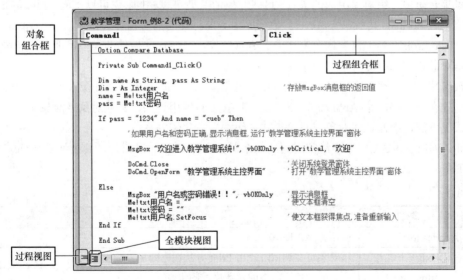

图 8-2　代码窗口

4．属性窗口

属性窗口主要用来列出所选对象控件的各种属性。在前面章节设计窗体、报表等对象时也用到了属性窗口（属性表对话框），不过那里的属性已经被翻译成了中文。

可以在 Access 数据库环境中的属性窗口设置对象的各种属性值，也可以在 VBE 环境的属性窗口设置对象的各种属性值。但是在程序代码中必须使用控件属性的英文形式。例如，下面的程序代码将当前窗体的标题改为"身份验证"。注意，这里使用了"Caption"而不是"标题"。其中的"Me"代表当前窗体。

```
Me.Caption="身份验证"
```

5. 立即窗口

立即窗口用来在调试程序的过程中给变量临时赋值或输出变量或表达式的值。在 Access 中，通常使用 Debug 对象的 Print 方法进行输出。

8.1.2 面向对象程序设计的概念

VBA 采用面向对象的程序设计方法。

1. 对象和集合

在采用面向对象程序设计方法的程序中，程序的结构被抽象成一个个对象，每个对象具有各自的属性、方法和事件。Access 数据库是由各种对象组成的，数据库是对象，表是对象，窗体和窗体上的各种控件也是对象。

类是对一类相似对象的定义和描述。因此类可看作是对象的模板，每个对象由类定义。通常将定义各种对象的类集中起来组成类库，如所有 Access 对象的定义放在 Access 类库中，所有 ADO 对象的定义放在 ADODB 类库中。

对象集合是由一组对象组成的集合，这些对象的类型可以相同，也可以不同。例如，在 Access 中有对象集合 Forms，其中包含 Access 数据库中当前打开的所有窗体。另外，每个窗体都有一个对象集合 Controls，其中包含这个窗体中的所有控件，虽然这些控件的类型可能各不相同。对象集合也是对象，它为跟踪对象提供了非常有效的方法。

Access 中有几十个对象，其中包括对象和对象集合。Access 的所有对象和对象集合按层次结构组织，处在最上层的是 Application 对象，即 Access 应用程序，其他对象或对象集合都处在它的下层或更下层，因此这些对象或对象集合之间大多是父子关系。

表 8-2 列出了 VBA 程序中经常用到的几个对象，除 Debug 对象外，其余都是 Access 对象，其中的 Forms 和 Reports 是对象集合。

表 8-2　　　　　　　　　　　　　　VBA 程序中的常用对象

对　　象	说　　明
Application	应用程序，即 Access
Debug	该对象可在调试阶段用 Print 方法在立即窗口输出信息
Forms	所有处于打开状态的窗体构成的集合
Reports	所有处于打开状态的报表构成的集合
Screen	屏幕对象
Docmd	使用该对象可从 Visual Basic 中运行 Access 操作

2. 属性和方法

对象的特征用属性和方法来描述。属性用来表示对象的状态，如窗体的 Name（名称）属性、

Caption（标题）属性等。方法用来描述对象的行为，如窗体有 Refresh 方法，Debug 对象有 Print
方法等。

引用对象的属性或方法时应该在属性名或方法名的前面加对象名，并用对象引用符"."连
接，表示属性或方法是属于该对象的。例如：

```
Me!Label1.Caption="春江水暖鸭先知"
Debug.print "你好! "
```

3．事件和事件过程

Windows 程序是由事件驱动的，如单击某个按钮可以触发一系列的动作。事件是对象可以识
别的动作，通常由系统预先定义好，如 Click（单击）事件和 DblClick（双击）事件。程序运行时，
如果单击某个按钮，则触发了该按钮的 Click 事件。事件可以由用户引发（如 Click 事件），也可
由系统引发（如窗体的 Timer 事件）。

对象在识别了所发生的事件后执行的程序叫事件过程。因此要想让系统响应某个事件，就要
将响应事件所要执行的程序代码填入相应的事件过程中。例如，下面的事件过程描述了单击按钮
之后所发生的一系列动作。

```
Private Sub Command1_Click()
    Me!Label1.Caption = "首都经济贸易大学"
    Me!Text1 = ""
End Sub
```

8.2　VBA 编程基础

程序的本质是处理数据。在学习编程之前，应先了解 VBA 是怎样对数据
进行划分，以及怎样对数据进行运算的。

8.2.1　数据类型

VBA 的数据类型共有 13 种，如表 8-3 所示。其中，每种数据类型的数据
在存储时所占的存储空间和处理时能够进行的运算都是不同的。

8-1　数据类型

表 8-3　　　　　　　　　　　VBA 的数据类型

数 据 类 型	存 储 字 节	范　　围
Byte（字节型）	1	0～255
Boolean（布尔型）	2	True 或 False
Integer（整型）	2	−32768～+32767
Long（长整型）	4	−2147483648～2147483647
Single（单精度型）	4	负数：$-3.402823 \times 10^{38} \sim -1.401298 \times 10^{-45}$ 正数：$1.401298 \times 10^{-45} \sim 3.402823 \times 10^{38}$
Double（双精度型）	8	负数：$-1.79769313486232\text{E}308 \sim$ 　　　$-4.94065645841247\text{E}-324$ 正数：$4.94065645841247\text{E}-324 \sim$ 　　　$1.79769313486232\text{E}308$

数 据 类 型	存 储 字 节	范 围
Decimal（小数型）	12	与小数点右边的数字个数有关
Currency（货币型）	8	−922337203685447.5808～922337203685447.5807
Date（日期型）	8	100 年 1 月 1 日～9999 年 12 月 31 日
String（字符型）	与字符串的字长有关	定长：1～65400　变长：0～20 亿
Object（对象型）	4	任何对象引用
Variant（变体型）	与具体数据类型有关	每个元素数据类型的范围
自定义型	各元素所需字节之和	

8.2.2　常量

常量就是其值在程序运行期间不变的量。常量又分为字面常量、符号常量和固有常量。

1．字面常量

字面常量是常量按照其实际数值表示。各种类型的字面常量表示如下。

（1）各种数字型常量：如 123、−0.005，也可以用指数形式，如 1250.0 可写成 1.25E+3。

（2）字符型常量：需要在字符串的两边加双引号，如"Visual""北京"。注意，""是一个特殊的字符串，称为空串。在编程时经常用来清空像文本框这样的控件。

（3）日期型常量：按 8 字节的浮点数来存储，表示日期范围从公元 100 年 1 月 1 日～9999 年12 月 31 日，而时间范围从 0:00:00～23:59:59。

书写时需要在日期的两边加"#"，如#2020-1-1#、#1/1/2020#，#2012-5-4 14:30:00 PM#。

（4）布尔型常量：只有两个值 True 或 False。将逻辑数据转换成整型时：True 为−1，False 为0；其他数据转换成逻辑数据时：非 0 为 True，0 为 False。

2．符号常量

可以定义用符号代替常量，如用符号 PI 代替 3.1415926。如果程序中多处用到某个常量，将其定义成符号常量是一个好方法。这样的好处是一方面增加了代码的可读性，另一方面也便于维护。

用关键字 Const 定义符号常量：

```
Const PI as single=3.1415926
```

这里定义了一个单精度型符号常量 PI，程序运行时凡是遇到符号 PI 时均用 3.1415926 替换。例如，s=PI*r*r →s=3.1415926*r*r。

3．固有常量

这是一类特殊的符号常量，通常已经预先在类库中定义好，编程者只要直接使用这些已经定义好的符号常量即可。例如，VBA 类库中定义的颜色常量，vbRed 代表红色，vbBlue 代表蓝色；其中开头两个字母表示所在的类库，Access 类库的常量以 ac 开始，如 acForm 等。ADO 类库的常量以 ad 开始，如 adOpenKeyset。

8.2.3　变量

变量是其值在程序运行期间变化的量。计算机处理变化的数据的方法是将数据存储在内存的一块临时存储空间中，所以变量实际代表的就是内存中的这块被命名的临时存储空间。

1．变量的命名规则

给变量命名时应该遵循下面的规则。

（1）应以字母或汉字作为起始字符，后面可跟字母、数字或下划线。

（2）变量名最长为 255 个字符。

（3）不区分变量名的大小写，不能使用关键字。

（4）字符之间必须并排书写，不能出现上下标。

以下是合法的变量名：

a，x，x3，BOOK_1，sum5

以下是非法的变量名：

3s（以数字开头）　　　　　s*T（出现非法字符"*"）　　-3x（以减号开头）
bowy-1（出现非法字符"-"）　if（使用了 VBA 的关键字）

2．变量的声明

一般，变量在使用前应该先声明。
用 Dim 语句显式声明变量，格式为：

    Dim 变量名 [AS 类型]

例如：

    Dim ab As integer，sum As single

如果省略"AS 类型"，则所定义的变量为 Variant 型。

VBA 允许用户在编写应用程序时，不声明变量而直接使用，此时系统会临时为新变量分配存储空间并使用，这就是隐式声明。所有隐式声明的变量都是 Variant 数据类型。

建议在程序中显式声明变量，这样可以使程序更简洁，并避免程序中出现一些不易查找的错误。也可以设置强制显式声明，方法是：在 VBE 环境下选择"工具"→"选项"命令，在"编辑器"选项卡上选中"要求变量声明"复选框，之后新建模块的通用声明段将添加 Option Explicit 语句。

8.2.4　函数

VBA 提供了大量的内置函数，此外也可以继续使用前面介绍的 Access 的内置函数，这些函数极大地丰富了 VBA 的功能，方便了使用者。

函数有函数名、参数和函数值 3 个要素。函数名是函数的标识。参数是调用函数时被传给函数的数据，一般写在函数名后的括号中，也可以没有参数。调用函数时应注意所给参数的个数、顺序和类型应与函数的定义相一致。函数值是函数返回的值，函数的功能决定了函数的返回值，如函数 Len（"Microsoft"）返回括号中参数字符串的长度 9。

按照函数的功能，VBA 的内置函数可分为数学函数、字符串函数、日期函数、转换函数等，参见附录 B。至于各个函数的具体用法，读者最好到联机帮助中查询。

在这些函数中，MsgBox 函数和 InputBox 函数是专门负责输入输出的函数。

1. MsgBox 函数

MsgBox 函数的功能是在对话框中显示消息，等待用户单击按钮，并返回一个 Integer 型数值，告诉用户单击的是哪一个按钮。格式为：

MsgBox（提示[,按钮、图标和默认按钮][,标题]）

例如，下面的程序是某个窗体中单击"退出"按钮后执行的动作。运行时先显示图 8-3 所示的消息框，并将返回的结果赋给 Integer 型变量 Response。如果单击"是"按钮，则关闭当前窗体，否则返回到当前窗体。

```
Private Sub cmd退出_Click()
  Dim response As Integer
  response = MsgBox("真的要退出吗?",vbYesNoCancel+
vbQuestion,"提示")
  If response = vbYes Then
    DoCmd.Close
  End If
End Sub
```

图 8-3　MsgBox 函数显示的消息框示例

其中，vbYesNoCancel、vbQuestion、vbYes 都是 VBA 的固有常量，vbYesNoCancel 表示消息框中显示的按钮类型和个数，vbQuestion 表示图标的类型，vbYes 表示单击"是"按钮。

2. InputBox 函数

InputBox 函数的功能是在对话框中显示提示信息，等待用户输入正文，当按"确定"按钮后，返回文本框中输入的内容（String 型）。格式为：

InputBox（提示[,标题][,默认]）

例如，语句：

strName = InputBox("请输入您的姓名","输入","张三")

图 8-4　InputBox 函数显示的
　　　　输入框示例

将显示图 8-4 所示的输入框，并将输入的结果赋给 String 型变量 strName。

8.2.5　表达式

要对数据进行运算就要构造表达式，表达式是将常量、变量、字段名称、控件的属性值和函数用运算符连接而成的运算式。VBA 中有 5 类运算符，使用这些运算符可以分别构成算术表达式、字符表达式、关系表达式、布尔表达式和对象引用表达式。

1. 算术表达式

算术运算符共有 7 个，可以构成算术表达式。当几个算术运算符一起使用时，运算顺序由优先级决定，而使用圆括号可以改变原有的运算顺序，如表 8-4 所示。

表 8-4　　　　　　　　　　　　　　　　算术运算符

运　算　符	意　　义	示　　例	结　　果	优　先　级
( )	圆括号			8
^	乘方	5^2	25	7
*	乘	5*2	10	6
/	除	5/2	2.5	6
\	整除	5\2	2	5
Mod	取模，求两数相除的余数	5 Mod 2	1	4
+	加	5+2	7	3
−	减	5−2	3	3

特别说明，有些情况下日期也可以进行加减运算。

（1）日期与日期相减：例如，#2020-1-1# − #2019-12-23#，结果为两个日期相差的天数 9。

（2）日期与数值加减：例如，#2020-1-1#+35，结果为向后数 35 天的日期 2020 年 2 月 5 日。

2．字符串表达式

字符串运算符只有 1 个&，作用是连接两个字符串。例如，字符串表达式："中国" & "北京"，运算的结果为字符串"中国北京"。

3．关系表达式

关系运算符用来实现对数据的比较，结果为逻辑值 True 或 False。关系运算符有 7 个，它们的优先级相同，如表 8-5 所示。关系运算符比布尔运算符优先级低，级别为 4。

表 8-5　　　　　　　　　　　　　　　　关系运算符

运　算　符	意　　义	示　　例	结　　果
<	小于	5<2	False
<=	小于等于	5<=2	False
>	大于	5>2	True
>=	大于等于	5>=2	True
=	相等	5=2	False
<>	不等	5<>2	True
Like	字符串匹配	"This" Like "*is"	True

4．布尔表达式

布尔表达式也叫逻辑表达式，用来实现对逻辑量 True 和 False 的运算。常用的布尔运算符有 3 个，分别是 Not，And 和 Or，如表 8-6 所示。

表 8-6　　　　　　　　　　　　　　　　布尔运算符

运　算　符	意　　义	示　　例	结　　果	优　先　级
Not	非，将 True 变 False 或将 False 变 True	Not True	False	3
And	与，两边都是真，结果才为真	5>2 And "ab"="bc"	False	2
Or	或，两边有一个为真，结果就为真	5>2 Or "ab"="abc"	True	1

223

5．对象引用表达式

如果在表达式中用到对象，则要构造对象引用表达式，结果为被引用的对象或被引用对象的属性值或方法。对象引用运算符有"！"和"．"。

可以使用完整标识符引用对象、对象的属性或方法，表 8-7 中的示例均采用了这一方法。如引用窗体"系统登录"中文本框"txt 密码"的完整引用形式为：Forms![系统登录]![txt 密码]。

表 8-7　　　　　　　　　　　　　　　对象引用运算符

运　算　符	意　　　义	示　　例	示　例　说　明
！	引用某个对象，该对象通常由用户定义	Forms![系统登录]	引用 Forms 集合中的"系统登录"窗体
．	引用对象的属性或方法，该属性或方法通常由 Access 定义	Forms![系统登录].visible	引用 Forms 集合中的"系统登录"窗体的 visible 属性

有时也可以使用不完整标识符引用对象、对象的属性或方法，实际使用中在为窗体上的控件编写事件代码时经常使用这种方法。例如，引用代码所在窗体模块的文本框"txt 密码"的不完整引用形式为：Me![txt 密码]。这里 Me 表示代码所在的窗体模块。

特别要说明的是，如果表达式中的对象名包含空格，则要将对象名用方括号"[]"括起来。

8.3　VBA 程序流程控制

程序是由语句组成的。每个程序语句由关键字、标识符、运算符和表达式等组成。其中的关键字可以是 If、Dim 等，标识符则指程序中用到的各种变量名、对象名和函数名等。每条语句都指明了计算机要进行的具体操作。按照语句所执行的功能，VBA 的程序语句有赋值语句、声明语句、控制语句、注释语句等。

在任何程序设计语言中，赋值语句是最基本的语句。它的功能是给变量或对象的属性赋值。其格式为：

<变量名>=<表达式>　或　<对象名.属性>=<表达式>

例如：

```
Rate = 0.1                       '给变量赋值
Me!Text1.Value = "欢迎使用 ACCESS "    '给控件的属性赋值
```

（1）执行过程是，先计算表达式的值，然后将值赋给左边的变量或对象的属性。
（2）"="为赋值号，表示赋值的动作，不要理解为数学上的等号。

书写 VBA 程序代码时，必须符合 VBA 的语法要求。VBE 会随时检查输入的 VBA 代码，如果不符合 VBA 的语法规则，会自动弹出消息框指出程序中的语法错误。

另外，为了使程序的可读性更强，还应遵循下列书写原则。

（1）VBA 代码中不区分字母的大小写。除汉字外，全部字符都用半角符号。

（2）在程序中可适当添加空格和缩进。

（3）一般一行书写一条语句，多条语句写在同一行时用"："分开，一条语句分多行写时用

1 个空格加下划线 "_" 续行。例如：

```
response = MsgBox("真的要退出吗?", vbYesNoCancel_
        + vbQuestion, "提示")
```

（4）应养成及时注释的好习惯。在 VBA 中有两种方法可以添加注释，一是在行前用 rem 关键字开始，二是在行前或行末用单引号 "'" 开始。

8.3.1　程序的顺序控制

有些程序很复杂，但任何复杂的程序经过分解后都可以看作是由 3 种基本结构组成的。程序的 3 种基本控制结构是顺序结构、分支结构和循环结构。

顺序结构是最简单的一种结构。程序运行时，计算机按照语句的排列顺序依次执行程序中的每一条语句。

例 8-1　创建图 8-5 所示的窗体，窗体名为 "计算圆的面积和周长"。

8-2　例 8-1

要求在文本框中输入圆的半径后，单击 "计算" 按钮，在窗体的另外两个文本框中分别输出圆的面积和周长。单击 "计算" 按钮后执行的动作由 VBA 代码实现。

操作步骤如下。

（1）首先创建一个新窗体，设置新窗体的 "标题" 属性为 "计算圆的面积和周长"。

（2）在窗体中添加第 1 个文本框，设置其 "名称" 属性为 "txt 半径"，其标签的标题为 "请输入圆的半径："。

（3）添加第 2 个文本框，设置其 "名称" 属性为 "txt 面积"，其标签的标题为 "面积"。

（4）添加第 3 个文本框，设置其 "名称" 属性为 "txt 周长"，其标签的标题为 "周长"。

（5）添加 1 个命令按钮，设置其 "名称" 属性为 "cmd 计算"，标题属性为 "计算"。

（6）为 "cmd 计算" 按钮添加单击事件代码。用鼠标右键单击 "cmd 计算" 按钮，在弹出的快捷菜单中选择 "事件生成器" 命令，在打开的 "选择生成器" 对话框中选择 "代码生成器" 选项，如图 8-6 所示。单击 "确定" 按钮，转到 VBE 环境。

图 8-5　"计算圆的面积和周长" 窗体

图 8-6　"选择生成器" 对话框

在代码窗口的 "cmd 计算" 按钮的 Click（单击）事件过程内，输入下面的程序代码。

```
Private Sub cmd 计算_Click()
'定义变量和符号常量
```

```
        Dim r As Single          'r 为圆的半径
        Dim s As Single          's 为圆的面积
        Dim l As Single          'l 为圆的周长
        Const PI As Single = 3.1415926
        '给变量 r 赋值
        r = Me!txt 半径

        '计算圆的面积和周长
        s = PI * r ^ 2
        l = 2 * PI * r

        '用文本框输出结果
        Me!txt 面积 = s
        Me!txt 周长 = l
    End Sub
```

（7）保存程序后，单击标准工具栏上的按钮“视图 Microsoft Access”![]切换到 Access 窗口，运行所建的窗体。

8.3.2 程序的分支控制

类似第 7 章的 If 宏操作，分支结构是用条件来控制语句的执行。在 VBA 中，执行分支结构控制的语句有 If 语句和 Select Case 语句。

1. If…Then…Else 语句

语句格式为：

```
If <表达式> Then
        <语句块 1>
Else
        <语句块 2>
End If
```

（1）<表达式>可以是任何表达式，一般为关系表达式或布尔表达式。如果是其他表达式，则非 0 认为是 True，0 认为是 False。

（2）执行时，先判断表达式的值，为 True 则执行语句块 1，否则执行语句块 2。

例如，下面的程序先用 InputBox 函数输入两个数 x 和 y，再根据比较的结果在立即窗口中输出其中较大的数。

```
Dim x As Integer, y As Integer
x = InputBox("请输入 x 的值:")
y = InputBox("请输入 y 的值:")
If x > y Then
  Debug.Print x
Else
  Debug.Print y
End If
```

如果语句较短，也可以采用下面的单行形式将整个语句写在一行上。

```
If x > y Then Debug.Print x Else Debug.Print y
```

使用过程中有时没有语句块 2，这时 If 语句变为单分支结构。其语句格式为：

```
If <表达式> Then
    <语句块 1>
End If
```

例如，检查变量 pass 中已输入的密码（假定密码为"1234"），如果正确，则打开"教学管理系统主控界面"窗体。实现该功能的程序代码为：

```
If pass = "1234" Then
    DoCmd.OpenForm 教学管理系统主控界面
End If
```

例 8-2　用 VBA 程序实现图 8-7 所示的窗体"系统登录"。

与第 7 章不同，本例中对用户名和密码的检验改为用 VBA 程序代码，触发并执行这些代码的条件仍然是单击"确定"按钮。

操作步骤如下。

（1）创建一个新的模式窗体，其中的控件及属性值可按照例 7-5 设置。

8-3　例 8-2

（2）为"cmd 确定"按钮添加单击事件代码。用鼠标右键单击"cmd 计算"按钮，在弹出的快捷菜单中选择"事件生成器"命令，在随即弹出的"选择生成器"对话框中选择"代码生成器"选项，转到 VBE 环境。在代码窗口中"cmd 确定"按钮的 Click（单击）事件过程内输入下面的程序代码。

图 8-7　"系统登录"窗体

```
Private Sub cmd确定_Click()
    Dim name As String, pass As String
    Dim r As Integer                              '存放 MsgBox 消息框的返回值
    name = Me!txt用户名
    pass = Me!txt密码
    If pass = "1234" And name = "cueb" Then
        '如果用户名和密码正确,显示消息框,运行"教学管理系统主控界面"窗体
        MsgBox "欢迎进入教学管理系统!", vbOKOnly + vbCritical, "欢迎"
        DoCmd.Close                               '关闭"系统登录"窗体
        DoCmd.OpenForm "教学管理系统主控界面"        '打开"教学管理系统主控界面"窗体
    Else
        MsgBox "用户名或密码错误! ", vbOKOnly        '显示消息框
        Me!txt用户名 = ""                          '使文本框清空
        Me!txt密码 = ""
        Me!txt用户名.SetFocus                      '使文本框获得焦点,准备重新输入
    End If
End Sub
```

（3）保存窗体。

运行后发现其效果与使用宏是相同的，但用代码实现可以在其中进行更灵活地控制，如可对输入的次数进行限制等。

另外，在本例中打开和关闭窗体都是由 DoCmd 对象完成的。打开窗体使用了 DoCmd 对象的

OpenForm 方法，关闭窗体使用了 DoCmd 对象的 Close 方法。使用 DoCmd 对象的方法，可以从 VBA 代码中运行多种 Access 操作，如打开和关闭窗体、设置控件的属性等。

2．If…Then…ElseIf 语句

如果需要用多个条件对程序进行控制，可以使用 If…Then…ElseIf 语句。其语句格式为：

```
If <表达式 1> Then
    <语句块 1>
ElseIf <表达式 2>Then
    <语句块 2>
…
[ElseIf <表达式 n>Then
    <语句块 n>
Else
    <语句块 n+1>  ]
End If
```

运行时，从表达式 1 开始逐个测试条件，当找到第 1 个为 True 的条件时，即执行该条件后所对应的语句块。

例 8-3　编写程序，根据输入的学生成绩评定其等级。标准是：90～100 分为"优秀"，80～89 分为"良好"，70～79 分为"中等"，60～69 分为"及格"，60 分以下为"不合格"。

为了重点说明程序，本例将程序放在模块中的过程里，并用立即窗口作为输出。有关模块和过程的相关内容，请参考本章后续介绍。

操作步骤如下。

（1）在"创建"选项卡的"宏与代码"组中，单击"模块"按钮 ，这时系统自动转到 VBE 环境，并创建新模块"模块 1"。单击菜单"插入"→"过程"命令，弹出"添加过程"对话框。在该对话框的"名称"文本框中输入新过程命名"gc1"，其他项选择默认值，然后单击"确定"按钮。此时从代码窗口可以看到增加了一个新过程 gc1，只是 gc1 中是空的。

（2）下面为 gc1 填写代码。在代码窗口的过程 gc1 中输入下列程序代码。

```
Public Sub gc1()
    Dim x As Integer
    x = InputBox("请输入成绩:")
    If x >= 90 Then
        Debug.Print "优秀"
    ElseIf x >= 80 Then
        Debug.Print "良好"
    ElseIf x >= 70 Then
        Debug.Print "中等"
    ElseIf x >= 60 Then
        Debug.Print "及格"
    Else
        Debug.Print "不及格"
    End If
End Sub
```

（3）单击标准工具栏的"保存"按钮 保存程序后，单击菜单"视图"→"立即窗口"命令

调出 Debug 窗口。

（4）在代码窗口中，将光标放在过程 gc1 中的任意一行，单击 "运行子过程/用户窗体" 按钮▶运行该过程。在弹出的输入框中输入一个成绩后，程序的结果可以在立即窗口读到。

本例中使用了 InputBox 函数给变量 *x* 赋值，输出则使用了 Debug 对象的 Print 方法。使用 Debug 对象的 Print 方法可以在立即窗口输出变量的值、对象的属性值和表达式的值，因此常用来调试程序。如果输出的列表用逗号 "," 分隔，则按打印区（14 列为 1 个打印区）输出；如果输出的列表用分号 ";" 分隔，则连续输出，如图 8-8 所示。

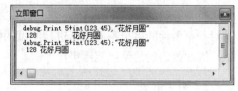

图 8-8　使用 Debug 对象的 Print 方法示例

3. Select Case

VBA 中的另一个多分支语句是 Select Case 语句。其语句格式为：

```
Select   Case <变量或表达式>
  Case <表达式列表 1>
       语句块 1
  Case <表达式列表 2>
       语句块 2
       …
  [Case Else
       语句块 n+1]
End Select
```

（1）Select Case 后的变量或表达式只能是数值型或字符型表达式。

（2）执行过程是先计算 Select Case 后的变量或表达式的值，然后从上至下逐个比较，决定执行哪一个语句块。如果有多个 Case 后的表达式列表与其相匹配，则只执行第 1 个 Case 后的语句块。

（3）语句中的各个表达式列表应与 Select Case 后的变量或表达式同类型。

下面是实际使用时的几种常见形式。

- 表达式：　　　　　　　　　　　a +5
- 用逗号分隔的一组枚举表达式：　2, 4, 6, 8
- 表达式 1　To　表达式 2　　　　60 to 100
- Is 关系运算符表达式　　　　　Is < 60

例如，用 Select Case 语句将例 8-3 中的 gc1 改写后，程序代码如下：

```
Dim x As Integer
x = InputBox("请输入成绩:")

Select Case x
  Case 90 To 100
    Debug.Print "优秀"
  Case 80 To 89
    Debug.Print "良好"
  Case 70 To 79
    Debug.Print "中等"
```

```
    Case 60 To 69
       Debug.Print "及格"
    Case Else
       Debug.Print "不及格"
  End Select
```

特别说明的是，Select Case 语句和 If...Then...ElseIf 语句并不完全等同。Select Case 语句适用于对一个条件的多个不同取值进行测试的情况，而 If...Then...ElseIf 语句则可对多个条件进行测试，因此该语句的使用范围更广一些。

4．分支嵌套

使用各种分支语句时可以在其中的语句块中嵌套另一个分支语句，这就是分支嵌套，而且各种分支语句之间也可以嵌套，如在 If...Then...Else 语句中嵌套 Select Case 语句等。

下面的程序是对例 8-2 中窗体"系统登录"的修改。其中，采用分支嵌套增加了对用户名和密码输入错误情况下的控制，使得可以选择是否要继续输入。这里使用了 MsgBox 函数的返回值来决定是否要继续输入。

```
Private Sub cmd确定_Click()
    Dim name As String, pass As String
    Dim r As Integer                        '存放 MsgBox 消息框的返回值
    name = Me.txt用户名
    pass = Me.txt密码
    If pass = "1234" And name = "cueb" Then
        '如果用户名和密码正确,显示消息框,运行"教学管理系统主控界面"窗体
        MsgBox "欢迎进入教学管理系统主控界面!", vbOKOnly + vbCritical, "欢迎"
        DoCmd.Close                         '关闭系统登录窗体
        DoCmd.OpenForm "教学管理系统主控界面"      '打开"教学管理系统主控界面"窗体
    Else
        r = MsgBox("密码错误! 要继续吗? ", vbYesNo)  '显示消息框
        If r = vbYes Then                   '继续输入
          Me.txt用户名 = ""                  '使文本框清空
          Me.txt密码 = ""
          Me.txt用户名.SetFocus              '使文本框获得焦点,准备重新输入
        Else
          DoCmd.Close                       '关闭窗体, 不继续输入
        End If
    End If
End Sub
```

8.3.3　程序的循环控制

循环控制结构也叫重复控制结构。特点是程序执行时，该语句中的一部分操作即循环体被重复执行多次。在 VBA 中，执行循环控制的语句有 For 循环语句和 Do...Loop 循环语句。

1．For 循环语句

语句格式为：

```
For <循环变量>=<初值> to <终值> [Step <步长>]
    <语句块>
```

```
    [Exit For]
      <语句块>
Next <循环变量>
```

> （1）循环控制变量的类型必须是数值型。
>
> （2）步长可以是正数，也可以是负数。如果步长为 1，Step 短语可以省略。
>
> （3）根据初值、终值和步长，可以计算出循环的次数，因此 For 循环语句一般用于循环次数已知的情况。
>
> （4）使用 Exit For 语句可以提前退出循环。

例 8-4　编写程序，使用 For 语句求 1+2+3+⋯+10 之和。

操作步骤如下。

（1）单击 Alt+F11 组合键转到 VBE 环境，此时系统直接进入原有的模块"模块 1"。

（2）选择菜单"插入"→"过程"命令，创建一个新过程，并将该过程命名为 gc2。

（3）在代码窗口的过程 gc2 中输入下列程序代码。

```
Public Sub gc2()
    Dim s As Integer, i As Integer
    s=0
    For i = 1 To 10 Step 1
       s = s + i
    Next i
    Debug.Print s
End Sub
```

上面的程序采用了累加的方法求 1+2+3+⋯+10，其中累加之后的和放在变量 s 中，循环开始前 s 的初值应该是 0。实现累加的语句是：

```
s = s + i
```

该语句被重复执行了 10 次。重复次数是由 For 语句控制的，变量 i 被称为循环控制变量或循环变量，i 的值从 1 变化到 10，每次在前一次值的基础上加上步长。

该程序的执行过程如下。

（1）首先给 i 赋初值 1。

（2）测试 i 是否超过终值 10。如果没有，则执行累加；否则，退出循环转到步骤（5）。

（3）将 i 加上一个步长。

（4）重复步骤（2）和步骤（3）。

（5）继续执行 Next 后面的语句。

2．Do…Loop 循环语句

该语句适合的范围更广。有以下两种形式。

形式 1：

```
Do { While|Until }<条件>
   语句块
   [Exit  Do]
   语句块
Loop
```

（1）这里的条件可以是任何类型的表达式，非 0 为真，0 为假。

（2）执行过程是：在每次循环开始时测试条件，对于 Do While 语句，如果条件成立，则执行循环体的内容，然后回到 Do While 处准备下一次循环；否则如果条件不成立，则退出循环。对于 Do Until 语句，则正好相反，当条件满足时退出循环。

（3）Exit Do 语句的作用是提前终止循环。

下面的程序是用 Do While…Loop 语句求 1+2+3…+10 之和。

```
Dim s As Integer, i As Integer
s = 0: i = 1
Do While i <= 10
  s = s + i
  i = i + 1
Loop
Debug.Print s
```

与 For 循环语句相比，Do…Loop 循环语句有下列几点不同。

（1）Do…Loop 循环语句不仅可以用于循环次数已知的情况，而且可以用于循环次数未知的情况，因此适用的范围更广。

（2）Do…Loop 循环语句没有专门的循环控制变量，但一般应有一个专门用来改变条件表达式中变量的语句，使得随着循环的执行，条件趋于不成立（或成立），最后达到退出循环。

形式 2：

```
Do
    语句块
    [Exit  Do]
    语句块
Loop { While|Until }<条件>
```

和形式 1 不同的是，形式 2 是在每次循环结束时测试条件。因此二者的区别是如果一开始循环条件就不成立，则形式 1 中的循环体部分一次也不执行，而形式 2 中的循环体部分被执行一次。如果一开始条件成立，则程序执行的结果没有区别。

例 8-5　编写程序，计算两个整数的最大公约数和最小公倍数。

设两个整数分别为 m 和 n，有多种算法可以求 m 和 n 的最大公约数，这里采用下面的算法。

（1）保证 m 大于 n，否则将 m 和 n 互换。

（2）求 m 除以 n 的余数 r。

（3）若 r 不为 0，则将 n 赋给 m，r 赋给 n。

（4）重复步骤（2）和步骤（3），直到 r 为 0，此时最大公约数为 n。

将 m 和 n 互换的算法是借助第 3 个变量 t：

8-4　例 8-5

$t=m$; $m=n$; $n=t$

求最小公倍数的算法是用 m 和 n 的乘积除以 m 和 n 的最大公约数。

操作步骤如下。

（1）单击 Alt+F11 组合键转到 VBE 环境，进入原有模块"模块 1"。

（2）单击菜单"插入"→"过程"命令，创建一个新过程，并将该过程命名为 gc3。

（3）在代码窗口的过程 gc3 中输入下列程序代码。

```
Public Sub gc3()
    Dim n As Integer, m As Integer, t As Integer
    Dim r As Integer        'r 为 m/n 的余数
    Dim mn As Integer        'mn 为 m 和 n 的乘积
    m = Val(InputBox("m="))
    n = Val(InputBox("n="))
    mn = n * m
    If m < n Then t = m: m = n: n = t
    r = m Mod n
    Do While (r <> 0)
        m = n
        n = r
        r = m Mod n
    Loop
    Debug.Print "最大公约数=", n
    Debug.Print "最小公倍数=", mn / n
End Sub
```

此时，将光标放在代码窗口过程 gc3 内的任意行，单击 "运行子过程/用户窗体" 按钮 ▶，输入两个整数 6 和 9，在立即窗口可以读到输出的结果：最大公约数是 3，最小公倍数是 18。

3．循环嵌套

与分支结构相似，各种循环控制语句也可以嵌套，并且分支结构和循环结构彼此之间也可以进行嵌套。通过各种语句之间的这种嵌套，可以实现更复杂的程序控制。

8.4　VBA 数组

如果在程序中要对一组数据进行处理，如将一组数按照从大到小排序，求一组数的最大值和最小值等，通常的解决方法是将这组数放在数组中。这样做的好处是既方便管理，又利于处理。在 Access 中，既可以使用不变长度的定长数组，也可以使用长度可变的动态数组。另外，还可以根据数据的组织结构创建一维数组、二维数组和多维数组。

8.4.1　数组的概念及定义

数组是一组相同类型的数据的集合。它属于构造数据类型，可以由变量这样的基本类型构造而成。

1．一维数组的定义

使用数组必须先定义数组，一维数组的定义格式为：

```
Dim 数组名([<下界>to]<上界>)[As <数据类型>]
```

例如：

```
dim score(1 to 10) as Integer
```

该语句定义了一个有 10 个元素的整型数组，其中的数组元素分别为 score(1)、score(2)、…、score(10)，数组名后括号内的序号称为数组元素的下标，代表了该数组元素在数组中的位置。这个数组在数据的管理上有以下两个特点。

（1）所有数组元素具有同一个标识即数组名，在数组内根据下标区分数组元素，这给引用数组中的数据带来了方便。

例如：

```
a(3) = a(1) + a(2)
c(i)= i + 3
```

（2）所有数组元素在内存中是连续存放的，如下图所示。这给存取数组中的数据带来了方便。

score(1)	score(2)	score(3)	……		score(9)	score(10)

关于数组的定义，还有下面的说明。

（1）定义数组时数组名的命名规则与变量名的命名规则相同。

（2）一般在定义数组时应给出数组的上界和下界。但也可以省略下界，<下界>缺省为 0。

例如：

```
Dim a(10) As Single
```

默认情况下，数组 a 由 11 个元素组成。若希望下标从 1 开始，可在模块的通用声明段使用 **Option Base** 语句声明。其使用格式为

```
Option Base 0|1              ' 后面的参数只能取 0 或 1
```

例如：

```
Option Base 1               ' 将数组声明中<下界>缺省设为 1
```

（3）<下界>和<上界>不能使用变量，必须是常量。常量可以是字面常量或符号常量，一般是整型常量。

（4）如果省略 As 子句，则数组的类型为 Variant 变体类型。

2. 二维数组的定义

二维数组的定义格式为：

```
Dim 数组名([<下界>to]<上界>, [<下界>to]<上界>)[As <数据类型>]
```

例如：

```
Dim c(1 To 3, 1 To 4)As Single
```

c(1,1)	c(1,2)	c(1,3)	c(1,4)
c(2,1)	c(2,2)	c(2,3)	c(2,4)
c(3,1)	c(3,2)	c(3,3)	c(3,4)

定义了一个有 3 行 4 列共 12 个元素的数组。这 12 个数组元素共用相同的数组名 c，并且它们在内存中是连续存放的，对于二维数组，存放的顺序是先行后列，如上表所示。

8.4.2　数组的应用

一旦定义了数组，就可以用前面介绍的对变量的处理方法处理数组，并且可以用循环语句对数组进行处理，从而简化程序的书写，提高程序的可读性。

例 8-6 编写程序，产生 10 个 0~99 之间的随机数，并找出其中的最大值和最小值。

本例中使用内置函数 Rnd()生成随机数。函数 Rnd()的作用是返回一个 0~1 之间的随机小数。为了得到 0~99 之间的随机数，采用了如下表达式：

```
Int(Rnd()* 100)
```

程序代码如下：

```
Public Sub gc4()
    Dim a(1 To 10) As Integer
    Dim i As Integer, max As Integer, min As Integer
    '生成并输出数组
    For i = 1 To 10
      a(i) = Int(Rnd() * 100)
      Debug.Print a(i);
    Next i
    Debug.Print                          '另起一行
    '寻找最大值和最小值
    max = a(1): min = a(1)
    For i = 2 To 10
      If max < a(i) Then max = a(i)
      If min > a(i) Then min = a(i)
    Next i

    '输出结果
    Debug.Print "max="; max
    Debug.Print "min="; min
End Sub
```

在上面的程序中，变量 *max* 和 *min* 分别用来存放最大值和最小值。开始时，将 a(1)存入 *max* 和 *min* 中，然后将其逐个与其他 9 个元素比较。比较完成后，*max* 和 *min* 中即为寻找的结果。

例 8-7 编写程序，在立即窗口中输出右侧所示矩阵。

程序代码如下：

1	1	1
2	2	2
3	3	3

```
Option Base 1
Public Sub gc5()
  Dim c(3, 3) As Integer
  Dim i As Integer, j As Integer

  For i = 1 To 3                     '赋值
    For j = 1 To 3
        c(i, j) = i
    Next j
  Next i

  For i = 1 To 3                     '输出
    Debug.Print
    For j = 1 To 3
        Debug.Print c(i, j);
    Next j
    Next i
End Sub
```

例 8-8 编写程序，输入 5 个整数，并将这 5 个数按升序排序。

实际应用中很多地方用到排序，并且有多种算法可以实现排序。本例采用选择法排序，其基本思路如下。

（1）在 5 个数中找出最小的数，将其与第 1 个数交换。

（2）在剩下的 4 个数中找出最小的数，将其与第 2 个数交换。

（3）在剩下的 3 个数中找出最小的数，将其与第 3 个数交换。

（4）在剩下的 2 个数中找出最小的数，将其与第 4 个数交换。

这样算法就归结为寻找 4 次最小值。程序代码如下：

```
Option Base 1
Public Sub gc6()
    Dim p(5) As Integer
    Dim imin As Integer                          '存放最小值的下标
    Dim i As Integer, j As Integer, t As Integer

    Debug.Print "排序前: "
    For i = 1 To 5                               '赋值并输出
      p(i) = InputBox("p(" & i & ")=")
      Debug.Print p(i);
    Next i

    For i = 1 To 4                               '排序
      '寻找最小值的位置
      imin = i
      For j = i To 5
        If p(imin) > p(j) Then imin = j
      Next j
      '交换
      t = p(i): p(i) = p(imin): p(imin) = t
    Next i

    Debug.Print
    Debug.Print "排序后: "
    For i = 1 To 5                               '输出排序结果
        Debug.Print p(i);
    Next i
End Sub
```

数组可以看作是程序中对成组数据的组织方法，使用数组可以提高数据的处理效率。本节主要介绍了一维和二维定长数组的定义和使用方法，关于动态数组和多维数组等其他内容，可参考有关书籍。

8.5 VBA 模块的创建

VBA 程序是由模块组成的。使用工程资源管理器窗口就可以直观地看到当前打开的 Access 程序的构成。组成 VBA 程序的模块有类模块和标准模块，类模块通常和某个具体的对象相连，前面章节所建立的窗体和报表都属于类模块。在模块内部可以有 Sub 过程、Function 函数和 Property 过程，其中 Sub 过程又分为通用 Sub 过程和事件过程，事件过程主要用在类模块中。

8.5.1　VBA 标准模块

模块是存储代码的容器。标准模块一般用来承载在程序其他模块中要引用的代码，这些代码按照其是否有返回值可以被组织成 Sub 过程和 Function 函数。因而标准模块不与某个具体的对象相连，它的作用就是为其他模块提供可共享的公共 Sub 过程和 Function 函数。

例如，在图 8-9 所示的模块及其构成中，可以看到在模块的开始是通用声明段，其后是该模块中的过程和函数，同时该模块的所有过程和函数被列在了代码窗口右侧的过程列表框中。

图 8-9　模块及其构成

在 Access 数据库中创建标准模块有以下两种方法。

方法 1：在 Access 环境下单击"创建"选项卡的"宏与代码"组中的"模块"按钮 模块。

方法 2：在 VBE 环境下选择"插入"→"模块"命令。

无论哪种方法，创建新模块后都会自动转到 VBE 环境。

8.5.2　过程的创建和调用

过程一般是一段可以实现某个具体功能的代码。与函数不同，过程没有返回值。我们既可以在类模块中创建过程，也可以在标准模块中创建过程。

创建过程的方法是：在工程资源管理器窗口双击某个模块名打开该模块，然后选择"插入"→"过程"命令，在"添加过程"对话框中输入过程名，如图 8-10 所示。

也可以在代码窗口直接定义过程。

过程的定义形式如下：

```
[Public|Private][Static] Sub 过程名(变量名 1  As 类型，变
量名 2  As 类型，…)
    <局部变量或常数定义>
    <语句块>
```

图 8-10　在"添加过程"对话框中输入过程名

```
        [Exit Sub]
        <语句块>
End Sub
```

（1）过程名的命名规则与变量名等其他标识符的命名规则相同。

（2）过程名后括号内的变量也叫形式参数（可简称形参）。如果过程有形参，则要在定义过程时指明形参的名称和类型；如果省略类型，则形参的默认类型为 Variant 型。

（3）语句[Exit Sub]的作用是中途提前退出过程。

例 8-9 在前面创建的标准模块"模块 1"内创建过程 swap。该过程的功能是将给定的两个参数 x 和 y 的值互换。

该过程的定义如下：

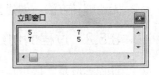

8-5 例 8-9

```
Public Sub swap(x As Integer, y As Integer)
    Dim t As Integer
    t = x: x = y: y = t
End Sub
```

对于公用过程，一旦创建就可以在模块的其他地方调用该过程。调用过程有以下两种格式。

```
格式 1: call 过程名（[实参列表]）
格式 2: 过程名   [实参列表]
```

这里过程名后的参数叫实际参数。调用过程时应注意实参应与形参的顺序、类型和个数保持一致。

例 8-10 创建一个窗体，在其中的某个按钮的单击事件中用 InputBox 函数输入两个整数，并将它们的值互换。

创建一个新窗体，在其中添加一个按钮，设置该按钮的单击事件如下：

```
Private Sub Command0_Click()
    Dim x As Integer, y As Integer
    x = InputBox("x=")
    y = InputBox("y=")
    Debug.Print x, y
    swap x, y                        '或 call swap(x,y)
    Debug.Print x, y
End Sub
```

运行该窗体，并输入 x 和 y 的值，可以在立即窗口读到 swap 过程调用前后 x 和 y 的值，如图 8-11 所示。

图 8-11 swap 过程调用前后 x 和 y 的值

8.5.3 函数的创建和调用

与过程不同，函数有返回值。VBA 的函数包含内置函数和用户自定义函数两种。关于内置函数前面已有介绍，这里主要介绍用户如何在模块内创建自定义函数。创建函数与创建过程的方法相似，不同的是在图 8-10 所示的"添加过程"对话框中应将类型选择为"函数"。考虑到函数有返回值，因此在定义函数时应特别注意要指明函数的返回值的类型，并且在函数体内给函数赋值。

函数的定义形式如下：

```
[Public|Private][Static] Function 过程名(变量名 1 As 类型,变量名 2 As 类型,…)As 类型
    <局部变量或常数定义>
```

```
        <语句块>
        <函数名>=<表达式>
        [Exit Function]
        <语句块>
        <函数名>=<表达式>
End Function
```

（1）函数名的命名规则和形参的定义方法与过程相同。

（2）语句[Exit Function]的作用是中途提前退出函数。

例 8-11　在前面创建的标准模块"模块 1"内创建函数 jc，函数的功能是返回一个数的阶乘。另外创建一个过程 test，在 test 过程内调用函数 jc。

函数 jc 的定义如下：

```
Public Function jc(n As Integer) As Long '函数的返回值为 Long 型
    Dim i As Integer, s As Long
    s = 1
    For i = 1 To n
      s = s * i
    Next i
    jc = s                                    '给函数赋值
End Function
```

下面的过程 test 调用函数 jc 计算阶乘，使用方法和内置函数相同。

```
Public Sub test()
    Dim n As Integer, k As Long
    n = InputBox("n=")
    Debug.Print jc(n)
    k = jc(3) + jc(5)
    Debug.Print "3!+5!="; k
End Sub
```

在上面的过程 test 中，先用 Debug 对象的 Print 方法在立即窗口输出函数值，后将函数值相加后赋给变量 k。

8.5.4　过程调用中的参数传递

在调用过程和函数的过程中，通常会发生数据的传递，即将主调过程中的实参传给被调过程的形参。在参数传递过程中，可以有传址和传值两种形式。

1．传址

如果在定义过程或函数时，形参的变量名前加 **ByRef** 前缀或不加任何前缀，即为传址。前面示例中的过程和函数均为传址形式。

传址的参数传递过程是：调用过程时，将实参的地址传给形参。因此如果在被调过程或函数中修改了形参的值，则主调过程或函数中实参的值也跟着变化。

2．传值

如果在定义过程或函数时，形参的变量名前加 **ByVal** 前缀，即为传值。这时主调过程将实参的值复制后传给被调过程的形参，因此如果在被调过程或函数中修改了形参的值，则主调过程或函数中实参的值不会跟着变化。如在例 8-10 中用过程 swap1 代替过程 swap，则程序运行的结果就会不同，如图 8-12 所示。

```
Public Sub swap1(ByVal x As Integer, ByVal y As Integer)
    Dim t As Integer
    t = x: x = y: y = t
End Sub
```

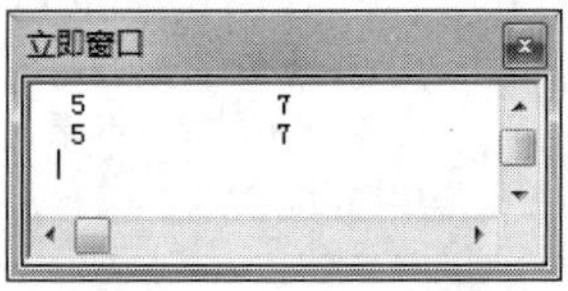

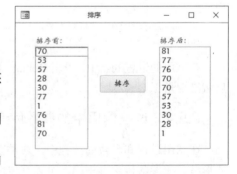

图 8-12　传值的结果

8.5.5　局部变量、全局变量和静态变量

前面讲到的变量都是在过程和函数内定义的局部变量。除了过程内的局部变量，在 VBA 程序中还可以定义模块级局部变量和全局变量。顾名思义，这些不同的变量决定了变量的有效范围，即作用域。

定义这些变量的方法，主要区别在于定义的地点和所使用的关键字。

1．过程内局部变量

在过程和函数内用关键字 Dim 定义，有效范围是定义该变量的过程或函数。前面示例中的变量都是过程内局部变量，另外，形参也属于过程内局部变量。

2．模块级局部变量

在模块的通用声明段用关键字 Dim 或 Private 定义，有效范围是定义该变量的模块。

例 8-12　创建名为"排序"的窗体。运行时自动产生并在左面的列表框中输出 10 个 0～99 之间的随机数，单击"排序"按钮后将这 10 个数按降序排序，并在右边的列表框中输出排序的结果，如图 8-13 所示。

解题思路：

（1）用数组存放 10 个随机数。

（2）在窗体的 Load 事件中生成数组中的 10 个随机数，然后在"排序"按钮的 Click 事件中将数组排序，因此该数组应定义为模块级数组。

关于该题涉及的生成随机数和排序算法，可参考例 8-6 和例 8-8。

用列表框控件的 AddItem 方法在程序运行中动态向列表框中添加项目。使用方法为：

图 8-13　"排序"窗体

```
控件名.AddItem(Item,Index)
```

其中，

- Item：必选，应为 String 型，即新添项目的显示文本。
- Index：可选 Variant 型。表示新添项目在列表中的位置。如果省略该参数，则添加到列表的尾部。

操作步骤如下。

（1）新建一个窗体。

（2）在其中添加两个列表框，列表框的"名称"属性分别为"lst 左"和"lst 右"，并将它们的"行来源类型"属性设为"值列表"。

（3）在两个列表框中间添加一个按钮，按钮的"名称"属性为"cmd 排序"，"标题"属性为"排序"。

（4）右键单击窗体，在快捷菜单中选择"事件生成器"，在打开的窗口中选择"代码生成器"，转到 VBE 环境。

（5）在窗体的通用声明段定义模块级数组 a。

```
Dim a(1 To 10) As Integer
```

（6）在窗体的 Load 事件中输入下列代码。

```
Private Sub Form_Load()
Dim i As Integer
    '生成并输出数组
    For i = 1 To 10
      a(i) = Int(Rnd() * 100)        '生成随机数并赋给数组元素
      Me.lst左.AddItem a(i)          '将数组元素的值添加到左边列表框
    Next i
End Sub
```

（7）在"排序"按钮的 Click 事件中输入下列代码。

```
Private Sub cmd排序_Click()
Dim i As Integer, j As Integer, imax As Integer, t As Integer
For i = 1 To 10                              '排序

    '寻找最大值的位置
    imax = i
    For j = i To 10
      If a(imax) < a(j) Then imax = j
    Next j
    '交换
    t = a(i): a(i) = a(imax): a(imax) = t
Next i

    For i = 1 To 10                          '输出排序结果
      Me.lst右.AddItem a(i)
    Next i

End Sub
```

3．全局变量

全局变量是可在整个应用程序使用的变量。定义的方法是在模块的通用声明段用 Public 关键字定义变量。

引用全局变量时，如果是在标准模块中定义的全局变量，可在应用程序的任何地方直接用变量名引用该变量。如果是在类模块（如窗体模块）中定义的全局变量，可在应用程序的任何地方引用该变量，但在变量名的前面应加模块名限定，形式为"模块名.变量名"。

4．静态变量

局部变量和全局变量决定了变量的有效范围，静态变量则决定了变量的生存期。对于过程内的局部变量，它的生存期从进入过程（Sub）开始，到退出过程（End Sub）时结束。如果要改变过程内局部变量的生存期，可以将它定义为静态变量。

在下面的"计时器"程序中，使用了窗体的 Timer 事件实现计时，具体实现就是变量 *s* 的值自动加 1。如果使用普通的局部变量，则变量 *s* 的生存期只限于进入和退出 Timer 事件过程。当下一次触发 Timer 事件时变量 *s* 又会重新被定义并初始化为 0，就无法达到在原有基础上加 1 的目的。为了延长变量 *s* 的生存期，使得再次进入 Timer 事件时能在前次 *s* 的值上累加，这里将它定义成静态变量，定义的方法是在定义过程内局部变量时加关键字 Static。

例 8-13 创建一个"计时器"窗体。

要求，该窗体运行后首先单击"设置"按钮，然后在输入框中输入计时的秒数，单击"开始"按钮则开始计时，同时计时的秒数显示在文本框中。当计时时间到，停止计时，系统提示"时间到！"并响铃，同时将文本框清零，如图 8-14 所示。

图 8-14 "计时器"窗体

基本思路：

（1）本题中计时由窗体的 Timer 事件完成。该事件按照预先定义好的时间间隔自动触发，这个时间间隔由窗体的 TimerInterval 属性决定。如果将 TimerInterval 属性设置为 1000，则每隔 1 秒 Timer 事件触发 1 次。如果将 TimerInterval 属性设置为 0，则 Timer 事件不触发。

（2）计时的范围存放在变量 *f* 中。由于在"设置"按钮的单击（Click）事件和窗体的计时器触发（Timer）事件中都要用到计时范围 *f*，因此将变量 *f* 定义成模块级变量。

（3）变量 *s* 的作用是计时，即每次 Timer 事件触发时 *s* 的值都要在原值上加 1，因此将变量 *s* 定义成静态变量。

操作步骤如下。

（1）新建一个空白窗体，并在窗体上添加一个文本框控件，删去附带的标签控件。设置文本框的"名称"属性为"txt 显示"，"背景色"属性为"深色"，"前景色"属性为"浅色"，"字号"属性为 48，"文本对齐"属性为"右"。

（2）添加两个按钮，将它们的"名称"属性分别设置为"cmd 设置"和"cmd 开始"，"标题"属性分别设置为"设置"和"开始"。

（3）打开"代码生成器"窗口，进入 VBE 环境。

（4）在窗体模块的通用声明段定义模块级变量 *f*。

```
Dim f As Integer '定义模块级变量
```

（5）在窗体的 Load 事件中设置 TimerInterval 属性为 0。

```
Private Sub Form_Load()
    Me.TimerInterval = 0
End Sub
```

（6）在窗体的 Timer 事件中输入下面的程序代码。

```
Private Sub Form_Timer()
    Static s As Integer              '定义静态变量
    s = s + 1
```

```
    Me.txt 显示 = s

    If s = f Then
        Beep                             '响铃
        MsgBox "时间到！", vbCritical
        s = 0
        Me.txt 显示 = s
        Me.TimerInterval = 0
    End If
End Sub
```

（7）在按钮"cmd 设置"的单击事件中输入下面的程序代码。

```
Private Sub cmd 设置_Click()
    f = InputBox("请输入计时范围:")
End Sub
```

（8）在按钮"cmd 开始"的单击事件中输入下面的程序代码。

```
Private Sub cmd 开始_Click()
    Me.TimerInterval = 1000   '开始计时
End Sub
```

最终设置结果如图 8-15 所示。

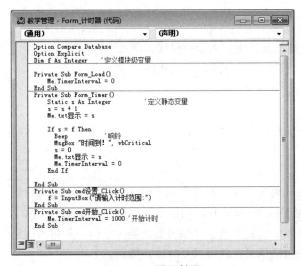

图 8-15　设置结果

8.6　VBA 程序的调试

编程就是规划、书写程序代码并上机调试的过程，很难做到书写后的程序能一次通过。因此在编程过程中往往需要不断重复检查和纠正错误，试运行这个过程，这就是程序调试。在进一步学习程序调试方法之前，首先需要了解 VBA 开发环境的中断模式。

中断模式代表 VBA 程序的一种运行状态。在中断模式下，程序暂停运行，这时编程者可以查看并修改程序代码，检查各个变量或表达式的取值是否正确等。有两种情况可以使程序进入中断模式。一种是如果程序出现错误，无法继续执行，则会自动进入中断模式。另一种是通过设置断点，或在程序运行过程中单击"中断"按钮 ![] 人为进入中断模式，如图 8-16 所示。

图 8-16　程序的中断模式

退出中断模式的方法如下。

方法 1：单击"继续"按钮 ![] 进入运行模式，继续运行程序。

方法 2：单击"重新设置"按钮 ![]，终止程序的运行。

8.6.1　错误类型

编程时，可能产生的错误有 4 种类型：语法错误、编译错误、运行错误和逻辑错误。

1．语法错误

语法错误是指输入代码时产生的不符合程序设计语言语法要求的错误，初学者经常发生此类错误。例如，将 Dim 错写成了 Din，If 语句的条件后面忘记了 Then 等。

如果在输入程序时发生了此类错误，编辑器会随时指出，并将出现错误的语句用红色显示。编程者只要根据给出的出错信息，就可以及时改正错误。

2．编译错误

编译错误是指在程序编译过程中发现的错误。例如，在要求显式声明变量时输入了一个未声明的变量。对于这类错误编译器往往会在程序运行初期的编译阶段发现并指出，并将出错的行用高亮显示，同时停止编译并进入中断状态。

3．运行错误

运行错误是指在程序运行中发现的错误。例如，出现了除数为 0 的情况，或者试图打开一个不存在的文件等，这时系统会给出运行时错误的提示信息并告知错误的类型。

对于上面举例中的两种错误，都会在程序运行过程中由计算机识别出来，编程者这时可以修改程序中的错误，然后选择"运行"→"继续"命令，继续运行程序。也可以选择"运行"→"重新设置"命令退出中断状态。

4．逻辑错误

如果程序运行后，得到的结果和所期望的结果不同，则说明程序中存在逻辑错误。产生逻辑错误的原因有多种。例如，将本该赋给变量 a 的值赋给了变量 b；在书写表达式时忽视了运算符的优先级，造成表达式的运算顺序有问题；将排序的算法写错，不能得到正确的排序结果等。

显然，逻辑错误不能由计算机自动识别，这就需要编程者认真阅读、分析程序，自己找出错误。

8.6.2　程序调试方法

为了帮助编程者更有效地查找和修改程序中的逻辑错误，VBE 提供了几个调试窗口，分别是立即窗口、本地窗口和监视窗口。选择"视图"菜单下的相应命令可以显示/隐藏这 3 个窗口。

（1）立即窗口：给变量临时赋值或做输出用，具体用法请见前述介绍。

（2）本地窗口：在中断模式下可显示当前过程中所有变量的类型和值，如图 8-16 所示。

（3）监视窗口：可显示给定表达式的值，如图 8-16 所示。例如，可将循环的条件表达式设置为监视表达式，这样就可以观察进入和退出循环的情况。

总结上面几个调试窗口的用途，实际就是在程序运行过程中观察和跟踪变量及表达式的变化情况。下面介绍的几种方法可以使程序人为进入中断状态，方便程序调试者观察变量和表达式。

1．设置断点

在程序中人为设置断点，当程序运行到设置了断点的语句时，会自动暂停运行并进入中断状态。设置断点的方法是：在代码窗口中单击要设置断点的那一行语句左侧的灰色边界标识条。再次单击边界标识条上的圆点可取消断点，如图 8-17 所示。

2．单步跟踪

也可以单步跟踪程序的运行，即每执行一条语句后都自动进入中断状态。单步跟踪程序的方法是：将光标置于要执行的过程内，选择"调试"→"逐语句"命令。

3．设置监视点

如果设置了监视表达式，一旦监视表达式的值为真或改变，程序也会自动进入中断模式。设置监视点的方法如下。

（1）选择"调试"→"添加监视"命令，弹出"添加监视"对话框。

（2）在"模块"下拉列表框中选择被监视过程所在的模块，在"过程"下拉列表框中选择要监视的过程，在"表达式"文本框中输入要监视的表达式。

（3）最后在"监视类型"栏中选择监视类型，如图 8-18 所示。

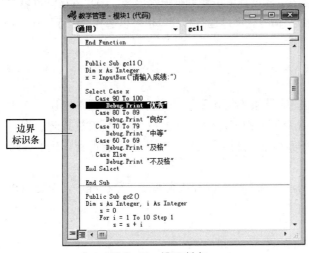

边界
标识条

图 8-17　设置断点

图 8-18　设置监视点

8.7　VBA 的数据库编程

本节主要讨论如何在 VBA 程序中访问 Access 数据库。目前普遍采用各种接口访问各种数据库等数据源，这里主要介绍 ADO 接口及其使用方法。

8.7.1　数据访问接口 ADO

1．什么是 ADO

ADO（ActiveX Data Object）即 ActiveX 数据访问对象，是 Microsoft 公司在 DAO（数据访问对象）、RDO（远程数据对象）之后推出的新的数据访问对象。

要了解 ADO 需要先了解 OLE-DB 技术。OLE-DB 是以 ActiveX 技术为基础的数据访问技术，其目的是提供一种能够访问多种数据源类型的通用数据访问技术。因此 OLE-DB 不仅可以访问数据库数据，也可以访问非数据库数据。但直接使用 OLE-DB 访问各种数据源，操作十分复杂，因此 Microsoft 公司在 OLE-DB 之上提出了一种新的逻辑接口即 ADO，以便编程者通过 OLE-DB 更简单地以编程方式访问各种各样的数据源。

和其他接口相比，ADO 具有下面一些优点。

（1）ADO 将访问数据源的过程抽象成几个容易理解的具体操作，并由实际的对象来完成。因而使用起来简单方便。

（2）由于采用了 ActiveX 技术，与具体的编程语言无关，因此可应用在 Visual Basic、C++、Java 等各种程序设计语言中。

（3）ADO 能够访问各种支持 OLE-DB 的数据源，包括数据库和其他文件、电子邮件等数据源。

（4）ADO 既可以应用于网络环境，也可以应用于桌面应用程序中。

ADO 是建立在 OLE-DB 技术之上的高级编程接口，它将访问数据源的复杂过程抽象为几个易于理解的具体过程。这个具体过程如下。

（1）建立与数据源的连接。

（2）指定访问数据源的命令，并向数据源发出命令。

（3）从数据源以行的形式获取数据，并将数据暂存在内存的缓存中。

（4）如果需要，可对获取的数据进行查询、更新、插入、删除等操作。

（5）如果对数据源进行了修改，将更新后的数据发回数据源。

（6）断开与数据源的连接。

实际使用时，上面过程中的各个步骤分别由 ADO 的具体对象完成。

2．在 VBA 中引用 ADO 类库

ADO 采用面向对象方法设计，各个对象的定义被集中在 ADO 类库中。要使用 ADO 对象，先要引用 ADO 类库。

在 VBA 中引用 ADO 类库的操作步骤如下。

（1）在 VBE 环境下选择"工具"→"引用"命令，弹出"引用"对话框。

（2）在"可使用的引用"列表框中选中"Microsoft ActiveX Data Objects 2.8"复选框，如图 8-19 所示。另外，在这个对话框中还可以改变被引用的类库的优先级。例如，单击"优先级"的向上按钮，可以提升 ADO 类库的优先级。

（3）单击"确定"按钮，完成引用设置。

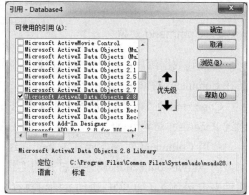

图 8-19　选择"可使用的引用"

8.7.2　ADO 的主要对象

ADO 共有 9 个对象和 4 个对象集合。ADO 的对象模型同样采用分层结构，经常被使用的是 3 个处在最上层的对象，分别是 Connection 对象、Command 对象和 Recordset 对象。

1．Connection 对象

Connection 对象的作用是用于建立与数据源的连接，这是访问数据源的首要条件。

要创建到数据源的连接，应该先定义一个 ADO 的 Connection 对象。方法是：

```
Dim MyCnn As ADODB.Connection
Set MyCnn = New ADODB.Connection
```

上面的语句先用 Dim 语句声明了一个对象变量 MyCnn，然后用 Set 命令将其初始化为 ADO 的 Connection 对象。对象名前面的 ADODB 是 ADO 类库名。

然后需要指定 OLE-DB 数据提供者的名称和有关的连接信息。用 Provider 属性设置 Connection 对象的 OLE-DB 数据提供者的名称，用 ConnectionString 属性指示用于建立到数据源的连接信息。具体设置如下：

```
MyCnn.Provider = "Microsoft.ACE.OLEDB.12.0"
MyCnn.ConnectionString = "Data Source=D:\教学管理.accdb"
```

最后调用 MyCnn 对象的 Open 方法打开这个连接。

```
MyCnn.Open
```

下面是用 Connection 对象显式建立与 Access 数据库"教学管理"的连接的完整程序。

```
Public Sub CnnToDB_1()
    Dim MyCnn As ADODB.Connection                          '定义 Connection 对象
    Set MyCnn = New ADODB.Connection                       '初始化
    MyCnn.Provider = "Microsoft.ACE.OLEDB.12.0"            '指定数据提供者的名称
    MyCnn.ConnectionString = "Data Source=D:\教学管理.accdb" '指定数据源
    MyCnn.Open                                             '打开连接
End Sub
```

断开与数据源的连接使用 Connection 对象的 Close 方法。例如，断开上面连接的命令为：

```
MyCnn.Close
```

2．Command 对象

连接到数据源后，需要执行对数据源的请求，以获取结果集。ADO 将这一类型的命令功能封装在 Command 对象中。

Command 对象的作用是用来定义并执行针对数据源运行的具体命令，如 SQL 查询，并可以通过 Recordset 对象返回一个满足有关条件的记录集。

使用 Command 对象，同样需要先创建一个 Command 对象的实例，然后通过设置 Command 对象的 ActiveConnection 属性使打开的连接与 Command 对象相关联。再通过使用 CommandText 属性来定义命令（如 SQL 语句）的可执行文本。最后调用 Command 对象的 Execute 方法执行命令并返回记录集。

例如，下面程序先定义了一个 ADO 的 Command 对象，并将它与前面建立的连接 MyCnn 关联，然后定义了查询命令。

```
Dim MyCmd As ADODB.Command                   '定义 Command 对象
Set MyCmd = New ADODB.Command
MyCmd.ActiveConnection = MyCnn               '设置所使用的连接
MyCmd.CommandText = "Select * From 课程"      '定义命令
MyCmd.Execute
```

3．Recordset 对象

Recordset 是最常用的 ADO 对象。从数据源获取的数据就存放在 Recordset 对象中，并且所有 Recordset 对象均由记录（行）和字段（列）组成。可以使用 Recordset 对象的方法和属性定位到数据的各行，查看行中的值或者操纵记录集中的数据。

同样使用 Recordset 对象需要先定义并初始化一个 Recordset 对象。例如，下面的语句定义并初始化了一个 Recordset 对象 MyRS。

```
Dim MyRS As ADODB.Recordset
Set MyRS = New ADODB.Recordset
```

有多种获取记录集的方法。

方法 1：接收 Command 对象的返回记录集。

```
Set MyRS = MyCmd.Execute
```

在定义并设置了 Command 对象的 ActiveConnection 属性和 CommandText 属性之后，可以通

过执行 Command 对象的 Execute 方法执行命令，并将返回的记录集指定给一个 Recordset 对象。

例如，下面程序实现了创建连接、定义命令和获取数据的全部过程。

```
Public Sub CnnToDB_2()
    Dim MyCnn As ADODB.Connection
    Set MyCnn = New ADODB.Connection
    Dim MyCmd As ADODB.Command
    Set MyCmd = New ADODB.Command
    Dim MyRS As ADODB.Recordset
    Set MyRS = New ADODB.Recordset
    MyCnn.Provider = "Microsoft.ACE.OLEDB.12.0"
    MyCnn.ConnectionString = "Data Source=D:\教学管理 .accdb"
    MyCnn.Open
    MyCmd.ActiveConnection = MyCnn
    MyCmd.CommandText = "Select * From 课程"
    Set MyRS = MyCmd.Execute
    Stop                    '断点
    MyCnn.Close
End Sub
```

为了在立即窗口查看获取的结果，程序中使用 Stop 命令添加了一个断点。

执行上面的过程，程序在 Stop 处中断，这时可在立即窗口输入下面的命令。

```
? MyRS.fields(0),MyRS.fields(1),MyRS. fields(2)
```

该命令的作用是在立即窗口输出表达式的值或对象的属性值。其中，fields 是 Recordset 对象下的对象集合，包括它的所有字段。Fields（0）代表第 1 个字段，Fields（1）代表第 2 个字段，其余依次类推。返回的记录集数据如图 8-20 所示。

图 8-20　用立即窗口查看返回的记录集数据

方法 2：使用 Recordset 对象的 Open 方法打开 Recordset 对象。

此方法的语法格式如下：

```
Recordset.Open Source, ActiveConnection, CursorType, LockType, Options
```

● Source：可以是 SQL 命令、Command 对象、表名等。

● ActiveConnection：指定所用的连接，可以是 Connection 对象。

● CursorType：指定记录集中游标的移动方式。

游标是一种数据库元素，它控制记录的定位，游标指向的记录为当前记录。同时，游标还决定数据是否可被更新，以及是否可看到其他用户对数据的更新。该参数的取值是一组固有常量，具体含义如表 8-8 所示。

表 8-8　　　　　　　　　　　　　　CursorType 参数的值及其含义

常　　量	值	说　　明
adOpenDynamic	2	动态游标。其他用户所做的添加、更改或删除均可见，而且允许 Recordset 中的所有移动类型
adOpenForwardOnly	0	默认值。使用仅限向前游标。除了在记录中只能向前滚动外，与静态游标相同。可提高性能

续表

常　量	值	说　明
adOpenKeyset	1	除无法查看其他用户添加的记录外，它和动态游标相似。其他用户所做的数据更改依然可见
adOpenStatic	3	静态游标。一组记录的静态副本，可用于查找数据或生成报告。其他用户所做的添加、更改或删除不可见

- LockType：可选。指定编辑过程中当前记录上的锁定类型，默认只读。
- Options：可选。指定 Recordset 对象对应的 Command 对象的类型。

例如，下面的程序同样可以获得图 8-20 中的数据。

```
Public Sub CnnToDB_3()
    Dim MyCnn As ADODB.Connection
    Set MyCnn = New ADODB.Connection
    Dim MyRS As ADODB.Recordset
    Set MyRS = New ADODB.Recordset
    Dim strSQL As String
    MyCnn.Provider = "Microsoft.ACE.OLEDB.12.0"
    MyCnn.ConnectionString = "Data Source=D:\教学管理 .accdb"
    MyCnn.Open
    strSQL = "Select * From 课程"
    MyRS.Open strSQL, MyCnn, adOpenKeyset
    Stop
    MyCnn.Close
End Sub
```

在 Access 中编程时，通常要连接的就是当前数据库，这时可将 ActiveConnection 参数设置为 CurrentProject.Connection，即使用当前数据库的连接。

当不再使用 Recordset 对象中的数据时，应该用 Recordset 对象的 Close 方法关闭该对象，释放所占用的内存空间。例如：

```
MyRS.Close
```

8.7.3　使用记录集中的数据

从数据源获取数据后，就可以对数据进行输出、插入、删除和更新等操作了。显然，所有这一切都应该在 Recordset 记录集上进行。

1．输出记录集中的数据

可以使用 Recordset 对象的属性和方法输出数据。

（1）BOF 属性和 EOF 属性

- BOF（Begin Of File）属性：用于检查当前游标是否在第 1 条记录之前。如果是，则返回 True，否则返回 False。
- EOF（End Of File）属性：用于检查当前游标是否在最后 1 条记录之后即记录集的末尾。如果是，则返回 True，否则返回 False。

如果记录集为空，则 BOF 属性和 EOF 属性的值均为 True。

（2）移动游标的方法

这是一组方法，包括 MoveFirst、MoveLast、MoveNext 和 MovePrevious。使用这组方法可以控制游标在记录集中移动。

- MoveFirst：将游标移到第 1 条记录。
- MoveLast：将游标移到最后 1 条记录。
- MoveNext：将游标移到下一条记录。
- MovePrevious：将游标移到上一条记录。

下面的程序使用前面介绍的对象 MyRS 在立即窗口逐个输出"课程"表中的数据。不同的是这里的 MyRS 对象使用了当前数据库的连接。

```
Public Sub Output()
  Dim MyRS As ADODB.Recordset
  Set MyRS = New ADODB.Recordset
  Dim strSQL As String
  strSQL = "Select * From 课程"
  MyRS.Open strSQL, CurrentProject.AccessConnection, adOpenKeyset  '使用当前数据
库连接
  Do While Not MyRS.EOF
    Debug.Print MyRS("课程编号"), MyRS("课程名称")
    MyRS.MoveNext
  Loop
  MyRS.Close
 End Sub
```

图 8-21　输出结果

输出的结果如图 8-21 所示。

2．插入、删除和更新记录集中的数据

实现对记录集的插入、删除和更新操作需要使用 Recordset 对象的下面几种方法。

（1）AddNew 方法

作用是在 Recordset 对象中添加一条记录。格式是：

```
Recordset.AddNew FieldList, Values
```

- FieldList：可选，是一个字段或字段数组名称。
- Values：可选，相应的一个字段值或用数组表示的字段值。

如果省略上面两个参数，则在记录集中添加一条空白记录。

（2）Delete 方法

作用是删除 Recordset 对象中的一条或多条记录。格式是：

```
Recordset.Delete AffectRecords
```

其中，AffectRecords 可选，表示删除数据的范围，默认值为当前记录。

（3）Update 方法

作用是将 Recordset 对象中对当前记录的修改保存到数据库中。

下面的程序演示了向"课程"表中添加新记录的过程。注意，在打开 Recordset 对象时 LockType 属性默认为只读，为了能够修改表中的数据，应设置为 adLockOptimistic。另外，考虑到可能有的误操作，在 InputBox 函数前使用了 Trim 函数，作用是取消 InputBox 输入文本框中多余的空格。

```
Public Sub Add()
    Dim MyRS As ADODB.Recordset
    Set MyRS = New ADODB.Recordset
    Dim strSQL As String
    Dim str课程编号 As String, str课程名称 As String'暂存输入的字段值
    strSQL = "Select * From 课程"
    MyRS.Open strSQL, CurrentProject.AccessConnection, adOpenKeyset, adLockOptimistic
    str课程编号 = Trim(InputBox("请输入课程编号："))    '输入
    str课程名称 = Trim(InputBox("请输入课程名称："))
    If str课程编号 <> "" And str课程名称 <> "" Then
        MyRS.AddNew '添加空白记录
        MyRS("课程编号") = str课程编号                   '将已输入的数据填入记录集
        MyRS("课程名称") = str课程名称
        MyRS.Update                                     '更新数据库
    End If
    MyRS.Close
End Sub
```

例 8-14　修改例 8-2 的"系统登录"窗体，使其可验证多个用户，如图 8-22 所示。

解题思路：

（1）首先应在数据库中增加一张表"管理员"，保存各个用户的用户名和密码。

（2）然后修改"确定"按钮的"单击"事件代码。在登录时将输入的用户名和密码与表中的数据逐个比较，如果找到相同的记录，则说明该用户是合法用户，并打开"教学管理系统主控界面"窗体，否则给出提示，等待重新输入。

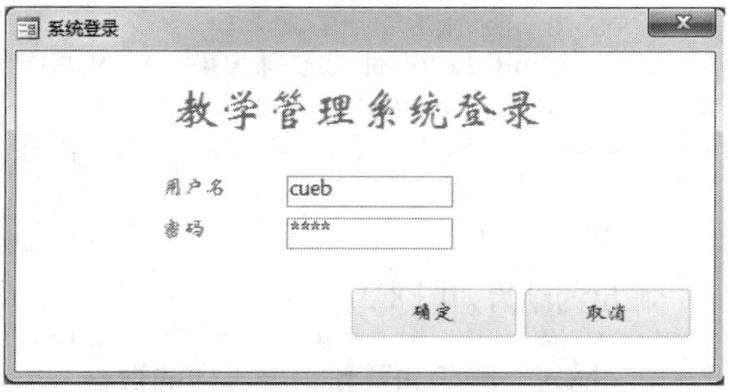

操作步骤如下。

图 8-22　修改后的"系统登录"窗体

（1）在数据库中增加一张新表，表名为"管理员"，表结构如表 8-9 所示。

表 8-9　　　　　　　　　　　　"管理员"表结构

字 段 名	数据类型	字 段 大 小	字 段 属 性	字 段 描 述
用户 ID	自动编号	长整型		表示用户编号，主键
用户名	文本	10		记录用户名称
密码	文本	10	输入掩码为密码	记录用户登录系统时用的密码

（2）在设计视图中，打开窗体"系统登录"。

（3）在窗体适当位置添加一个标签作为标题。标签的"标题"属性为"教学管理系统登录"，"字号"属性为"24"，"对齐方式"属性为"居中"。

（4）设置"取消"按钮的单击（Click）事件为：

```
Private Sub cmd取消_Click()
    DoCmd.Close
End Sub
```

（5）修改"确定"按钮的单击事件，具体程序如下。

```
Private Sub cmd确定_Click()
```

```
Dim RS As ADODB.Recordset
Dim strSQL As String
Dim name As String, pass As String
Set RS = New ADODB.Recordset

If IsNull(Trim(Me.txt用户名)) Or IsNull(Trim(Me.txt密码)) Then '文本框不能为空
  DoCmd.Beep
  MsgBox "用户名和密码不能为空!"
 Else
  name = Trim(Me.txt用户名)
  pass = Trim(Me.txt密码)

  strSQL = "Select * from 管理员 where 用户名='" & name & "' and 密码='" & pass & "'"
  RS.Open strSQL, CurrentProject.AccessConnection, adOpenKeyset

  If RS.EOF Then      '没有匹配的用户名和密码
     DoCmd.Beep
     MsgBox "对不起!您输入的用户名和密码错误!"
     Me.txt用户名 = ""
     Me.txt密码 = ""
     Me.txt用户名.SetFocus
  Else
     '如果用户名和密码正确,显示消息框,运行"教学管理系统主控界面"窗体
     MsgBox "欢迎进入教学管理系统主控界面!", vbOKOnly + vbCritical, "欢迎"
     DoCmd.Close
     DoCmd.OpenForm "教学管理系统主控界面"
  End If
 End If
End Sub
```

如果要将变量的值或控件的值传给 SQL 命令，应在 SQL 命令中引用该变量或控件，并且应将变量名和控件名按下列形式括起来：'"& 变量名或控件名&"'。

习　题　8

一、问答题

1．VBA 程序设计语言有什么特点？与 Visual Basic 程序设计语言的区别是什么？

2．VBE 环境主要由哪些窗口组成？它们的作用是什么？

3．什么是对象？什么是对象的属性、方法和事件？

4．VBA 的循环控制语句有哪几种？

5．什么是过程？过程和函数的区别是什么？

二、选择题

1．在 VBA 中，正确的日期表示形式是（　　）。

　　A．{2007-5-1}　　　B．2007/5/1　　　C．"2007-5-1"　　　D．#2007-5-1#

2. 设 a=5，b=6，c=7，d=8，表达式：a<b and c>=d or 2<>d-6 的值是（　　）。

 A. 0　　　　　　　B. −1　　　　　　　C. FALSE　　　　　D. TRUE

3. 现有语句：x=InputBox("计算机"，"等级考试"，"0")。执行该语句后，生成的对话框在标题栏中显示的信息是（　　）。

 A. "计算机"　　　　B. "等级考试"　　　C. x　　　　　　　D. 0

4. 执行语句：Debug.Print Int(3.1415926*10000)+0.5/10000 后，在立即窗口上输出的结果是（　　）。

 A. 3　　　　　　　B. 14　　　　　　　C. 3.142　　　　　　D. 3.1416

5. 窗体上有一个命令按钮 command1，其 Click 事件过程如下：

```
Private Sub Command1_Click( )
  Dim x As Integer
  x=InputBox("请输入 x 的值")
  Select Case x
    Case 1,2,4,6
      Debug.Print "A"
    Case 5,7 To 9
      Debug.Print "B"
    Case Is=10
      Debug.Print "C"
    Case Else
      Debug.Print "D"
  End Select
End Sub
```

程序执行后单击命令按钮，在弹出的输入框中输入 8，则立即窗口上显示的内容是（　　）。

 A. A　　　　　　　B. B　　　　　　　C. C　　　　　　　D. D

6. 设有一个窗体，内有一个名称为 Command1 的命令按钮，该模块内还有一个函数过程：

```
Public Function f(x As Integer)As Integer
  Dim y As Integer
  x = 20
  y = 2
  f = x * y
End Function
Private Sub Command1_Click()
  Dim y As Integer
  Static x As Integer
  x = 10
  y=5
  y = f(x)
  Debug.Print x; y
End Sub
```

程序运行后，如果单击命令按钮，则在立即窗口上显示的内容是（　　）。

 A. 10 5　　　　　　B. 20 5　　　　　　C. 20 40　　　　　　D. 10 40

7. 有一个过程定义：

```
Public Sub abc(a As integer, b As integer)
```

则该过程的正确调用形式是（　　）。

  A．Call abc(1，1.2)
       B．Call sub(1，1.2)

  C．abc(1，1.2)
         D．sub 1,1.2

8．有一个过程如下，执行该过程后，立即窗口上显示的内容是（　　）。

```
Private Sub a1()
  Dim i As Integer, j As Integer, t As Integer
  Dim a(4) As Integer, b(4) As Integer
  t = 2
  For i = 1 To 4
   a(i) = i Mod 4
   b(i) = i * i + i ^ t
  Next i
  Debug.Print a(t); b(t)
End Sub
```

  A．2　8
    B．8　2
    C．0　8
    D．2　6

9．ADO 数据访问接口可以访问的数据源类型（　　）。

  A．只能是数据库
      B．只能是电子邮件系统

  C．只能是文件系统
      D．既可以是数据库也可以是非数据库

10．在使用 ADO 访问数据库源时，从数据源获得的数据以行的形式存放在（　　）。

  A．Command 对象
      B．Recordset 对象

  C．Connection 对象
      D．Parameters 对象

三、填空题

1．如果希望使用变量存放数据 1234567.123456，应该将变量声明为＿＿＿＿类型。

2．Visual Basic 的基本控制结构有＿＿＿＿、＿＿＿＿和＿＿＿＿。

3．执行下面程序后，立即窗口上的输出结果是＿＿＿＿。

```
Private Sub a2()
  Dim i As Integer, j As Integer
  For i = 1 To 5
   For j = 1 To i
     If i Mod 2 = 0 Then
       Debug.Print "*";
     Else
       Debug.Print "#";
     End If
   Next j
   Debug.Print
  Next i
End Sub
```

4．下面程序的功能是产生 100 个 0～99 之间的随机整数，并统计个位上的数字分别是 1，2，3，4，5，6，7，8，9，0 的数的个数。根据程序功能的描述，请将程序补充完整。

```
Private Sub a3()
  Dim x(1 To 10) As Integer, a(1 To 100) As Integer
```

```
    Dim p As Integer, j As Integer
    For j = 1 To 100
      a(j) = _____
      p = a(j) Mod 10
        If p = 0 Then p = 10
            _____
    Next j
    For j = 1 To 10
        Debug.Print x(j);
    Next j
End Sub
```

5．在 VBA 中如果 ADO 的 Recordset 对象使用当前数据库的连接，则其 ActiveConnection 参数应写为_____。

四、编程题

1．编写过程 p1：用 InputBox 函数输入一个华氏温度 F，计算并用消息框输出其对应的摄氏温度 C，C=5(F−32)/9。

2．编写过程 p2：输入一个 3 位数，判断其是否是水仙花数。如：$371=3^3+7^3+1^3$。

3．编写过程 p3：在立即窗口输出图 8-23 所示的图形。

4．编写过程 p4：在立即窗口按每行 5 个打印 Fibonacci 数列的前 30 项。该数列的第 1 项为 0，第 2 项为 1，以后各项是其前面两项之和。

5．编写函数 f1 和 f2：给定一个一元二次方程的 3 个系数，分别返回它的两个实数解，并用一个过程调用这两个函数。

```
    1
   22
  333
 4444
55555
```

图 8-23 "随机数发生器"窗体

实　验　8

一、实验目的

1．熟悉和掌握 Access 程序设计的过程。

2．理解并掌握 3 种程序控制结构。

3．理解并掌握数组的使用方法。

4．掌握过程和函数的创建及调用方法。

5．了解并掌握用 ADO 接口访问数据库的一般方法。

二、实验内容

1．创建"随机数发生器"窗体，如图 8-23 所示。窗体运行后，在"从"（下限）和"到"（上限）文本框中输入数据范围，然后单击"生成"按钮，窗体中的标签显示一个在此范围内的随机数。

提示

可以使用下面的公式产生指定范围的随机数。

int（Rnd()*(上限−下限+1)+下限）

2．创建"宋词欣赏"窗体，如图 8-24 所示。窗体运行后，选择窗体下方的单选按钮，在窗体上方显示出对应的诗词。

3．创建"统计"窗体，如图 8-25 所示。窗体运行后，单击左侧的"生成"按钮，自动生成 50 个 0～100 之间的随机数。单击右侧的"统计"按钮，在右侧的各个文本框中输出统计结果。

4．创建"雇员基本情况查询"窗体。要求如下。

（1）按图 8-26 所示的格式和内容创建窗体。

图 8-23　"随机数发生器"窗体

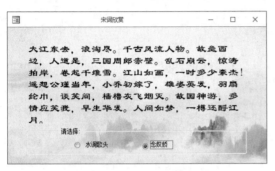

图 8-24　"宋词欣赏"窗体

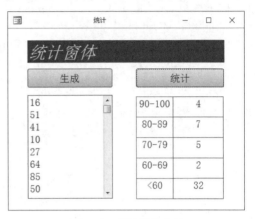

图 8-25　"统计"窗体

（2）添加查询功能并验证查询结果。如果未输入要查询的雇员姓名，而单击"查询"按钮，应使用消息框给出提示，提示内容为"对不起，未输入雇员姓名，请输入！"；如果输入并找到了要查找的雇员，应在窗体输出结果；否则使用消息框给出未找到信息，如图 8-26 所示。

窗体为非绑定窗体，所有的控件为非绑定式控件。

5．创建"图书销售情况统计查询"窗体，如图 8-27 所示。要求在左侧的列表框中选定出版社的名称后，在右侧的文本框中显示该出版社图书的销售情况。

图 8-26　"雇员基本情况查询"窗体

图 8-27　"图书销售情况统计查询"窗体

三、实验要求

1. 完成题目要求的设计及操作，运行并查看结果。
2. 保存上机操作结果。
3. 记录上机时出现的问题及解决方法。
4. 编写上机报告，报告内容包括如下。
（1）实验内容：实验题目与要求。
（2）分析与思考：实验过程、实验中遇到的问题及解决方法，实验的心得与体会。

第 9 章 数据库应用系统的创建方法

前面 8 章介绍了 Access 数据库管理系统的使用方法。例如，如何建立和管理表，如何创建和使用查询，如何设计和应用窗体、报表，以及如何应用宏和 VBA 编写解决复杂问题的程序等内容。学习这些操作的目的是为了开发和创建数据库应用系统，以真正实现数据的有效管理和应用。本章将通过已建"教学管理"数据库为例，介绍如何将前面所创建的对象有机地联系起来，构成初级小型数据库应用系统的方法。

9.1 数据库应用系统开发过程简介

数据库应用系统的开发是一个复杂的系统工程，它涉及组织的内部结构、管理模式、经营管理过程、数据的收集与处理、软件系统的开发、计算机系统的管理与应用等多个方面。因此数据库应用系统的开发应在软件开发理论和方法的指导下进行，否则很难成功。

到目前为止，研究出来的系统开发方法有很多，如结构化生命周期法、原型法、面向对象方法等，但遗憾的是至今尚未形成一套完整的、能为所有系统开发人员接受的理论，以及由这种理论所支持的工具和方法。本章只介绍一种主流的传统开发方法，即结构化生命周期法。

9.1.1 系统开发过程

结构化生命周期法是目前比较成熟、比较常用的方法。该方法的基本思想是用系统工程的思想和工程化的方法，按用户至上的原则，结构化、模块化、自顶向下地对系统进行分析和设计。结构化生命周期法按照系统的生命周期，将整个系统开发过程划分为系统规划、系统分析、系统设计、系统实施、系统运行与维护 5 个阶段。第一阶段与最后一个阶段首尾相连，如图 9-1 所示。

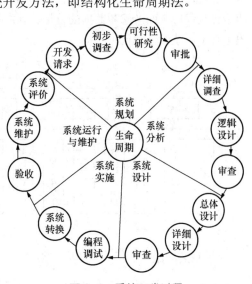

9.1.2 各阶段主要工作

数据库应用系统开发过程中每个阶段应完成的主要工作如下。

图 9-1 系统开发过程

259

1．系统规划

一个系统在开发之初，不能盲目进行，应首先进行可行性研究，确定所要开发的系统是否必要和可行。因此这一阶段的主要工作是根据用户的系统开发请求，初步调查，明确问题，并进行可行性研究。

2．系统分析

在系统规划阶段确定系统开发可行后，进入系统分析阶段。系统分析阶段的主要工作包括：第一，对欲开发的数据库应用系统的现状进行详细调查，了解当前系统的业务处理流程；第二，在对业务流程分析的基础上，了解所有数据在各个业务环节上的处理方法和其在所有业务上的流动轨迹，分析功能与数据之间的关系，抽象出反映当前系统本质的逻辑模型；第三，分析欲开发系统与当前系统逻辑上的差别，明确目标系统到底要"做什么"，从当前系统的逻辑模型导出目标系统的逻辑模型。

3．系统设计

当目标系统逻辑方案审查通过后，可以开始系统设计。系统设计阶段据目标系统的逻辑模型确定目标系统的物理模型，即解决目标系统"怎样做"的问题。其主要工作包括：第一，总体设计，即建立系统的总体结构，划分系统的功能，以及它们之间的相互关系。例如，通过对"教学管理"业务的分析，将该系统划分为五大功能，如图 9-2 所示。第二，详细设计，详细设计是针对每一个模块的设计，目的是确定模块内部的过程结构。这一步要求为每一个模块提供一个"模块过程性描述"，详细说明实现该模块功能的算法和数据结构。具体说，详细设计包括以下过程。

（1）对应用系统中的数据库进行设计，在进行数据库设计时，应遵循数据库的规范化设计原则。

（2）对应用系统的输入进行设计。主要包括操作界面设计、输入操作设计、输入校验设计等。既要确保操作界面美观大方，又要保证在系统提供的界面上能方便、灵活地进行输入操作，同时当输入有误时，能及时发现错误并修改错误。

（3）对应用系统的输出进行设计。主要包括输出格式、输出内容和输出方式等的设计。

（4）对应用系统的代码进行设计。代码设计是将系统中使用的数据代码化，以便进行信息分类、核对、统计和检索。合理的代码结构是数据库应用系统是否具有生命力的一个重要因素，代码设计过程应全面考虑各数据的特征、功能需求、计算机处理的特点，遵循代码设计的原则设计出适合于系统的合理代码结构。

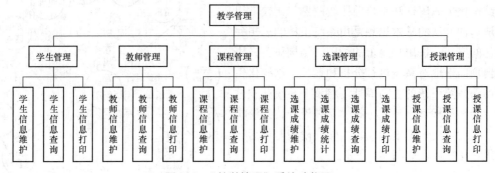

图 9-2 "教学管理"系统功能图

4．系统实施

在系统分析和系统设计完成后，系统开发即进入实施阶段。其主要工作包括：第一，选择应用系统开发工具，根据系统分析与设计的结果及信息处理的要求选择合适的软件开发工具；第二，实现应用系统，这一步工作就是使用所选择的开发工具，在计算机上建立数据库，建立数据关联，编制数据库应用系统中的各功能模块程序，最终实现一个完整的数据库应用系统；第三，系统的调试与测试，一个系统的各项功能实现后，还不能说整个系统开发完成，还要经过周密、细致的调试与测试，这样才能保证开发出的系统在实际使用时不出现问题。因此应该在这一阶段对已完成的系统进行调试和测试。除此之外，在系统实施阶段还要对操作人员进行培训，编写系统操作手册、使用手册和有关说明书，完成目标系统转换等。

5．系统运行与维护

这个阶段是整个系统开发生命周期中最长的一个阶段，可以是几年甚至十几年。这一阶段的主要工作是：系统的日常运行管理、系统评价和系统维护 3 个方面。如果系统在使用中出现问题，则要对其进行修改、维护或者是局部调整；如果出现了不可调和的大问题（这种情况一般是在系统运行若干年之后，系统运行的环境已经发生了根本的变化时才可能出现），则用户将会进一步提出开发新系统的要求，这标志着原系统生命的结束，新系统即将开始。

9.2　创建具有统一风格的应用系统控制界面

当按照数据库应用系统开发步骤完成了系统中所有功能的设计后，需要将它们组合在一起，形成完整系统，以方便使用。Access 提供的切换面板管理器和导航窗体可以容易地将各项功能集成起来，能够创建出具有统一风格的应用系统控制界面。本节将以使用这两个工具创建"教学管理系统"为例进行介绍。

9.2.1　使用切换面板创建应用系统控制界面

使用切换面板管理器创建应用系统，实质上是要创建一个切换面板窗体，该窗体是系统的界面窗体，窗体上有系统的控制菜单，通过选择菜单实现所需功能，完成相应操作。每级控制菜单对应一个切换面板页（菜单控制界面），每个切换面板页上提供相应的切换项（菜单项）。使用切换面板管理器创建时，就是要将所有的切换面板页及每页下的切换项定义出来。

例 9-1　利用切换面板管理器创建"教学管理系统"控制界面。

通常情况下，使用切换面板管理器创建"教学管理系统"控制界面时，首先启动切换面板管理器，然后创建所有的切换面板页和每页上的切换项，设置默认的切换面板页，最后为每个切换项设置相应内容。但是，由于 Access 2016 并未将"切换面板管理器"工具放在功能区中，因此使用前需要先将其添加到功能区中。

1．添加"切换面板管理器"工具

将"切换面板管理器"添加到"数据库工具"选项卡中，操作步骤如下。

（1）单击"文件"选项卡，然后在左侧窗格中，单击"选项"命令，弹出的"Access 选项"对话框。

（2）在"Access 选项"对话框左侧窗格中，单击"自定义功能区"，这时右侧窗格显示出自定义功能区的相关内容，如图 9-3 所示。

（3）在右侧窗格"自定义功能区"下方列表框中，单击"数据库工具"选项，然后单击"新

建组"按钮，如图9-4所示。

图9-3　自定义功能区

图9-4　添加"新建组"

（4）单击"重命名"按钮，弹出"重命名"对话框，在"显示名称"文本框中输入"切换面板"作为"新建组"名称，选择一个合适的图标，如图9-5所示。单击"确定"按钮。

（5）单击"从下拉位置选择命令"下拉列表框右侧下拉箭头按钮，从弹出的下拉列表中选择"不在功能区中的命令"；在下方列表框中选择"切换面板管理器"，如图9-6所示。

（6）单击"添加"按钮，然后单击"确定"按钮，关闭"Access选项"对话框。

这样"切换面板管理器"命令被添加到"数据库工具"选项卡的"切换面板"组中，如图9-7所示。

图9-5　设置"新建组"名称及图标

图 9-6 选择"切换面板管理器"命令

图 9-7 添加"切换面板管理器"后的"数据库工具"功能区

2．启动切换面板管理器

启动切换面板管理器的操作步骤如下。

（1）单击"数据库工具"选项卡，单击"切换面板"组中的"切换面板管理器"按钮 。由于是第 1 次使用切换面板管理器，因此 Access 显示"切换面板管理器"提示框，如图 9-8 所示。

（2）单击"是"按钮，弹出"切换面板管理器"对话框，如图 9-9 所示。

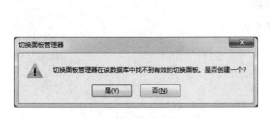

图 9-8 "切换面板管理器"提示框

图 9-9 "切换面板管理器"对话框

此时，"切换面板页"列表框中有一个由 Access 创建的"主切换面板（默认）"。

3．创建新的切换面板页

在创建切换面板之前，首先要按照对系统所做的分析和设计结果，对切换面板所有页和每个页上的所有项目进行规划和设计。创建切换面板的依据是图 9-2 所示的系统功能图，依照此功能图可知，教学管理数据库的主切换面板页为"教学管理系统"。二级切换面板页包括"学生管理""教师管理""选课管理""授课管理"和"课程管理"等。每个切换面板页与系统功能的对应关系如图 9-10 所示。

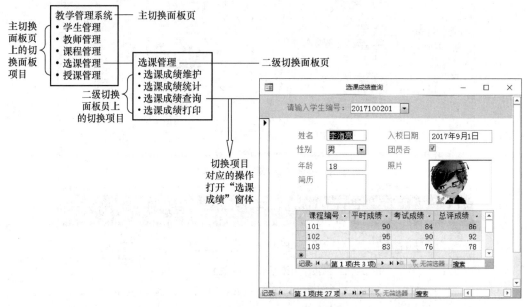

图 9-10 切换面板页与系统功能的对应关系

创建切换面板页的操作步骤如下。

（1）在图 9-9 所示对话框中，单击"新建"按钮，弹出"新建"对话框，在"切换面板页名"文本框中输入"教学管理系统"，如图 9-11 所示。单击"确定"按钮。

（2）按照相同方法创建"学生管理""教师管理""课程管理""选课管理"，以及"授课管理"等切换面板页，结果如图 9-12 所示。

图 9-11 设置切换面板页名

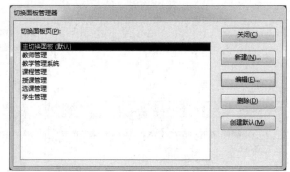

图 9-12 创建切换面板页结果

4．设置默认的切换面板页

默认的切换面板页是启动切换面板窗体时最先打开的切换面板页，也就是上面提到的主切换面板页，它由"（默认）"来标识。"教学管理系统"最先打开的切换面板页应为已建切换面板页中的"教学管理系统"。

设置默认页的操作步骤如下。

（1）在"切换面板管理器"对话框中选择"教学管理系统"选项，单击"创建默认"按钮，这时在"教学管理系统"后面自动加上"（默认）"，说明"教学管理系统"切换面板页已经变为默认切换面板页。

（2）在"切换面板管理器"对话框中选择"主切换面板"选项，然后单击"删除"按钮，弹出"切换面板管理器"提示框，如图 9-13 所示。

（3）单击"是"按钮，删除"主切换面板"选项。设置后的"切换面板管理器"对话框如图 9-14 所示。

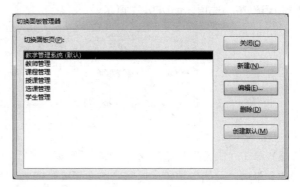

图 9-13 "切换面板管理器"提示框　　　　图 9-14 设置后的"切换面板管理器"对话框

5. 为切换面板页创建切换面板项目

"教学管理系统"切换面板页上的切换项目应包括"学生管理""教师管理""选课管理""授课管理"和"课程管理"等。在主切换面板页上加入切换面板项目，可以打开相应的切换面板页，使其在不同的切换面板页之间进行切换。操作步骤如下。

（1）选择"切换面板页"列表框中"教学管理系统"选项，然后单击"编辑"按钮，弹出"编辑切换面板页"对话框，此时由于还没有创建任何切换面板项目，因此"切换面板上的项目"列表框为空白。

（2）单击"新建"按钮，弹出"编辑切换面板项目"对话框。在"文本"文本框中输入"学生管理"，在"命令"下拉列表中选择"转至'切换面板'"选项（选择此项的目的是为了打开对应的切换面板页），在"切换面板"下拉列表框中选择"学生管理"选项，如图 9-15 所示。

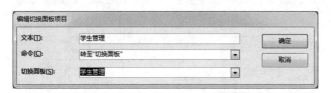

图 9-15 编辑"学生管理"切换面板项目

（3）单击"确定"按钮。此时创建了打开"学生管理"切换面板页的切换面板项目。

（4）使用相同方法，在"教学管理系统"切换面板页中加入"教师管理""课程管理""选课管理""授课管理"等切换面板项目，分别用来打开相应的切换面板页，如图 9-16 所示。

如果对切换面板项目先后顺序不满意，可以选中要进行移动的项目，然后单击"向上移"或"向下移"按钮。对不再需要的项目可选中该项目后单击"删除"按钮删除。

（5）建立"退出系统"切换面板项来实现退出应用系统的功能。在"编辑切换面板页"对话框中，单击"新建"按钮，弹出"编辑切换面板项目"对话框，在"文本"文本框中输入"退出系统"，在"命令"下拉列表中选择"退出应用程序"选项，如图9-17所示。

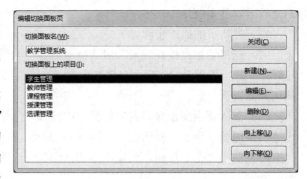

图9-16　编辑切换面板页

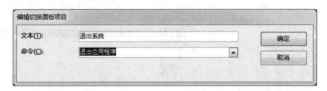

图9-17　编辑"退出系统"切换面板项目

（6）单击"确定"按钮。这样，"教学管理系统"切换面板就创建好了。

（7）单击"关闭"按钮，返回"切换面板管理器"对话框。

6．为切换面板上的切换项设置相关内容

"教学管理系统"切换面板页上已加入了切换项目，但是"教师管理""学生管理""选课管理"等其他切换面板页上的切换项还未设置，这些切换面板页上的切换项目直接实现系统的功能。例如，"选课管理"切换面板页上应有"选课成绩维护""选课成绩统计""选课成绩查询"和"选课成绩打印"等4个切换项目。其中"选课成绩查询"切换项可通过打开的"选课成绩查询"窗体，实现对某学生选课成绩的查询功能。下面为"选课管理"切换面板页创建一个"选课成绩查询"切换面板项，该项打开"选课成绩查询"窗体。

（1）在"切换面板管理器"对话框中，选中"选课管理"切换面板页，然后单击"编辑"按钮，弹出"编辑切换面板页"对话框。

（2）在该对话框中，单击"新建"按钮，弹出"编辑切换面板项目"对话框。

（3）在"文本"文本框中键入"选课成绩查询"，在"命令"下拉列表中选择'在"编辑"模式下打开窗体'选项，在第3行的"窗体"下拉列表中选择"选课成绩查询"窗体，如图9-18所示。

图9-18　编辑"选课成绩查询"切换面板项目

（4）单击"确定"按钮。

对于其他切换面板项的创建，方法完全相同。

在每个切换面板页中都应创建"返回主菜单"的切换项，这样才能保证各个切换面板页之间进行相互切换。

创建完成后，在"窗体"对象下会产生一个名为"切换面板"的窗体，双击该窗体，即可看到图 9-19（a）所示的"教学管理系统"启动窗体，单击该窗体中的"选课管理"菜单项，即可看到图 9-19（b）所示的"选课管理"窗体，单击图 9-19（b）所示窗体中的"选课成绩查询"菜单项，即可看到图 6-19（c）所示的"选课成绩查询"窗体，如图 9-19 所示。

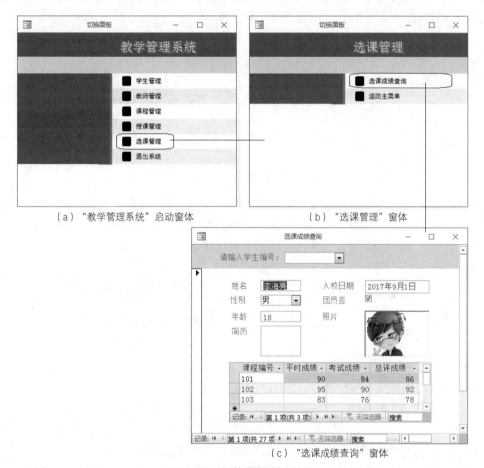

（a）"教学管理系统"启动窗体　　　　（b）"选课管理"窗体

（c）"选课成绩查询"窗体

图 9-19　切换面板创建结果

为了方便使用，可将所建窗体名称由"切换面板"改为"教学管理系统"。

9.2.2　使用导航窗体创建应用系统控制界面

切换面板管理器工具虽然可以直接将数据库中的各类对象集成在一起，形成一个操作简单、方便的应用系统。但是，其创建过程要求使用者设计每一个切换面板页及每页上的切换面板项，还要设计切换面板页之间的关系，创建过程相对复杂，缺乏直观性。Access 2016 提供了一种称为导航窗体的窗体。在导航窗体中，可以选择导航按钮的布局，可以在所选布局上直接创建导航按钮，并通过这些按钮将已建的数据库对象集成在一起形成数据库应用系统。使用导航窗体创建应用系统控制界面更简单、更直观。

例9-2 使用导航窗体创建"教学管理系统"控制界面。

下面以图9-2所示"教学管理"系统功能图为基础，创建"教学管理系统"控制界面。

操作步骤如下。

（1）单击"创建"选项卡，单击"窗体"组中的"导航"按钮 🗔，从弹出的下拉列表中选择所需的窗体样式，本例选择"水平标签和垂直标签，左侧"选项，进入导航窗体的"布局视图"。

依照图9-2所示功能，将一级功能放在水平标签上，将二级功能放在垂直标签上。

（2）在水平标签上添加一级功能。单击上端的"新增"按钮，输入"学生管理"。使用相同方法创建"教师管理""课程管理""选课管理"和"授课管理"按钮，如图9-20所示。

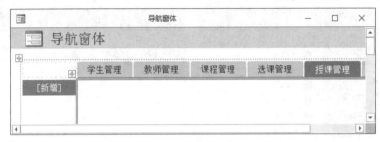

图9-20　在水平标签上添加一级功能

（3）在垂直标签上添加二级功能，如创建"选课管理"的二级功能按钮。单击"选课管理"按钮，单击左侧"新增"按钮，输入"选课成绩维护"。使用相同方法创建"选课成绩统计""选课成绩查询"和"选课成绩打印"等按钮，如图9-21所示。

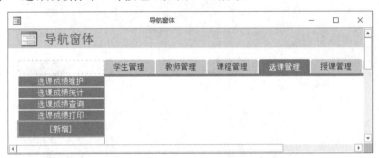

图9-21　在垂直标签上添加二级功能

（4）为"选课成绩查询"添加功能。"选课成绩查询"导航按钮的功能是打开"选课成绩查询"窗体。打开的窗体可以单独显示，也可以嵌入在导航窗体内显示。

设置单独显示的方法是：右键单击"选课成绩查询"导航按钮，从弹出的快捷菜单中选择"属性"命令，打开"属性表"对话框；在"属性表"对话框中，单击"事件"选项卡，单击"单击"事件右侧下拉箭头按钮，从弹出的下拉列表中选择已建宏"打开选课成绩查询窗体"，设置结果如图9-22所示（也可以为该事件创建事件代码，参见第8章）。

设置嵌入在导航窗体内显示的方法是：在打开的"属性表"对话框中，单击"数据"选项卡，单击"导航目标名称"右侧下拉箭头按钮，从弹出的下拉列表中选择"窗体.选课成绩查询"，设置结果如图9-23所示。使用相同方法设置其他导航按钮的功能。

图9-22　设置单独显示窗体

（5）修改导航窗体标题。此处可以修改两个标题，一是修改导航窗体上方的标题，选中导航窗体上方显示"导航窗体"文字的标签控件，在"属性表"中单击"格式"选项卡，在"标题"栏中输入"教学管理系统"，如图 9-24 所示。二是修改导航窗体标题栏上的标题，在"属性表"对话框中，单击上方对象下拉列表框右侧下拉箭头按钮，从弹出的下拉列表中选择"窗体"对象，单击"格式"选项卡，在"标题"栏中输入"教学管理系统"，如图 9-25 所示。

图 9-23　设置嵌入在导航窗体内显示

图 9-24　设置导航窗体上方标题

图 9-25　设置导航窗体标题栏上标题

（6）切换到窗体视图，如果设置为单独显示窗体，那么单击"选课成绩查询"导航按钮，将会弹出"选课成绩查询"窗体，运行效果如图 9-26 所示。如果设置为嵌入在导航窗体内显示，那么单击"选课成绩查询"导航按钮，运行效果如图 9-27 所示。

图 9-26　单独显示窗体的运行效果

使用布局视图创建和修改导航窗体更直观、更方便。因为在这种视图中，窗体处于运行状态，创建或修改窗体的同时可以看到运行的效果。

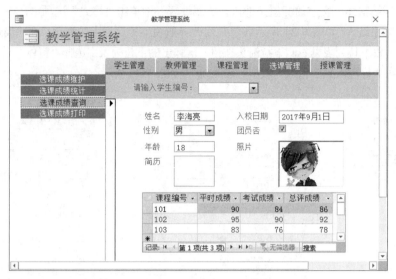

图 9-27　嵌入在导航窗体内显示的运行效果

9.3　创建具有个人风格的应用系统控制界面

切换面板管理器和导航窗体虽然具有操作简单、方便等优点，但所建应用系统界面单一，缺乏灵活性、自主性和创造性，无法完全按照开发者意愿，建立属于自己喜好和需要的系统画面。本节将介绍如何创建具有个人风格的应用系统控制界面。

9.3.1　使用多页窗体实现系统控制

这里介绍一种使用多页窗体创建应用系统菜单的方法。这种方法从一定程度上能够解决使用切换面板管理器和导航窗体产生的问题，弥补这些工具的不足。

例 9-3　利用多页窗体创建"教学管理系统"系统控件菜单。

"教学管理系统"由 5 大功能模块组成，可将这 5 个功能通过主控窗体中的选项卡来体现。操作人员通过选择不同的选项卡进入不同的功能模块，再通过选项卡中的不同命令按钮进入下一级子模块。主控窗体中的 4 个主要选项卡界面如图 9-28 所示。

从图 9-28 可以看出，主控窗体中使用了选项卡、标签、命令按钮和图像等控件。其中，标签和图像的添加及对其属性的设置方法与第 5 章介绍的相同，这里重点介绍如何使用选项卡创建多页窗体。

操作步骤如下。

（1）打开窗体设计视图。

（2）单击"窗体设计工具/设计"选项卡下"控件"组中的"选项卡控件"按钮 ，在窗体上单击要放置选项卡的位置，这时 Access 将在窗体中自动添加具有两页的选项卡，如图 9-29 所示。

（3）用鼠标右键单击"页 2"，在弹出的快捷菜单中选择"插入页"命令，这时在选项卡上插入了一页。重复此步操作，再插入两页。

（4）单击"页 1"，再单击"属性表"对话框中的"格式"选项卡（如果"属性表"对话框没有打开，单击"工具"组中的"属性表"按钮），并在"标题"行中输入"学生管理"。使用相同方法在第 2 页、第 3 页、第 4 页和第 5 页的"标题"行中输入"教师管理""课程管理""选课管理"和"授课管理"。

图 9-28　主控窗体中的 4 个主要选项卡界面

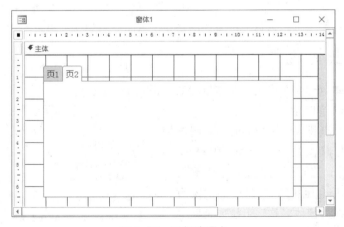

图 9-29　添加选项卡

（5）选中"选项卡"控件，并设置选项卡的属性值，如图 9-30 所示。

（6）单击第 1 页，在适当的位置放置一幅图片，并设置相应的属性。在页面的适当位置放置 3 个命令按钮，在设置命令按钮的过程中，根据其要打开的窗体、报表或运行的宏进行设置和选择，具体方法参见 5.3.3 节和第 7 章相关内容。

（7）用相同方法在第 2 页、第 3 页、第 4 页和第 5 页上放置相应的图片和命令按钮。

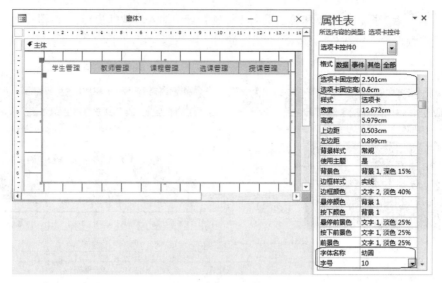

图 9-30　设置选项卡属性值

（8）保存窗体，并命名为"教学管理系统主控界面"。

9.3.2　利用宏创建系统的快捷菜单

利用宏创建系统的快捷菜单时应先为每个二级菜单创建宏；再将所建二级菜单的宏组合到快捷菜单宏中，并执行"用宏创建快捷菜单"命令；最后将所建宏应用于系统控制界面中。

例 9-4　利用宏创建"教学管理系统"系统控制的快捷菜单。

根据图 9-2 所示功能可知，系统的快捷菜单共有 5 项，分别是"学生管理""教师管理""选课管理""课程管理"和"授课管理"。每个菜单命令下有其相应的功能。例如，"学生管理"项下的功能为"学生信息维护""学生信息查询"和"学生信息打印"，每个功能打开相应的查询、窗体或报表。假定相应的查询、窗体或报表均已建立。下面介绍如何利用宏创建系统的快捷菜单。

1. 创建系统二级菜单宏

为每个二级菜单创建一个宏组。操作步骤如下。

（1）打开宏设计窗口。

（2）单击"添加新操作"下拉列表框右侧下拉箭头按钮，从弹出的下拉列表中选择"Submacro"宏操作，在"子宏"文本框中输入子宏的名称"学生信息维护"，在块中添加宏操作"OpenForm"，在"窗体名称"下拉列表框中选择要打开的学生信息维护相关的窗体。

（3）使用相同方法添加"学生信息查询"和"学生信息打印"两个子宏，操作分别为：打开"学生情况"查询和打开"学生"报表。

（4）保存该宏，并命名为"系统菜单_学生管理"。设置结果如图 9-31 所示。

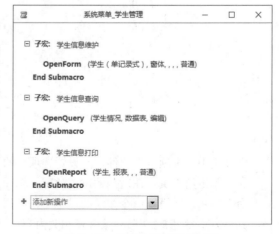

图 9-31　二级菜单项设置结果

（5）按图 9-2 所示"教学管理"系统功能组成图，使用上述方法创建其他宏，宏名分别为"系统菜单_教师管理""系统菜单_课程管理""系统菜单_选课管理"和"系统菜单_授课管理"。

2．创建系统菜单宏

完成二级菜单制作后，接下来需要创建一个系统菜单宏，将二级菜单宏组合在一起。操作步骤如下。

（1）打开宏设计窗口。

（2）向宏中添加"Submacro"宏操作，设置子宏的名称为"学生管理"。在块中添加"AddMenu"宏操作，在"菜单名称"文本框中输入"学生管理"；在"菜单宏名称"下拉列表框中选择"系统菜单_学生管理"；在"状态栏文字"文本框中输入"学生基本信息的维护与使用"，如图 9-32 所示。

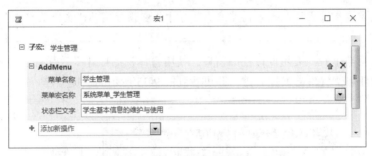

图 9-32　设置"学生管理"子宏

（3）使用上述方法设置"教师管理""课程管理""选课管理"和"授课管理"菜单项。

（4）保存该宏，并命名为"系统菜单"。设置结果如图 9-33 所示。

3．创建系统的快捷菜单

创建了二级菜单及菜单项的宏后，下一步需要创建系统的快捷菜单，也就是说针对"系统菜单"宏，执行一次"用宏创建快捷菜单"命令。但是，由于功能区中没有显示出此命令，因此需要按照 9.2.1 节介绍的添加"切换面板管理器"工具的方法，先将"用宏创建快捷菜单"命令添加到功能区中，然后再按下面所述步骤进行操作。

假设已将"用宏创建快捷菜单"命令添加到"数据库工具"的"创建菜单"组中，如图 9-34 所示。其中，"创建菜单"组为自定义组。

图 9-33　"系统菜单"宏设置结果

图 9-34　在功能区中添加"用宏创建快捷菜单"命令

（1）在导航窗格的"宏"组中，单击"系统菜单"宏。

（2）单击"数据库工具"选项卡，单击"创建菜单"组中的"用宏创建快捷菜单"命令。

至此，完成了系统快捷菜单的创建，但是要使该快捷菜单能在窗体运行时被激活，还应对相关窗体的"快捷菜单栏"属性进行设置。这里通过"教学管理系统主控界面"窗体激活该菜单。

4．设置窗体"快捷菜单栏"属性

（1）用设计视图打开"教学管理系统主控界面"窗体。

（2）打开"属性表"对话框，在属性表上方选定"窗体"对象，然后单击"其他"选项卡，将"快捷菜单栏"属性设置为"系统菜单"宏。

该宏应在设置该属性之前建立，这样才能在设置窗体"快捷菜单栏"属性时选择它。

完成上述所有操作后，关闭设计视图窗口。使用窗体视图打开"教学管理系统主控界面"窗体，在该窗体的任何位置单击鼠标右键，即可看到图 9-35 所示的快捷菜单。

图 9-35　快捷菜单显示效果

9.4　设置应用系统启动属性

无论使用上述哪种方法创建系统控制界面，运行时 Access 都会首先进入 Access 界面。若希望在打开所建数据库应用系统时直接自动运行系统，需要设置应用系统启动属性。

例 9-5　设置"教学管理系统"启动属性。要求启动应用程序标题为"教学管理系统"，启动窗体为"教学管理系统主控界面"窗体。

操作步骤如下。

（1）打开"教学管理"数据库。

（2）打开"Access 选项"对话框。

（3）设置窗口标题栏显示信息。在左侧窗格中，单击"当前数据库"选项，在右侧窗格"应用程序标题"文本框中输入"教学管理系统"，这样在打开数据库时，在窗口的标题栏上会显示"教学管理系统"。

（4）设置窗口图标。如果需要，可单击"应用程序图标"文本框右侧的"浏览"按钮，找到所需图标所在的位置，并将其打开，这样将会用该图标代替 Access 图标。

（5）设置自动打开的窗体。在"显示窗体"下拉列表中，选择"教学管理系统主控界面"窗体，将该窗体作为启动后显示的第 1 个窗体，这样在打开"教学管理"数据库时，Access 会自动打开"教学管理系统主控界面"窗体，对于需要直接使用数据库应用系统的用户来说，这项功能非常重要。

（6）取消选中的"显示导航窗格"复选框，这样在下一次打开数据库时，导航窗格将不再出现，如图 9-36 所示。单击"确定"按钮。

图 9-36 设置"教学管理系统"启动属性

还可以设置取消选中的"允许默认快捷菜单"和"允许全部菜单"复选框。设置完成后，重新启动数据库，当再次打开"教学管理"数据库时，系统将自动打开"教学管理系统主控界面"窗体。

当某一数据库应用系统设置了启动窗体，在打开数据库应用系统时若想终止自动运行的启动窗体，可在打开这个数据库应用系统的过程中按住 Shift 键。

习 题 9

一、问答题

1. 数据库应用系统的开发过程分为几个阶段？每个阶段的主要工作是什么？
2. 系统测试的目的是什么？

3. 在功能区中如何添加切换面板管理器？

4. 试比较各种创建系统菜单方法的异同点。

5. 若想在打开所建数据库应用系统时自动运行系统，应做何种设置？

二、选择题

1. 在系统开发过程中，数据库设计所处的阶段是（　　　）。

    A．系统规划　　　　B．系统分析　　　　C．系统设计　　　　D．系统实施

2. 打开窗体的宏操作命令是（　　　）。

    A．OpenForm　　　B．OpenReport　　　C．OpenTable　　　D．OpenView

3. 创建系统的快捷菜单，主要是通过创建（　　　）来实现。

    A．窗体　　　　　　B．宏　　　　　　　C．菜单　　　　　　D．切换面板

4. 在打开数据库应用系统过程中，若想终止自动运行的启动窗体，应按住的键/组合键是（　　　）。

    A．Ctrl　　　　　　B．Shift　　　　　　C．Alt　　　　　　D．Alt+Shift

5. 若将"切换界面"窗体作为系统的启动窗体，应在（　　　）对话框中进行设置。

    A．Access 选项　　B．启动　　　　　　C．打开　　　　　　D．设置

三、填空题

1. 结构化生命周期法将整个系统开发过程划分为系统规划、_____、_____、系统实施、系统运行与维护等 5 个阶段。

2. 系统分析主要解决系统"_____"。

3. 创建系统快捷菜单应使用"_____"命令。

4. 若在系统启动窗体标题栏上显示"教学管理系统"，应在"_____"对话框的"应用程序标题"文本框中输入"教学管理系统"。

5. 在打开数据库应用系统过程中按住_____键，可终止自动运行的启动窗体。

实　验　9

一、实验目的

1. 了解数据库应用系统的开发过程。

2. 掌握创建数据库应用系统控制界面和控制菜单的方法。

3. 了解启动属性的含义，掌握设置应用系统启动属性的方法。

二、实验内容

1. 阅读实验 1 给出的某图书大厦"图书销售管理"业务描述和用户需求，以实验 1～实验 8 的实验内容为基础，按照本章介绍的开发过程，进行系统分析，并设计"图书销售管理系统"的功能结构，画出功能图。

2. 根据功能图，选择一种创建系统控制界面的方法，将前 8 章实验结果集成在一起，形成"图书销售管理系统"。

3．对"图书销售管理系统"进行适当设置，使其在运行时，自动进入系统主界面。

三、实验要求

1．运行创建的系统并查看结果。

2．记录上机时出现的问题及解决方法。

3．编写上机报告，报告内容包括如下。

（1）实验内容：实验题目与要求。

（2）分析与思考：实验过程、实验中遇到的问题及解决办法，实验的心得与体会。

4．将所建系统和实验报告以电子版形式上交。

无论使用何种软件，都希望有一个良好、方便的操作环境，使用 Access 也不例外。事实上，Access 在很大程度上提供了自定义操作环境的功能和手段，可以根据工作性质和操作对象定义功能区，可以根据需要设置用户界面选项、用户应用程序启动选项、数据表视图的格式、文本与数字的字体等众多环境参数。

Access 的环境参数主要是通过 "Access 选项" 对话框来设置。在 "文件" 选项卡界面左侧窗格中单击 "选项" 命令，弹出图 A-1 所示的 "Access 选项" 对话框。

图 A-1 "Access 选项" 对话框

1. "常规" 类别

"常规" 类别为 Access 数据库设置常规选项。例如，指定一些用户界面如何显示？使用哪种默认文件格式创建空白数据库？数据库文件夹位于数据库用户计算机中的哪个位置等。

"常规" 类别分为 "用户界面选项" "创建数据库" 和 "对 Microsoft Office 进行个性化设置"

3 个组。

（1）"用户界面选项"组

"用户界面选项"组主要包括启用实时预览、屏幕提示样式和禁用硬件图形加速 3 项。

① 如果选择了"启用实时预览"选项，那么可以在当鼠标指向不同选项上时，显示文档的预览效果。

② "屏幕提示样式"选项的作用是当鼠标指向功能区上的某命令或选项时，显示其相关的用途及该选项可用的键盘快捷方式。显示内容可以通过选择"屏幕提示样式"下拉列表框中的选项来确定。如果选择了"在屏幕提示中显示功能说明"选项，那么当鼠标指向功能区中的某按钮或选项时，将显示其说明。如果选择了"不在屏幕提示中显示功能说明"选项，可以看到选项或功能的名称，但看不到说明。如果选择了"不显示屏幕提示"选项，那么当鼠标指向功能区中的某按钮或选项时，不会显示其名称或说明。如果选中了"在屏幕提示中显示快捷键"复选框，则在选择上述选项时，同时显示快捷键。

③ 可以通过"禁用硬件图形加速"确定是否使用计算机的图形加速功能。如果选择了"禁用硬件图形加速"选项，Access 将无法使用计算机中的图形加速功能提高性能。

（2）"创建数据库"组

"创建数据库"组主要包括空白数据库的默认文件格式、默认数据库文件夹和新建数据库排序次序 3 项。设置了这 3 个选项后，任何新创建的数据库都将遵循默认选项。

① 如果数据库由多个用户共享，应考虑其他用户计算机上可用的 Access 版本，以方便其他用户的访问。此时可以通过设置"空白数据库的默认文件格式"来确定每次创建新数据库时 Access 使用的文件格式。默认的格式包括"Access 2000""Access 2002～2003"和"Access 2007～2016"。

② 若要设置或更改"默认数据库文件夹"文本框中用于存储新数据库和文件的默认文件夹，可输入该文件夹名称，或单击"浏览"找到该文件夹。

③ 选择"新建数据库排序次序"，可以更改默认字母排序次序。默认设置是"常规"。若要重置现有数据库的排序次序，可选择要使用的语言，然后在该数据库上运行压缩操作。

完成上述设置后，必须关闭数据库，然后再重新打开数据库，指定的选项才能生效。

2．"当前数据库"类别

"当前数据库"类别用于对当前打开的数据库，定义对象窗口的显示方式、启用键盘快捷方式，以及启用自动更正选项等。"当前数据库"类别可设置的部分内容如图 A-2 所示。

"当前数据库"类别分为"应用程序选项""导航""功能区和工具栏选项""名称自动更正选项""筛选查阅选项××××数据库"和"正在缓存 Web 服务和 SharePoint 表格"6 个组。

（1）"应用程序选项"组

① 为当前数据库自定义选项。可以为当前应用程序或数据库快速自定义的一些功能包括：如何显示应用程序名称和徽标、如何显示对象窗口，以及如何管理文件。当前数据库自定义内容及说明如表 A-1 所示。

② 设置对象窗口的显示方式。在 Access 中，对象窗口的显示方式，既可以将所有对象都在单独的窗口中打开，也可以将所有打开的对象显示在沿对象窗口顶部排列的一组选项卡中。对象窗口显示方式的设置内容及说明如表 A-2 所示。

表 A-1　　　　　　　　　　　　　　　　当前数据库自定义内容及说明

设 置 内 容	说 明
应用程序标题	指定要在当前数据库的窗口标题栏中显示的名称
应用程序图标	为当前数据库选择图标。可以输入图像文件的名称，也可以单击"浏览"按钮，定位图像文件。所选图标将显示在窗口标题栏中
用作窗体和报表图标	选择了此选项，应用程序图标将显示在当前数据库的所有窗体和报表选项卡中。如果未启用文档选项卡，则不会显示该图标
显示窗体	指定当前数据库打开时显示的窗体。如果不希望打开数据库时显示任何窗体，则保留默认设置"（无）"
Web 显示窗体	选择了此选项，将允许用户设置、更改或删除网站上显示的窗体
显示状态栏	选择了此选项，将在 Access 工作区的底部显示状态栏

图 A-2　　"当前数据库"类别

表 A-2　　　　　　　　　　　　　　　　对象窗口显示方式的设置内容及说明

设 置 内 容	说 明
重叠窗口	选择了此选项，多个打开的对象将以单独的窗口重叠显示（一个对象在另一个对象上方）
选项卡式文档	选择了此选项，一次只能看到一个对象，即使打开多个对象也是如此。可以使用"选项卡式文档"设置，而不显示文档选项卡。当用户需要一次使用一个对象时，此设置很有用
显示文档选项卡	选择了"选项卡式文档"选项，可以显示所有打开对象的选项卡
在窗体上使用应用了 Windows 主题的控件	选择了此选项，在当前数据库中的窗体和报表的控件上将使用所设的 Windows 主题

设 置 内 容	说 明
启用布局视图	选择了此选项，用鼠标右键单击 Access 状态栏和对象选项卡，在弹出快捷菜单中将显示"布局视图"命令。如果清除此选项，用户将无法在布局视图中打开窗体和报表。注意，清除此选项后，在"视图"组或任何快捷菜单中将不会提供"布局视图"选项
为数据表视图中的表启用设计更改	选择了此选项，将允许从数据表视图更改表的设计
检查截断的数字字段	选择了此选项，如果列太窄无法显示整个值，Access 会将数字显示为"#####"。如果不选择此此选项，将根据适合列宽的内容截断列中的可见值
保留原图像格式（文档大小）	选中了此选项，Access 以原始格式存储图像。选中此选项可以减小数据库的大小
将所有图片数据转换成位图（与 Access 2003 和更早的版本兼容）	选中了此选项，Access 以 Windows 位图或与设备无关的位图格式创建原始图像文件的副本。选中此选项可以查看用 Office Access 2003 和早期版本创建数据库中的图像

③ 启用 Access 键盘快捷方式（快捷键）。选择了"使用 Access 特殊键"选项，用户就能够在当前数据库中使用表 A-3 所示的快捷键。

表 A-3　　　　　　　　　　　　　快捷键及操作说明

键/组合键	操 作 说 明
F11	显示或隐藏导航窗格
Ctrl+G	在 Visual Basic 编辑器中显示"立即"窗口
Alt+F11	启动 Visual Basic 编辑器
Ctrl+Break	使用 Access 项目时，按该组合键会使 Access 停止从服务器上检索记录

④ 为当前数据库设置文件管理选项。这些文件管理设置仅应用于选择这些选项时已打开的数据库。设置内容及相关说明如表 A-4 所示。

表 A-4　　　　　　　　　　　文件管理选项设置内容及说明

设 置 内 容	说 明
关闭时压缩	选择了此选项，将在关闭数据库时自动对数据库进行压缩
保存时从文件属性删除个人信息	选择了此选项，将在保存文件时自动从文件属性中删除个人信息

（2）"导航"组

为当前数据库选择导航选项的设置内容及说明如表 A-5 所示。

表 A-5　　　　　　　　　　　导航选项设置内容及说明

设 置 内 容	说 明
显示导航窗格	如果清除此选项，则打开当前数据库时将不显示导航窗格
导航选项	选择了此选项，可以更改导航窗格中显示的类别和组，并设置有关对象在当前数据库中打开的方式

（3）"功能区和工具栏选项"组

为当前数据库设置功能区和工具栏的选项设置内容及说明如表 A-6 所示。

表 A-6   功能区和工具栏选项设置内容及说明

设 置 内 容	说　　明
功能区名称	为自定义功能区组选择名称
快捷菜单栏	设置或更改快捷菜单的默认菜单栏
允许全部菜单	如果清除此复选框，功能区上将只显示"开始"选项卡。此外，当单击"文件"选项卡时，"保存"和"另存为"命令将不可用
允许默认快捷菜单	打开或关闭右键单击导航窗格中的数据库对象或者右键单击窗体或报表上的控件时弹出的快捷菜单。注意，必须关闭并重新打开当前数据库后，指定的选项才能生效

（4）"名称自动更正选项"组

"名称自动更正"选项要求 Access 跟踪和更正窗体、报表和查询中的字段名称引用。可以为当前数据库设置如表 A-7 所示的选项。

表 A-7   跟踪和更正当前数据库中的字段名称的设置内容及说明

设 置 内 容	说　　明
跟踪名称自动更正信息	选择此选项，Access 将会存储更正命名错误所需的信息。允许使用"对象相关性"功能。但是，在选择"执行名称自动更正"选项之前，Access 不会修复错误
执行名称自动更正	选择了此选项，Access 将会在发生命名错误时修复错误。如果选择"跟踪名称自动更正信息"选项并将此选项保留为空，那么 Access 将存储所有错误数据，直到选择此选项
记录名称自动更正的更改	Access 会记录在修复名称错误时对数据库所做的更改。Access 将数据保存在名为 AutoCorrect.log 的表中

（5）"筛选查阅选项××××数据库"组

"××××"为打开的数据库名。为当前数据库设置筛选选项的内容及相关说明如表 A-8 所示。

表 A-8   筛选选项的设置内容及说明

设 置 内 容	说　　明
局部索引字段	选择了此选项，将显示"按窗体筛选"窗口中值列表的局部索引字段中的值
局部非索引字段	包括"按窗体筛选"窗口中显示的值列表的局部非索引字段中的值
ODBC 字段	包括使用"开放式数据库连接"链接到的表中的值
读取的记录超过以下数目时不显示列表	如果完成列表所需的记录数超过指定的数量，则不会显示值列表。即使未对值列表的字段进行索引，所有值列表也仅包含唯一的值，默认值为 1000

3．"数据表"类别

如果希望 Access 数据库中的所有数据表自动使用特定的格式来显示，可以在"数据表"类别中更改默认的格式设置，如图 A-3 所示。

"数据表"类别分为"网格线和单元格效果"和"默认字体"2 个组。

（1）"网格线和单元格效果"组

① 更改"默认网格线显示方式"。在默认情况下，数据表上的每个单元格都会显示水平和垂直边框或网格线。但是，如果需要，可以通过更改选项设置不显示任何网格线或只显示水平或垂直网格线。

图 A-3 设置"数据表"类别

从"默认网格线显示方式"中清除"水平"复选框,可以隐藏水平网格线;清除"垂直"复选框,可以隐藏垂直网格线。如果同时清除这两个选项,则数据表不会显示网格线。

② 设置"默认单元格效果"。单元格效果中给出了单元格的各种样式。默认设置为"平面",也可以根据需要将其更改为"凸起"或"凹陷"。

③ 设置默认列宽。使用此选项,可以为 Access 数据库中的所有数据表中的列设置默认宽度。

(2)"默认字体"组

可以根据需要设置数据表中文本的磅值、粗细和样式。

4."对象设计器"类别

"对象设计器"类别主要用来更改用于 Access 数据库对象的默认设置,设置内容如图 A-4 所示。

图 A-4 "对象设计器"类别设置内容

"对象设置器"类别分为"表设计视图""查询设计""窗体/报表设计视图"和"窗体和报表设计视图中的错误检查"4 个组。

（1）"表设计视图"组

"表设计视图"组中有为表创建的默认自定义设置选项，设置内容及说明如表 A-9 所示。

表 A-9　　　　　　　　　　　　"表设计视图"组的设置内容及说明

设 置 内 容	说　　　明
默认字段类型	设置或更改新表中字段及添加到现有表中字段的默认数据类型。默认数据类型为"文本"
默认文本字段大小	设置可以为所选的默认字段类型输入的最大字符数。不能超过默认最大值 255 个字符
默认数字字段大小	为"数字"数据类型设置或更改整数类型
在导入/创建时自动索引	输入字段名称的开始和结束字符。从外部文件导入字段或将字段添加到表时，自动索引其名称与此处输入的字符匹配的所有字段。注意，使用分号分隔字符串
显示属性更新选项按钮	选中此选项后，会显示"属性更新选项"按钮。更改表中字段的属性时会显示此按钮；更改表设计中的某些字段属性时，会出现一个支持自动更新查询、窗体和报表中相关属性的智能标记

（2）"查询设计"组

从"查询设计"组中选择选项后，Access 会自动将设计元素添加到新查询中，设置内容及说明如表 A-10 所示。

表 A-10　　　　　　　　　　　　"查询设计"组的设置内容及说明

设 置 内 容	说　　　明
显示表名称	当需要跟踪基于几个表的查询中的字段源时，可以选择此选项。选中此选项后，Access 会显示查询设计网格中的"表"行。若要只隐藏与新查询相对应的行，应清除此选项。注意，如果打开以前显示过表名称的现有查询，则 Access 会重写此选项
输出所有字段	选中此选项后，Access 将向查询添加一个 Select *语句。该语句会使用给定的查询在基础表或查询中检索所有字段。如果只想看使用查询设计器时添加的字段，应清除此复选框。注意，此选项仅适用于使用 Access 的当前实例创建的新查询
启用自动连接	如果使用查询设计器，则选择此选项可自动在两个表之间创建一个内部连接。若要自己定义关系，应清除此选项。注意，若要使此设置生效，两个表必须共有一个具有相同名称和数据类型的字段，并且其中一个字段必须是主键
查询设计字体	"字体"：设置查询设计器中使用的默认字体 "字号"：设置查询设计中使用的默认字体的大小
SQL Server 兼容语法（ANSI 92）	当对 Microsoft SQL Server 数据库运行查询时，应选择此选项。选中此选项后，必须对所有查询使用 ANSI-92 语法。使用旧的 ANSI-89 标准（Access 的默认语法）编写的查询可能无法运行，或者可能返回意外的结果。 "新数据库的默认设置"：选中此选项，可使 ANSI-92 成为所有使用 Access 的当前实例创建的新数据库的默认查询语法

（3）"窗体/报表设计视图"组

设计窗体或报表时，这些选项可以定义在拖动矩形选择任意一个或多个控件时的选择行为。

选择的设置适用于所有打开或未打开的 Access 数据库，而且还适用于将来创建的数据库，设置内容及说明如表 A-11 所示。

表 A-11　　　　　　　　　　"窗体/报表设计视图"组的设置内容及说明

设 置 内 容	说　　　明
部分包含	选择矩形包含一个控件或一组控件的一部分
全部包含	选择矩形完全包含一个控件或一组控件
窗体模板	若要更改默认设置，应输入要用作所有新窗体模板的现有窗体的名称。从模板创建的窗体将具有与模板相同的节和控件属性
报表模板	若要更改默认设置，应输入要用作所有新报表模板的现有报表的名称。新报表将具有与模板相同的节和控件属性
始终使用事件过程	启动 Visual Basic 编辑器，而不显示"选择生成器"对话框。默认情况下，该对话框会在单击任何事件的属性表时出现

（4）"窗体和报表设计视图中的错误检查"组

默认情况下，这些错误检查设置处于选中状态，以便 Access 能够自动检查窗体和报表设计中的各种错误。但如果需要，可以清除不需要的选项，设置内容及说明如表 A-12 所示。

表 A-12　　　　　　"窗体和报表设计视图中的错误检查"组的设置内容及说明

设 置 内 容	说　　　明
启用错误检查	在窗体和报表中启用或禁用错误检查。Access 将在出现一种或多种错误类型的控件中放入错误指示器。这些指示器在控件的左上角或右上角显示为三角形，具体取决于所设置的默认文本方向。默认的指示器颜色为绿色，但是可以更改它以符合需要。错误检查默认情况下是启用的，清除此复选框将为数据库禁用错误检查
检查未关联标签和控件	当选择某个控件和标签时，Access 将检查以确保所选对象彼此关联。如果 Access 发现错误，则会出现"追踪错误"按钮而不是通常出现的错误指示器。此外，即使该标签或控件已与另一个对象关联，"追踪错误"按钮也会出现
检查新的未关联标签	此设置仅适用于窗体和选中状态，使 Access 可以检查所有新标签，以确保它们与某个控件关联
检查键盘快捷方式错误	Access 检查重复的键盘快捷方式和无效的快捷方式（如空白字符），并提供可选快捷方式的列表。此设置仅适用于窗体
检查无效控件属性	Access 检查控件的无效属性设置，如无效的表达式或字段名称
检查常见报表错误	Access 检查报表中的常见错误，如无效的排序次序或大于选定纸张大小的宽度。此设置仅适用于报表
错误指示器颜色	设置或更改在窗体、报表或控件遇到错误时出现的错误指示器的颜色

5．"自定义功能区"类别

使用"Access 选项"对话框中的"自定义功能区"类别，可以对功能区进行个性化设置。例如，可以创建自定义选项卡和自定义组来包含所需的命令。这里需要注意的是，需要添加的命令只能放置在自定义的选项卡和自定义组中。不能更改 Microsoft Office 中内置的默认选项卡和组。

例如，将"切换面板管理器"添加到"数据库工具"选项卡中。操作步骤如下。

（1）单击"文件"选项卡，然后在左侧窗格中，单击"选项"命令。

（2）在弹出的"Access 选项"对话框左侧窗格中，单击"自定义功能区"类别，这时右侧窗格显示出自定义功能区的相关内容，如图 A-5 所示。

图 A-5　自定义功能区

（3）在右侧窗格"自定义功能区"下拉列表框下方列表框中，单击"数据库工具"选项，然后单击"新建组"按钮，如图 A-6 所示。

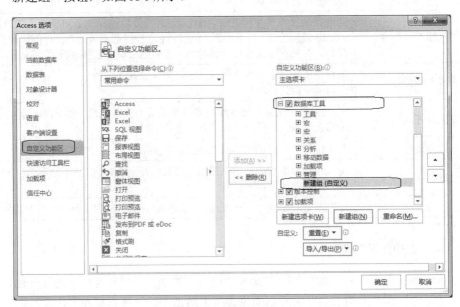

图 A-6　添加"新建组"

（4）单击"重命名"按钮，弹出"重命名"对话框，在"显示名称"文本框中输入"切换面板"作为"新建组"名称，选择一个合适的图标，如图 A-7 所示，单击"确定"按钮。

（5）单击"从下拉位置选择命令"下拉列表框右侧下拉箭头按钮，从弹出的下拉列表中选择"不在功能区中的命令"选项；在其下方列表框中选择"切换面板管理器"，如图 A-8 所示。

（6）单击"添加"按钮，然后单击"确定"按钮，关闭"Access 选项"对话框。

这样"切换面板管理器"命令被添加到"数据库工具"选项卡的"切换面板"组中，修改后的功能区如图 A-9 所示。

图 A-7 为"新建组"命名及选择图标

6. "快速访问工具栏"类别

"快速访问工具栏"位于 Access 窗口标题栏左侧，它提供了对"保存""撤销""恢复"等常用命令的快速访问。快速访问工具栏是一个可自定义的工具栏，用户可以根据需要向快速访问工具栏中添加命令按钮。

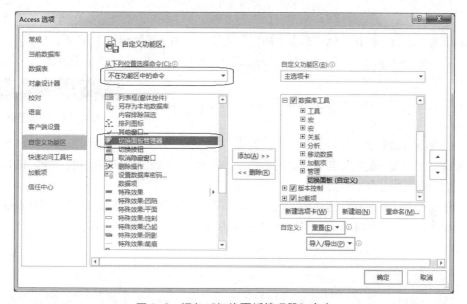

图 A-8 添加"切换面板管理器"命令

图 A-9 修改后的功能区

例如，向快速访问工具栏添加"关闭数据库"命令，操作步骤如下。

（1）在"Access 选项"对话框左侧窗格中，单击"快速访问工具栏"类别，这时右侧窗格显示出快速访问工具栏的相关内容。

（2）在右侧窗格"从下列位置选择命令"下拉列表框中选择"常用命令"；在下方列表框中选择"关闭数据库"，如图 A-10 所示。

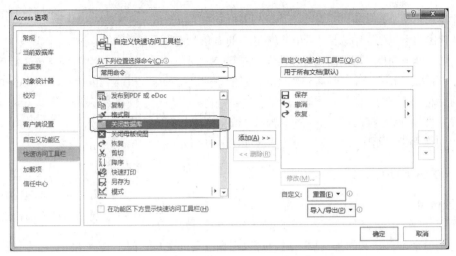

图 A-10　选择"关闭数据库"命令

（3）单击"添加"按钮，然后单击"确定"按钮，添加结果如图 A-11 所示。

除使用"Access 选项"对话框自定义快速访问工具栏外，还可以在功能区中直接添加。

操作步骤如下。

（1）在功能区上，单击相应的选项卡或组以显示出要添加到快速访问工具栏的命令。

图 A-11　添加结果

（2）右键单击该命令，然后从弹出的快捷菜单中选择"添加到快速访问工具栏"命令。

这种自定义方法只能添加功能区上显示的命令，对于"文件"选项卡中的命令，或未在功能区中显示的命令，无法使用该方法。

这里还要注意，只能在快速访问工具栏中添加命令。虽然在功能区显示了一些列表的内容，比如缩进和间距值等，但是 Access 不允许将这些内容添加到快速访问工具栏中。

附录 B 常用函数

函数类型	函 数 格 式	说　明
数值函数	Abs（数值表达式）	返回数值表达式值的绝对值
	Int（数值表达式）	返回数值表达式值的整数部分值
	Sqr（数值表达式）	返回数值表达式值的平方根值
	Sgn（数值表达式）	返回数值表达式值的符号值。当数值表达式值大于 0，返回值为 1；当数值表达式值等于 0，返回值为 0；当数值表达式值小于 0，返回值为–1
	Rnd（数值表达式）	产生一个 0～1 之间的随机数，为单精度类型
文本函数	Space（数值表达式）	返回由数值表达式值确定的空格个数组成的空字符串
	String（数值表达式，字符表达式）	返回一个由字符表达式第 1 个字符重复组成的指定长度为数值表达式值的字符串
	Left（字符表达式，数值表达式）	返回一个值，该值是从字符表达式左侧第 1 个字符开始，截取的若干个字符。其中，字符个数是数值表达式的值。当字符表达式是 Null 时，返回 Null 值；当数值表达式值为 0 时，返回一个空串；当数值表达式值大于或等于字符表达式的字符个数时，返回字符表达式
	Right（字符表达式，数值表达式）	返回一个值，该值是从字符表达式右侧第 1 个字符开始，截取的若干个字符。其中，字符个数是数值表达式的值。当字符表达式是 Null 时，返回 Null 值；当数值表达式值为 0 时，返回一个空串；当数值表达式值大于或等于字符表达式的字符个数时，返回字符表达式
	Len（字符表达式）	返回字符表达式的字符个数，当字符表达式是 Null 值时，返回 Null 值
	Ltrim（字符表达式）	返回去掉字符表达式前导空格的字符串
	Rtrim（字符表达式）	返回去掉字符表达式尾部空格的字符串
	Trim（字符表达式）	返回去掉字符表达式前导空格和尾部空格的字符串
	Mid（字符表达式，数值表达式 1[，数值表达式 2]）	返回一个值，该值是从字符表达式最左端某个字符开始，截取到某个字符为止的若干个字符。其中，数值表达式 1 的值是开始的字符位置，数值表达式 2 是终止的字符位置。数值表达式 2 可以省略，若省略了数值表达式 2，则返回的值是：从字符表达式最左端某个字符开始，截取到最后一个字符为止的若干个字符

函数类型	函数格式	说　明
文本函数	Instr（[数值表达式], 字符串，子字符串[, 比较方法]）	返回一个值，该值是检索子字符串在字符串中最早出现的位置。其中，数值表达式为可选项，是检索的起始位置，若省略，从第 1 个字符开始检索。比较方法为可选项，指定字符串比较的方法。值可以为 1、2 或 0，值为 0（缺省）做二进制比较，值为 1 做不区分大小写的文本比较，值为 2 做基于数据库中包含信息的比较。若指定比较方法，则必须指定数据表达式值
	Ucase（<字符表达式>）	将字符表达式中小写字母转换为大写字母
	Lcase（<字符表达式>）	将字符表达式中大写字母转换为小写字母
日期时间函数	Date( )	返回当前系统日期
	Time( )	返回当前系统时间
	Now( )	返回当前系统日期和时间
	Day（<日期表达式>）	返回日期表达式日期1～31 的整数。表示给定日期是一个月中的哪一天
	Month（<日期表达式>）	返回日期表达式月份1～12 的整数。表示给定日期是一年中的哪个月
	Year（<日期表达式>）	返回日期表达式年份100～9999 的整数。表示给定日期是哪一年
	Weekday（<日期表达式>）	返回 1～7 的整数。表示一周中的哪一天，即星期几
	Hour（<时间表达式>）	返回时间表达式的小时数（0～23）
	Minute（<时间表达式>）	返回时间表达式的分钟数（0～59）
	Second（<时间表达式>）	返回时间表达式的秒数（0～59）
	DateAdd（<间隔类型>, <间隔值>，<表达式>）	对表达式表示的日期按照间隔类型加上或减去指定的时间间隔值
	DateDff（<间隔类型>, <日期 1>，<日期 2> [,W1][,W2]）	返回日期 1 和日期 2 之间按照间隔类型所指定的时间间隔数目
	DatePart（<间隔类型>, <日期>[,W1][,W2]）	返回日期中按照间隔类型所指定的时间部分值
	DateSerial（<表达式 1>，<表达式 2>，<表达式 3>）	返回由表达式 1 值为年、表达式 2 值为月、表达式 3 值为日而组成的日期值
统计函数	Sum（字符表达式）	返回字符表达式中值的总和。字符表达式可以是一个字段名称，也可以是一个含字段名称的表达式，但所含字段应该是数字数据类型的字段
	Avg（字符表达式）	返回字符表达式中值的平均值。字符表达式可以是一个字段名称，也可以是一个含字段名称的表达式，但所含字段应该是数字数据类型的字段
	Count（字符表达式）	返回字符表达式中值的个数。字符表达式可以是一个字段名称，也可以是一个含字段名称的表达式，但所含字段应该是数字数据类型的字段
	Max（字符表达式）	返回字符表达式中值的最大值。字符表达式可以是一个字段名称，也可以是一个含字段名称的表达式，但所含字段应该是数字数据类型的字段
	Min（字符表达式）	返回字符表达式中值的最小值。字符表达式可以是一个字段名称，也可以是一个含字段名称的表达式，但所含字段应该是数字数据类型的字段
转换函数	Asc（字符表达式）	返回一个值，该值是字符表达式首字的 ASCII 值
	Chr（字符代码）	返回一个值，该值是字符代码对应的字符

函数类型	函 数 格 式	说　　明
转换函数	Val（字符表达式）	将字符串转换成数值型数字
	Str（<数值表达式>）	将数值表达式值转换为字符串
	DateValue（字符表达式）	将字符串转换为日期值
	Nz（<表达式或字段属性值>[,规定值]）	当一个表达式或字段属性值为 Null 时，函数返回 0、零长度字符串或其他指定值
其他函数	IIf（条件表达式，表达式 1，表达式 2）	根据条件表达式的值决定函数的返回值，当条件表达式值为真，函数返回值为表达式 1 的值；若为假，函数返回值为表达式 2 的值
	MsgBox（提示[，按钮、图标和默认按钮][，标题]）	在对话框中显示消息，等待用户单击按钮，并返回一个 Integer 型数值，告诉用户单击的是哪一个按钮
	InputBox（提示[，标题][，默认]）	在对话框中显示提示信息，等待用户输入正文并按下按钮，并返回文本框中输入的内容（String 型）

属性类型	属性名	功　能
格式属性	标题	标题属性值是窗体标题栏上显示的字符串
	默认视图	决定了窗体的显示形式，需在"连续窗体""单个窗体""数据表"和"分隔窗体"4 个选项中选取
	滚动条	决定了窗体显示时是否具有窗体滚动条，该属性值有"两者均无""只水平""只垂直"和"两者都有"4 个选项，可以选择其一
	记录选择器	属性有两个值："是"和"否"，它决定窗体显示时是否有记录选择器，即数据表最左端是否有标志块
	导航按钮	属性有两个值："是"和"否"，它决定窗体运行时是否有导航按钮，即数据表最下端是否有导航按钮组。一般如果不需要浏览数据或在窗体本身用户自己设置了数据浏览时，该属性值应设为"否"，这样可以增加窗体的可读性
	导航标题	出现在导航按钮左侧的文本
	分隔线	属性值需在"是""否"两个选项中选取，它决定窗体显示时是否显示窗体各节间的分隔线
	自动居中	属性值需在"是""否"两个选项中选取，它决定窗体显示时是否自动居于桌面中间
	最大化最小化按钮	属性决定是否使用 Windows 标准的最大化和最小化按钮
	边框样式	属性决定使用哪种边框样式，包括可调边框、细边框、对话框边框和无
数据属性	记录源	是本数据库中的一个数据表对象名或查询对象名，它指明了该窗体的数据源
	排序依据	其属性值是一个字符串表达式，由字段名称或字段名称表达式组成，指定排序的规则
	筛选	指定在对窗体、报表、查询或表应用筛选时要显示的记录子集
	允许编辑、允许添加、允许删除	属性值需在"是"或"否"中进行选择，它决定了窗体运行时是否允许对数据进行编辑修改、添加或删除等操作
	数据输入	属性值需在"是"或"否"两个选项中选取，取值如果为"是"，则在窗体打开时，只显示一个空记录，否则显示已有记录
	记录锁定	属性值需在"不锁定""所有记录"和"已编辑的记录"3 个选项中选取。取值为"不锁定"，则在窗体中允许两个或更多用户能够同时编辑同一个记录；取值为"所有记录"，则当在窗体视图打开窗体时，所有基表或基础查询中的记录都将锁定，用户可以读取记录，但在关闭窗体以前不能编辑、添加或删除任何记录；取值为"已编辑的记录"，则当用户开始编辑某个记录中的任一字符时，即锁定该条记录，直到用户移动到其他记录

属性类型	属 性 名	功　　能
其他属性	弹出方式	确定是否作为弹出式窗体打开。如果设置"是"，则以弹出式窗体打开
	模式	指定窗体是否作为模式窗口打开。如果设置"是"，则当窗体作为模式窗口打开，在将焦点移到另一个对象之前，必须关闭该窗口
	循环	属性值可以选择"所有记录""当前记录"和"当前页"，表示当移动控制点时按照何种规律移动
	功能区名称	获取或设置在加载指定的窗体时要显示的自定义功能区的名称
	快捷菜单	指定当用鼠标右键单击窗体上的对象时是否显示快捷菜单。如果设置"是"，则可以使用快捷菜单
	菜单栏	指定要为窗体显示的自定义菜单
	快捷菜单栏	指定右键单击指定的对象时将会出现的快捷菜单

附录 **D** 控件属性及其含义

属性类型	属性名	功 能
格式属性	标题	属性值将成为控件中显示的文字信息
	特殊效果	用于设定控件的显示效果，如"平面""凸起""凹陷""蚀刻""阴影""凿痕"等，用户可以从 Access 提供的这些特殊效果值中选取其中一种
	字体名称	用于设定字段的字体名称
	字号	用于设定字体的大小
	字体粗细	用于设定字体的粗细
	倾斜字体	用于设定字体是否倾斜，选择"是"字体倾斜，否则不倾斜
	背景色	用于设定标签显示时的底色
	前景色	用于设定显示内容的颜色
数据属性	控件来源	告诉系统如何检索或保存在窗体中要显示的数据，如果控件来源中包含一个字段名称，那么在控件中显示的就是数据表中该字段值，对窗体中的数据所进行的任何修改都将被写入字段中；如果设置该属性值为空，除非编写了一个程序，否则在窗体控件中显示的数据将不会被写入数据库表的字段中。如果该属性含有一个计算表达式，那么这个控件会显示计算的结果
	输入掩码	用于设定控件的输入格式，仅对文本型或日期型数据有效
	默认值	用于设定一个计算型控件或非结合型控件的初始值，可以使用表达式生成器向导来确定默认值
	验证规则	用于设定在控件中输入数据的合法性检查表达式，可以使用表达式生成器向导建立合法性检查表达式
	验证文本	用于指定违背了有效性规则时，将显示给用户的提示信息
	是否锁定	用于指定该控件是否允许在"窗体"运行视图中接收编辑控件中显示数据的操作
	可用	用于决定鼠标是否能够单击该控件。如果设置该属性为"否"，这个控件虽然一直在"窗体"视图中显示，但不能用 Tab 键选中它或使用鼠标单击它，同时在窗体中控件显示为灰色
其他属性	名称	用于标识控件名，控件名称必须唯一
	状态栏文字	用于设定状态栏上的显示文字
	允许自动更正	用于更正控件中的拼写错误，选择"是"允许自动更新，否则不允许自动更正
	Tab 键索引	用于设定该控件是否自动设定 Tab 键的顺序
	控件提示文本	用于设定用户在将鼠标指针放在一个对象上后是否显示提示文本，以及显示的提示文本信息内容

294

类 型	命 令	功 能 描 述	参 数 说 明
筛选\查询\搜索	Apply-Filter	在表、窗体或报表应用筛选、查询或 SQL 的 WHERE 子句，可限制或排序来自表、窗体，以及报表的记录	筛选名称：筛选或查询的名称，用以限制或排序表、窗体及报表中的记录 当条件：有效的 SQL WHERE 子句或表达式，以限制表、窗体或报表中记录
	Find-Next-Record	根据符合最近的 FindRecord 操作，或"查找"对话框中指定条件的下一条记录。使用此操作可反复查找符合条件记录	此操作没有参数
	Find-Record	查找符合指定条件的第 1 条或下一条记录。能够在激活的窗体或数据表中查询记录	查找内容：要查找的数据，包括文本、数字、日期或表达式 匹配：要查找的字段范围。包括字段的任何部分、整个字段或字段开头 区分大小写：是否区分大小写，选择"是"，搜索区分大小写，否则不区分 搜索：搜索方向，包括向下、向上或全部搜索 格式化搜索：选择"是"，则按数据在格式化字段中的格式搜索，否则按数据在数据表中保存的形式搜索 只搜索当前字段：选择"是"，仅搜索每条记录的当前字段 查找第一个：选择"是"，则从第 1 条记录搜索，否则从当前记录搜索
	Open-Query	在数据表视图、设计视图或打印预览中打开选择查询或交叉表查询	查询名称：要打开的查询名称 视图：打开查询的视图 数据模式：查询的数据输入方式
	Refresh	刷新视图中的记录	此操作没有参数
	Refresh-Record	刷新当前记录	此操作没有参数
	Requery	通过在查询控件的数据源来更新活动对象中的特定控件的数据	控件名称：要更新的控件名称

续表

类型	命　令	功　能　描　述	参　数　说　明
筛选\查询\搜索	ShowAll-Records	从激活的表、查询或窗体中删除所有已应用的筛选。可显示表或结果集中的所有记录，或显示窗体基本表或查询中的所有记录	此操作没有参数
系统命令	Close-Database	关闭当前数据库	此操作没有参数
	Display-Hourglass-Pointer	当执行宏时，将正常光标变为沙漏形状（或选择的其他图标）。宏执行完成后恢复正常光标	显示沙漏：是为显示，否为不显示
	QuitAccess	退出 Access 时选择一种保存方式	选项：提示、全部保存、退出
	Beep	使计算机发出嘟嘟声。使用此操作可表示错误情况或重要的可视性变化	此操作没有参数
数据库对象	GoToRecord	使指定的记录成为打开的表、窗体或查询结果数据集中的当前记录	对象类型：当前记录的对象类型 对象名称：当前记录的对象名称 记录：当前记录 偏移量：整型数或整型表达式
	OpenForm	在"窗体"视图，窗体设计视图、打印预览或"数据表"视图中打开一个窗体，并通过选择窗体的数据输入与窗体方式，限制窗体所显示的记录	窗体名称：打开窗体的名称 视图：打开窗体视图 筛选名称：限制窗体中记录的筛选 当条件：有效的 SQL WHERE 子句或 Access 用来从窗体的基表或基础查询中选择记录的表达式 数据模式：窗体的数据输入方式 窗口模式：打开窗体的窗口模式
	OpenReport	在设计视图或打印预览中打开报表或立即打印报表，也可以限制需要在报表中打印的记录	报表名称：限制报表记录的筛选；打开报表的名称 视图：打开报表的视图 筛选名称：查询的名称或另存为查询的筛选的名称 当条件：有效的 SQL WHERE 子句或 Access 用来从报表的基表或基础查询中选择记录的表达式 窗口模式：打开报表的窗口模式
	OpenTable	在数据表视图、设计视图或打印预览中打开表，也可以选择表的数据输入方式	表名：打开表的名称 视图：打开表的视图 数据模式：表的数据输入方式
	PrintObject	打印当前对象	此操作没有参数
宏命令	RunMacro	运行宏	宏名称：所要运行的宏的名称 重复次数：运行宏的次数上限 重复表达式：重复运行宏的条件
	StopMacro	停止正在运行的宏	此操作没有参数
	StopAll- Macros	中止所有宏的运行	此操作没有参数

类型	命 令	功 能 描 述	参 数 说 明
宏命令	CencelEvent	中止一个事件	此操作没有参数
	SetLocalVar	将本地变量设置为给定值	名称：本地变量的名称 表达式：用于设定此本地变量的表达式
窗口 操作	Maximize-Window	活动窗口最大化	此操作没有参数
	Minimize-Window	活动窗口最小化	此操作没有参数
	Restore- Window	窗口复原	此操作没有参数
	MoveAnd- Size-Window	移动并调整活动窗口	向右：窗口左上角新的水平位置 向下：窗口左上角新的垂直位置 宽度：窗口的新宽度 高度：窗口的新高度
	Close- Window	关闭指定的 Access 窗口。如果没有制定窗口，则关闭活动窗口	对象类型：要关闭的窗口中的对象类型 对象名称：要关闭的对象名称 保存：关闭时是否保存对对象的更改
数据输入操作	SaveRecord	保存当前记录	此操作没有参数
	Delete-Record	删除当前记录	此操作没有参数
	EditListItems	编辑查阅列表中的项	此操作没有参数
用户界面命令	MessageBox	显示包含警告信息或其他信息的消息框	消息：消息框中的文本 发嘟嘟声：是否在显示信息时发出嘟嘟声 类型：消息框的类型 标题：消息框标题栏中显示的文本
	AddMenu	可将自定义菜单、自定义快捷菜单替换窗体或报表的内置菜单或内置的快捷菜单，也可替换所有 Microsoft Access 窗口的内置菜单栏	菜单名称：所建菜单名称 菜单宏名称：已建菜单宏名称 状态栏文字：状态栏上显示的文字
	UndoRecord	撤消最近用户的操作	此操作没有参数
	Set- Dispalyed-Categories	用于指定要在导航窗格中显示的类别	显示："是"为可选择一个或多个类别，"否"为可隐藏这些类别 类别：显示或隐藏类别的名称
	Redo	重复最近用户的操作	此操作没有参数

分 类	事 件	属 性	发 生 时 间
Data 发生在窗体或控件中的数据被输入、删除或更改时，或当焦点从一条记录移动到另一条记录时	AfterDel- Confiem（删除确认后）	AfterDel- Confirm（窗体）	发生在确认删除记录，并且记录实际上已经删除，或在取消删除之后
	AfterInsert（插入前）	AfrerInsert（窗体）	将一条新记录添加到数据库中时
	AfterUpdate（更新后）	AfterUpdate（窗体）	在控件或记录用更改过的数据更新之后发生。此事件发生在控件或记录失去焦点时，或选择"记录"菜单中的"保存记录"命令时
	Before-Update（更新前）	BeforeUpdate（窗体和控件）	在控件或记录用更改了的数据更新之前。此事件发生在控件或记录失去焦点时，或选择"记录"菜单中的"保存记录"命令时
	Current（成为当前）	OnCurrent（窗体）	当焦点移动到一个记录，使它成为当前记录时，或当重新查询窗体的数据来源时。此事件发生在窗体第 1 次打开，以及焦点从一条记录移动到另一条记录时，它在重新查询窗体的数据来源时发生
	BeforeDel-Confirm（删除确认前）	BeforeDel-Confirm（窗体）	在删除一条或多条记录时，Access 显示一个对话框，提示确认或取消删除之前。此事件在 Delete 事件之后发生
	BeforeInsert（插入前）	BeforeInsert（窗体）	在新记录中键入第 1 个字符但记录未添加到数据库时发生
	Delete（删除）	Ondelete（窗体）	当一条记录被删除但未确认和执行删除时发生
Mouse 处理鼠标操作事件	Click（单击）	OnClick（窗体和控件）	对于控件，此事件在单击鼠标左键时发生；对于窗体，在单击记录选择器、节或控件之外的区域时发生
	DblClick（双击）	OnDblClick（窗体和控件）	当在控件或它的标签上双击鼠标左键时发生；对于窗体，在双击空白区或窗体上的记录选择器时发生
	MouseUp（鼠标释放）	OnMouseUp（窗体和控件）	当鼠标指针位于窗体或控件上时，释放一个按下的鼠标键时发生
	MouseDown（鼠标按下）	OnMouseDown（窗体和控件）	当鼠标指针位于窗体或控件上时，单击鼠标键时发生
	MouseMove（鼠标移动）	OnMouseMove（窗体和控件）	当鼠标指针在窗体、窗体选择内容或控件上移动时发生

分　类	事　件	属　性	发 生 时 间
KeyBoard 处理键盘输入事件	KeyPress（击键）	OnKeyPress（窗体和控件）	当控件或窗体有焦点时，按下并释放一个产生标准 ANSI 字符的键或组合键后发生
	KeyDown（键按下）	OnKeyDowm（窗体和控件）	当控件或窗体有焦点，并在键盘上按下任意键时发生
	KeyUp（键释放）	OnKeyUp（窗体和控件）	当控件或窗体有焦点，释放一个按下键时发生
Error 处理错误	Error（出错）	OnError（窗体和报表）	当 Access 产生一个运行时间错误，而这时正处在窗体和报表中时发生
Timing 处理同步事件	Timer（计时器触发）	OnTimer（窗体）	当窗体的 TimerInterval 属性所指定的时间间隔已到时发生，通过在指定的时间间隔重新查询或重新刷新数据，保持多用户环境下的数据同步
Filter 在窗体上应用或创建一个筛选	ApplyFilter（应用筛选）	OnApplyFilter（窗体）	当选择"记录"菜单中的"应用筛选"命令，或单击命令栏上的"应用筛选"按钮时发生。在指向"记录"菜单中的"筛选"后，并单击"按选定内容筛选"命令，或单击命令栏上的"按选定内容筛选"按钮时发生。当单击"记录"菜单上的"取消筛选/排序"命令，或单击命令栏上的"取消筛选"按钮时发生
	Filter（筛选）	OnFilter（窗体）	指向"记录"菜单中的"筛选"后，单击"按窗体筛选"命令，或单击命令栏中的"按窗体筛选"按钮时发生。指向"记录"菜单中的"筛选"后，并单击"高级筛选/排序"命令时发生
Focus 发生在窗体、控件失去或获得焦点时，或窗体、报表成为激活时或失去激活事件时	Activate（激活）	OnActivate（窗体和报表）	当窗体或报表成为激活窗口时发生
	Deactivate（停用）	OnDeactivate（窗体和报表）	当不同的但同为一个应用程序的 Access 窗口成为激活窗口时，在此窗口成为激活窗口之前发生
	Enter（进入）	OnEnter（控件）	发生在控件实际接收焦点之前。此事件在 GotFocus 事件之前发生
	Exit（退出）	OnExit（控件）	正好在焦点从一个控件移动到同一窗体上的另一个控件之前发生。此事件发生在 LostFocus 事件之前
	GotFocus（获得焦点）	OnGotFocus（窗体和控件）	当一个控件、一个没有激活的控件或有效控件的窗体接收焦点时发生
	LostFocus（失去焦点）	OnLostFocus（窗体和控件）	当窗体或控件失去焦点时发生
Window 打开、调整窗体或报表事件	Close（关闭）	OnCLose（窗体和报表）	当窗体或报表关闭，从屏幕上消失时发生
	Load（加载）	OnLoad（窗体和报表）	当打开窗体，并且显示了它的记录时发生。此事件发生在 Current 事件之前，Open 事件之后
	Resize（调整大小）	OnResize（窗体）	当窗体的大小发生变化或窗体第 1 次显示时发生
	Unload（卸载）	OnUnload（窗体）	当窗体关闭，并且它的记录被卸载，从屏幕上消失之前发生。此事件在 Close 事件之前发生
	Open（打开）	OnOpen（窗体和报表）	当打开窗体或报表时发生

参 考 文 献

［1］ 尚品科技. Access 数据库开发从入门到精通[M]. 北京：电子工业出版社，2019.

［2］ [美] Michael Alexander，[美] Dick Kusleika 著，张洪波 译. 中文版 Access 2016 宝典（第 8 版）[M]. 北京：清华大学出版社，2016.

［3］ [美] John Walkenbach 著，赵利通，卫琳 译. 办公大师经典丛书：中文版 Excel 2016 宝典（第 9 版）[M]. 北京：清华大学出版社，2016.

［4］ 左荣欣，陈昭稳. Access VBA 活用范例手册[M]. 北京：中国铁道出版社，2017.

［5］ 刘玉红，李园. Access 2016 数据库应用与开发[M]. 北京：清华大学出版社，2017.

［6］ 童启，陈芳勤. Access 数据库技术及应用[M]. 北京：电子工业出版社，2019.

［7］ 智云科技. Access 数据库基础及应用（第 2 版 配光盘）[M]. 北京：清华大学出版社，2016.

［8］ 罗朝晖. Access 数据库应用技术（第 2 版）[M]. 北京：高等教育出版社，2017.

［9］ 张宇，胡晓燕，陈涛. Access 数据库应用技术（第 2 版）[M]. 北京：高等教育出版社，2019.

［10］ 姜增如. Access 2016 数据库技术及应用[M]. 北京：北京理工大学出版社，2019.